高等职业教育建筑装饰类专业系列教材

建筑装饰施工技术

（第二版）

赵占军　主　编

贾晓辉　副主编

科学出版社

北　京

内 容 简 介

本书根据教育部高等职业教育改革精神,结合现行国家标准、工程质量验收规范及相关职业资格证书考试内容,按照项目教学法的理念编写。全书主要内容有抹灰工程、吊顶工程、楼地面工程、饰面工程、轻质隔墙工程、涂料工程、门窗工程、幕墙工程、裱糊及软包工程、细部工程、装饰施工机具,每一单元内容都围绕装饰施工任务展开,任务明确,且施工过程指导性强。

本书可作为高职高专建筑工程技术和建筑装饰工程技术专业的教材,也可供建筑装饰行业的施工技术人员与管理人员参考。

图书在版编目（CIP）数据

建筑装饰施工技术/赵占军，主编. —2 版：科学出版社，2016
（高等职业教育建筑装饰类专业系列教材）
ISBN 978-7-03-046792-8

Ⅰ.①建… Ⅱ.赵… Ⅲ.①建筑装饰－工程施工－高等职业教育－教材
Ⅳ.①TU767

中国版本图书馆 CIP 数据核字（2016）第 001456 号

责任编辑：李　欣／责任校对：陶丽荣
责任印制：吕春珉／封面设计：曹　来

科学出版社 出版
北京东黄城根北街 16 号
邮政编码：100717
http://www.sciencep.com

新科印刷有限公司 印刷
科学出版社发行　各地新华书店经销

*

2006 年 9 月第　一　版　　开本：787×1092　1/16
2016 年 4 月第　二　版　　印张：18 3/4
2021 年 1 月第七次印刷　　字数：421 000
定价：52.00元
（如有印装质量问题，我社负责调换〈新科〉）

销售部电话 010-62136230　编辑部电话 010-62138017-2025（VA03）

第二版前言

装饰装修行业经过 20 多年的发展，在全国已经形成一个热门行业，其引领新经济的势头有目共睹。

与第一版相比，本次修订按照项目教学法的理念编写，采用最新装饰工程技术要求，更新了相关的法规，规范材料及技术标准，理论结合实践，注重实用性、可操作性，强调了装饰新技术的应用。本书可作为高职高专建筑工程技术和建筑装饰工程技术专业的教材，也可供建筑装饰行业的施工技术人员与管理人员参考。

石家庄职业技术学院的赵占军编写单元 1、单元 2、单元 3、单元 4，石家庄职业技术学院的贾晓辉编写单元 5、单元 6、单元 7、单元 8，平顶山工学院的董颇编写单元 9、单元 10，沈阳建筑大学高职学院的刘宏亮编写单元 11、单元 12。

本书在编写过程中参考了一些教材、文献、专著等，在此向相关人员致谢。

限于作者水平，本书难免有不足之处，敬请读者提出宝贵意见。

编　者

2015 年 5 月

第一版前言

随着经济的发展，科技的进步，以及人们生活水平的不断提高，人们的生存环境越来越受到广泛的关注，建筑装饰业已成为需求旺盛、蓬勃发展的行业。因此，提高建筑装饰的技术水平，规范建筑市场，保证工程质量，具有十分重要的意义。

自 2002 年以来，与装饰装修工程密切相关的法规、标准、规范及规程等不断颁布实施，原有部分的相关标准、规范已废止。本教材是按新规范、新标准编写的。本书的编写注重内容的实用性、可操作性，强调了装饰新技术的应用。本书既适用作高职高专建筑装饰类专业教学用书，也可作为建筑装饰施工技术培训教材，还可供装饰装修类施工技术人员参考。

具体的编写分工是：石家庄职业技术学院的赵占军编写第 1、2 章，昆明冶金高等专科学校的李竹梅编写第 3、4 章，平顶山工学院的董颁编写第 5、6 章，昆明冶金高等专科学校的杨艳华编写第 7、8 章，山东纺织职业技术学院的褚晓光编写第 9、10 章，沈阳建筑大学高职学院的刘宏亮编写第 11、12 章。

本书在编写过程中参考了许多教材、文献、专著等，在此向相关人员致谢。

限于作者水平，本书难免有不足之处，敬请读者提出宝贵意见。

目　录

单元 1 绪 论

学习目标 ☞

建筑装饰行业是一个古老而新兴的行业。随着社会和科学的发展，建筑装饰的内容和服务对象越来越广，涉及的行业和学科领域也越来越广，所以说建筑装饰是一门综合性很强，与众多学科相结合的边缘学科。研究建筑装饰施工技术的内在规律，掌握先进的施工方法和施工工艺，对于保证建筑装饰工程的质量，促进建筑装饰行业的健康发展具有重要的意义。

任务 1.1 建筑装饰的基本知识

1.1.1 建筑装饰装修的定义

建筑装饰装修工程是现代建筑工程的有机组成部分，是现代建筑工程的延伸、深化和完善。其定义为："为保护建筑物的主体结构、完善建筑物的使用功能和美化建筑物，采用装饰装修材料或饰物，对建筑物的内外表面及空间进行的各种处理过程。"

1.1.2 建筑装饰工程的特点

1. 边缘性学科

建筑装饰装修不仅涉及人文、地理、环境艺术和建筑知识，而且还与建筑装饰材料及其他各行各业有着密切的联系。

2. 技术与艺术结合

建筑工程的本身就是建筑与艺术结合的产物，而深化和再创造的建筑装饰，就更需要技术与艺术的有机结合。建筑装饰是技术与艺术进一步完美结合的、复杂的过程。

3. 具有较强的周期性

建筑工程是百年大计，而建筑装饰却随着时代的变化具有时尚性，其使用年限远远小于建筑结构。

4. 工程造价差别大

建筑装饰工程的造价空间非常大，从普通装饰到超豪华装饰，由于采用的材料档次和施工技术不同，其造价相差甚远，所以装饰的级别受造价的控制。

1.1.3 建筑装饰施工的特点

1. 建筑装饰工程施工的建筑性

建筑装饰工程施工的首要特点是具有明显的建筑性。

《中华人民共和国建筑法》第四十九条规定：涉及建筑主体和承重结构变动的装修工程，建设单位应当在施工前委托原设计单位或者具有相应资质条件的设计单位提出设计方案；没有设计方案的，不得施工。

这一条规定限制了建筑装饰工程施工中随意凿墙开洞等野蛮施工行为，保证了建筑主体结构安全适用。

就建筑装饰设计而言，首要目的是完善建筑及其空间环境的使用功能。对于建筑装饰工程施工，则必须是以保护建筑结构主体及安全使用为基本原则。

2. 建筑装饰工程施工的规范性

建筑装饰工程施工中一切工艺操作和工艺处理，均应遵照国家颁发的相关施工和验收规范；所用材料及其应用技术，应符合国家及行业颁布的相关标准。

对于一些重要工程和规模较大的装饰项目，应按国家相关规定实行招标、投标制；明确确认装饰施工企业和施工队伍的资质水平与施工能力；在施工过程中应由建设监理部门对工程进行监理；工程竣工后应通过质量监督部门及有关方面组织严格验收。

3. 建筑装饰工程施工的严肃性

随着人们对物质文化和精神文化要求的提高，对装饰工程质量要求也大大提高。

由于建筑装饰工程大多数是以饰面为最终效果，所以许多处于隐蔽部位而对于工程质量起着关键作用的项目和操作工序很容易忽略，或是其质量弊病很容易被表面的美化修饰所掩盖，如果在操作时采取应付敷衍的态度，甚至偷工减料、偷工减序，就势必给工程留下质量隐患。所以迫切需要的是从事建筑装饰事业人员的事业心和生产活动中的严肃态度。

4. 建筑装饰工程施工的复杂性

建筑装饰工程的施工工序繁多，每道工序都需要具有专门知识和技能的专业人员担当技术骨干。此外，施工操作人员中的工种也十分复杂，对于较大规模的装饰工程，加上消防系统、音响系统、保安系统、通讯系统等，往往有几十道工序。

为保证工程质量、施工进度和施工安全，必须依靠具备专门知识和经验的施工组织管理人员，以施工组织设计为指导，实行科学管理，熟悉各工种的施工操作规程及质量检验标准和施工验收规范，及时监督和指导施工操作人员的施工操作；同时还应具有及时发现问题和解决问题的能力，随时解决施工中的技术问题。

5. 建筑装饰工程施工的技术经济性

建筑装饰工程的使用功能及其艺术性的体现与发挥，所反映的时代感和科学技术水准，特别是在工程造价方面，在很大程度上是受装饰材料以及现代声、光、电及其控制系统等设备的制约。

随着人们对建筑艺术要求的不断提高，装饰工程新材料、新技术、新工艺和新设备的不断涌现，建筑装饰工程的造价还将继续提高。因此，必须做好建筑装饰工程的预算和估价工作。

1.1.4　建筑装饰工程与相关工程的关系

1. 建筑装饰工程与建筑的关系

建筑装饰是再创造过程，只有对所要进行装饰的建筑有了正确的理解和把握，才能作好装饰工程的设计和施工，使建筑艺术与人们的审美观协调一致，从而在精神上给人们以艺术享受。

2. 建筑装饰与建筑结构的关系

建筑装饰与建筑结构的关系有两个方面：一是建筑结构为建筑装饰再创造提供了充分发挥的舞台，装饰在充分发挥结构空间的同时又保护了建筑结构。二是建筑装饰与建筑结构矛盾时的处理，结构是传递荷载的构件，在设计时充分考虑了其受力情况，要经过计算而确定。

3. 建筑装饰与设备的关系

建筑装饰不仅要处理好装饰与结构的关系，而且还必须认真解决好装饰与设备的关系，如果处理不当必然影响建筑装饰空间的处理，同时也影响设备的正常运行和使用。

4. 建筑装饰与环境的关系

装饰施工必须严格执行国家相关规范，控制因建筑装饰材料选择不当，以及工程勘察、设计、施工过程中造成的室内环境污染。

1.1.5 建筑装饰工程的施工范围

1. 按建筑物的不同使用类型划分

建筑物按使用类型的不同可划分为民用建筑（包括居民建筑和公共建筑）、工业建筑、农业建筑和军事建筑等。

2. 按建筑装饰工程施工部位划分

建筑装饰工程施工按部位总体上可分为室内和室外两大类。建筑室外装饰部位有外墙面、门窗、屋顶、檐口、入口、台阶、建筑小品等；室内装饰部位有内墙面、顶棚、楼地面、隔墙、隔断、室内灯具、家具陈设等。

3. 按建筑装饰施工满足建筑功能划分

建筑装饰施工在完善建筑使用功能的同时，还重点追求建筑空间环境效果。

4. 按建筑装饰施工的项目划分

根据《建筑装饰装修工程质量验收规范》（GB 50210—2001）可划分为抹灰工程、门窗工程、玻璃工程、吊顶工程、隔断工程、饰面工程、涂料工程、裱糊与软包工程、细部工程，基本上包括了装饰施工所必须涉及的项目。

任务 1.2　建筑装饰工程的基本规定

1.2.1　设计方面的基本规定

1）建筑装饰装修工程施工必须进行设计，并出具完整的施工图设计文件。

2）承担建筑装饰装修工程施工设计的单位应具备相应的资质，并应建立质量管理体系。由于设计原因造成的质量问题，应由设计单位负责。

3）建筑装饰装修工程施工的设计，应符合城市规划、消防、环保、节能等有关规定。

4）承担建筑装饰装修工程施工设计的单位，应对建筑物进行必要的了解和实地勘察，设计深度应满足施工的要求。

5）建筑装饰装修工程的设计必须保证建筑物的结构安全和主要使用功能。当涉及主体和承重结构改动或增加荷载时，必须由原结构设计单位或具备相应资质的设计单位核查有关原始资料，对既有建筑结构的安全性进行核验、确认。

6）建筑装饰装修工程的防火、防雷和抗震设计，应符合现行国家标准的规定。

7）当墙体或吊顶内的管线可能产生冰冻或结露时，应进行防冻或防结露的设计。

1.2.2　材料方面的基本规定

1）建筑装饰装修工程所用材料的品种、规格和质量，应符合设计要求和国家现行标准的规定。当设计无要求时，应符合国家现行标准的规定。严禁使用国家明令淘汰的材料。

2）建筑装饰装修工程所用材料的燃烧性能，应符合现行国家标准《建筑内部装修设计防火现范》（GB 50222—1995）和《高层民用建筑设计防火规范》（GB 50016—2014）的规定。

3）建筑装饰装修工程所用材料应符合国家有关建筑装饰装修材料有害物质限量标准的规定。

4）所有材料进场时应对品种、规格、外观和尺寸进行验收。材料包装应完好，应有产品合格证书、中文说明及相关性能的检测报告；进口产品应按规定进行商品检验。

5）进场后需要进行复验的材料种类及项目，应符合国家标准的规定。同一厂家生产的同一品种、同一类型的进场材料，应至少抽取一组样品进行复验，当合同另有约定时应按合同执行。

6）当国家规定或合同约定对材料进行见证检测时，或对材料的质量发生争议时，应进行见证检测。

7）承担建筑装饰装修材料检测的单位，应具备相应的资质，并应建立质量管理体系。

8）建筑装饰装修工程所使用的材料，在运输、储存和施工过程中，必须采取有效措施防止损坏、变质和污染环境。

9）建筑装饰装修工程所使用的材料，应按设计要求进行防火、防腐和防虫处理。

10）现场配制的材料如砂浆、胶黏剂等，应按照设计要求或产品说明书配制。

1.2.3　施工方面的基本规定

1）承担建筑装饰装修工程施工的单位应具备相应的资质，并应建立质量管理体系。施工单位应编制施工组织设计并应经过审查批准。施工单位应按有关的施工工艺标准或经审定的施工技术方案施工，并应对施工全过程实行质量控制。

2）承担建筑装饰装修工程施工的人员应有相应岗位的资格证书。

3）建筑装饰装修工程的施工质量，应符合设计要求和规范规定，由于违反设计文件和规范的规定施工造成的质量问题应由施工单位负责。

4）建筑装饰装修工程施工中，严禁违反设计文件擅自改动建筑主体、承重结构或主要使用功能；严禁未经设计确认和有关部门批准擅自拆改水、暖、电、燃气、通讯等配套设施。

5）施工单位应遵守有关环境保护的法律法规，并应采取有效措施控制施工现场的各种粉尘、废气、废弃物、噪声、振动等对周围环境造成的污染和危害。

6）施工单位应遵守有关施工安全、劳动保护、防火和防毒的法律法规，应建立相应的管理制度，并应配备必要的设备、器具和标识。

7）建筑装饰装修工程应在基体或基层的质量验收合格后施工。对既有建筑进行装饰装修前，应对基层进行处理并达到规范的要求。

8）建筑装饰装修工程施工前，应有主要材料的样板或做样板间（件），并应经有关各方确认。

9）墙面采用保温材料的建筑装饰装修工程，所用保温材料的类型、品种、规格及施工工艺应符合设计要求。

10）管道、设备等的安装及调试，应在建筑装饰装修工程施工前完成，当必须同步进行时，应在饰面层施工前完成。建筑装饰装修工程不得影响管道、设备等的使用和维修。涉及燃气管道的建筑装饰装修工程必须符合有关安全管理的规定。

11）建筑装饰装修工程的电器安装，应符合设计要求和国家现行标准的规定。严禁不经穿管直接埋设电线。

12）室内外建筑装饰装修工程施工的环境条件应满足施工工艺的要求。施工环境温度应大于或等于 5℃。当必须在小于 5℃气温下施工时，应采取保证工程质量的有效措施。

13）建筑装饰装修工程在施工过程中，应做好半成品、成品的保护，防止污染和损坏。

14）建筑装饰装修工程验收前，应将施工现场清理干净。

任务 1.3 住宅装饰工程的基本规定

1.3.1 施工方面基本要求

1）施工前应进行设计交底工作，并应对施工现场进行核查，了解物业管理的有关规定。

2）各工序、各分项工程应进行自检、互检及交接检。

3）施工中，严禁损坏房屋原有绝热设施；严禁损坏受力钢筋；严禁超荷载集中堆放物品；严禁在预制混凝土空心楼板上打孔安装预埋件。

4）施工中，严禁擅自改动建筑主体、承重结构或改变房间主要使用功能；严禁擅自拆改燃气、暖气、通信等配套设施。

5）管道、设备工程的安装及调试，应在建筑装饰装修工程施工前完成，必须同步进行时，应在饰面层施工前完成。装饰装修工程不得影响管道、设备的使用和维修。涉及燃气管道的装饰装修工程必须符合有关安全管理的规定。

6）施工人员应遵守有关施工安全、劳动保护、防火、防毒的法律法规。

7）施工现场用电应符合下列规定：

① 施工现场用电应从用户表以后设立临时施工用电系统。

② 安装、维修或拆除临时施工用电系统，应由电工完成。

③ 临时施工供电开关箱中应当装设漏电保护器。进入开关箱的电源线，不得使用插销连接。

④ 临时用电线路应避开易燃、易爆物品堆放地。

⑤ 暂停施工时应切断电源。

8）施工现场用水应符合下列规定：

① 不得在未做防水的地面蓄水。

② 临时用水管不得有破损、滴漏。

③ 暂停施工时应切断水源。

9）文明施工和现场环境应符合下列要求：

① 施工人员应衣着整齐。

② 施工人员应服从物业管理或治安保卫人员的监督、管理。

③ 应控制粉尘、污染物、噪声、振动对相邻居民、居民区和城市环境的污染及危害。

④ 施工堆料不得占用楼道内的公共空间，不得封堵紧急出口。

⑤ 室外的堆料应当遵守物业管理的规定，避开公共通道、绿化地、化粪池等市政

公用设施。

⑥ 不得堵塞、破坏上下水管道、垃圾道等公共设施，不得损坏楼内各种公共标识。

⑦ 工程垃圾宜密封包装，并堆放在指定的垃圾堆放地。

⑧ 工程验收前应将施工现场清理干净。

1.3.2 防火安全基本要求

1. 一般规定

1）施工单位必须制定施工安全制度，施工人员必须严格遵守。

2）住宅装饰装修材料的燃烧性能的等级要求，应符合现行国家标准《建筑内部装修设计防火规范》（GB 50222—1995）的规定。

2. 材料防火处理

1）对装饰织物进行阻燃处理时，应使其被阻燃剂浸透，阻燃剂的干含量应符合产品说明书的要求。

2）对木质装饰装修材料进行防火涂料涂布前，应对其表面进行清洁。涂布至少分两次进行，且第二次涂布应当在第一次涂布的涂层表面干燥后进行，涂布量应大于或等于 $500g/m^2$。

3. 施工现场防火

1）易燃物品应相对集中放置在安全区域内，并应有明显的标识。施工现场不得大量积存可燃材料。

2）易燃易爆材料的施工，应避免敲打、碰撞、摩擦等可能出现火花的操作。配套使用的照明灯、电动机、电气开关应有安全防爆装置。

3）使用油漆等挥发性材料时，应随时封闭其容器。擦拭后的棉纱等物品应集中存放且远离热源。

4）施工现场动用电气焊等明火时，必须清除四周以及焊渣滴落区的可燃物质，并设专人进行监督。

5）施工现场必须配备灭火器、砂箱或其他灭火工具。

6）严禁在施工现场吸烟。

7）严禁在运行中的管道、装有易燃易爆物的容器和受力构件上进行焊接和切割。

4. 电气防火

1）照明、电热器等设备的高温部位靠近 A 级材料、或导线穿越 B2 级以下装修材料时，应采用岩棉、瓷管或玻璃棉等 A 级材料隔热。当照明灯具或镇流器嵌入可燃装饰装修材料中时，应采取隔热措施予以分隔。

2）配电箱的壳体和底座宜采用 A 级材料制作。配电箱不得安装在 B2 级以下（含

B2 级）的装修材料上。开关、插座应安装在 B1 级以上的材料上。

3）卤钨灯灯管附近的导线，应采用耐热绝缘材料制成的护套，不得直接使用具有延燃性绝缘的导线。

4）明敷塑料导线应穿管或加线槽板加以保护，吊顶内的导线应穿金属管或 B1 级 PVC 管保护，导线不得裸露。

5. 消防设施保护

1）住宅装饰装修不得遮挡消防设施、疏散指示标志及安全出口，并且不得妨碍消防设施和疏散通道的正常使用。不得擅自改动防火门。

2）消火栓门四周的装饰装修材料的颜色，应与消火栓门的颜色有明显的区别。

3）住宅内部火灾报警系统的穿线管，自动喷淋灭火系统的水管线，应用独立的吊管架固定。不得借用装饰装修用的吊杆和放置在吊顶上固定。

4）当装饰装修重新分割了住宅房间的平面布局时，应根据有关设计规范针对新的平面调整火灾报警探测器与自动灭火喷头的布置。

5）喷淋管线、报警器线路、接线箱及相关器件一般宜暗装处理。

1.3.3　室内环境污染控制

1）根据国家标准《住宅装饰装修工程施工规范》（GB 50327—2001）规定，控制室内环境污染物为氡、甲醛、氨、苯和挥发性有机物（TVOC）。

2）住宅装饰装修室内环境污染控制除应符合《住宅装饰装修工程施工规范》（GB 50327—2001）规范外，还应符合《民用建筑工程室内环境污染控制规范》（GB 50325—2010）等现行国家标准的规定。设计、施工应选用低毒性、低污染的装饰装修材料。

3）对室内环境污染控制有要求的，可按有关规定对以上两条内容全部或部分进行检测，其污染物活度、浓度限值应当符合表 1.1 的要求。

表 1.1　住宅装饰装修后室内环境污染物活度、浓度限值

室内环境污染物	活度、浓度限值
氡（Bq/m³）	≤200
甲醛（mg/m³）	≤0.08
苯（mg/m³）	≤0.09
氨（mg/m³）	≤0.20

任务1.4 装饰工程施工标准

1.4.1 建筑装饰等级及施工标准

1. 建筑装饰等级标准

建筑装饰的等级，一般是根据建筑物的类型、性质、使用功能和耐久性等因素，综合考虑确定其装饰标准，相应定出建筑物的装饰等级，见表1.2。

表 1.2 建筑装饰装修等级标准

建筑装饰装修等级	适合建筑物
一级	高级宾馆，别墅，纪念性建筑，大型博览，观演，交通，体育建筑，一级行政机关办公楼，市级商场
二级	科研建筑，高等教育建筑，普通博览，观演，交通，体育建筑，广播通信建筑，医疗建筑，商业建筑，旅馆建筑，二级以上行政办公楼
三级	中学，小学，托儿所建筑，生活服务性建筑，普通行政办公楼，普通居住建筑

2. 建筑装饰施工标准

在国家标准《建筑装饰装修工程质量验收现范》（GB 50210—2001）和行业标准《建筑装饰工程施工及验收规范》（GB 50210—2001）中，对于建筑装饰工程的各分项工程的施工标准做了详细规定，对材料的品种、配合比、施工程序、施工质量和质量标准等都做了具体说明，使建筑装饰工程具有法规性。

除以上标准之外，各地区根据地方的特点，还制定了一些地方性的标准。在进行建筑装饰施工时，应认真按照国家、行业和地方的标准所规定的各项条款操作与验收。

1.4.2 建筑装饰施工的任务与要求

1. 建筑装饰施工的主要任务

建筑装饰施工的主要任务，是按照国家、行业和地方有关的施工及验收规范，完成装饰工程设计图纸中的各项内容，即将设计人员在图纸上反映出来的设计意图，通过施工过程加以实现。

2. 建筑装饰施工的一般要求

（1）对材料质量的要求

正确合理地使用装饰材料或配件是确保工程质量、节约原材料、降低工程成本的关键。

（2）施工前的检验工作

检验开工报告、施工组织设计等。

3. 装饰施工顺序安排

根据现代建筑装饰的施工经验，一般可按下列的流水顺序进行作业：

（1）按自上而下的流水顺序进行施工

按自上而下的流水顺序进行施工，是待主体工程完成以后，装饰工程从顶层开始到底层依次逐层自上而下进行。这种流水顺序有以下优点：

1）可以在房屋主体工程结构完成后进行，这样有一定的沉降时间，从而可以减少沉降对装饰工程的损坏。

2）屋面完成防水工程后，可以防止雨水的渗漏，确保装饰工程的施工质量。

3）可以减少主体工程与装饰工程的交叉作业，便于进行组织施工。

（2）按自下而上的流水顺序进行施工

为了防止雨水和施工用水渗漏对装饰工程的影响，一般要求在上层的地面工程完工后，方可进行下层的装饰工程施工。

按自下而上的流水顺序进行施工，在高层建筑中应用较多，其主要优点是：总工期可以缩短，甚至有些高层建筑的下部可以提前投入使用，及早发挥投资效益。但这种流水顺序对成品保护要求较高，否则不能保证工程质量。

（3）室内装饰与室外装饰施工先后顺序

在冬期施工时，则可先做室内装饰，待气温升高后再做室外装饰。

（4）室内装饰工程各分项工程施工顺序

1）抹灰、饰面、吊顶和隔断等分项工程，应待隔墙、钢木门窗框、暗装的管道、电线管和预埋件、预制混凝土楼板灌缝等完工后进行。

2）钢木门窗及玻璃工程，根据地区气候条件和抹灰工程的要求，可在湿作业前进行；铝合金、塑料、涂色镀锌钢板门窗及其玻璃工程，宜在湿作业完成后进行，如果需要在湿作业前进行，必须加强对成品的保护。

3）有抹灰基层的饰面板工程、吊顶工程及轻型花饰安装工程，应待抹灰工程完工后进行，以免产生污染。

4）涂料、刷浆工程，以及吊顶、罩面板的安装，应在塑料地板、地毯、硬质纤维板等地面的面层和明装电线施工前，以及管道设备试压后进行。木地板面层的最后一遍涂料，应待裱糊工程完工后进行。

5）裱糊与软包工程，应待顶棚、墙面、门窗及建筑设备的涂料和刷浆工程完工后进行。

（5）顶棚、墙面与地面装饰工程施工顺序

顶棚、墙面与地面装饰工程施工顺序，一般有以下两种做法：

1）先做地面，后做墙面和顶棚。这种做法可以减少大量的清理用工，并容易保证地面的质量，但应对已完成的地面采取保护措施。

2）先做顶棚和墙面，后做地面。这种做法的弊端是基层的落地灰不易清理，地面的抹灰质量不易保证，易产生空鼓、裂缝，并且地面施工时，墙面下部易遭沾污或损坏。

上述两种做法，一般宜采取先做地面，后做顶棚和墙面的施工顺序，这样有利于保证施工质量。

4. 施工环境温度的规定

室内外装饰工程施工的环境温度，对于施工速度、工程质量、用料多少、工程造价均有重要影响，在一般情况下应符合下列规定：

1）刷浆、饰面和花饰工程以及高级抹灰工程、溶剂型混色涂料工程，施工环境温度均不应低于5℃。

2）中级抹灰和普通抹灰、溶剂型混色涂料工程以及玻璃工程，施工环境温度应在0℃以上。

3）裱糊工程的施工环境温度不得低于10℃。

4）在使用胶黏剂时，应按胶黏剂产品说明要求的温度施工。

5）涂刷清漆不应低于8℃，乳胶涂料应按产品说明要求的温度施工。

1.4.3 建筑装饰施工材料制定方法

1. 现制的方法

适用于这种方法的装饰材料，主要包括水泥砂浆、水泥石子浆、装饰混凝土以及各种灰浆、石膏和涂料等。可以用于这类装饰的方法有：抹、压、滚、磨、抛、涂、喷、刷、弹、刮、刻等，其成型的方法主要分为人工成型和机械成型两种。

2. 粘贴式的方法

适用于这种方法的装饰材料，主要有壁纸、面砖、马赛克、微薄木及部分人造石材和木质饰面。可以用于这类装饰的方法有：抹、压、涂、刮、粘、裱、镶等。

3. 装配式的方法

在建筑装饰工程施工中，使用的固定件大致可分为机械固定件和化学固定件两大类，每种固定件的材料和使用方法一定要满足设计要求，以确保工程安全。适用于这种方法的材料，包括铝合金扣板、压型钢板、异型塑料墙板以及石膏板、矿棉保温板等，也包括一部分石材饰面和木质饰面所用的材料。其常用的方法主要有：钉、搁、挂、卡、钻、绑等。

4. 综合式的方法

综合式的方法，简单地讲是将以上几种方法，甚至多种不同类型的方法混合在一起使用，以获得某种特定的效果。在建筑装饰工程施工中，经常采用综合式的方法。

思 考 题

1.1 什么是建筑装饰装修？建筑装饰工程具有哪些特点？

1.2 建筑装饰工程与建筑、建筑结构、设备和环境各有什么关系？

1.3 建筑装饰工程在设计、施工和所用材料方面有哪些基本规定？

1.4 建筑住宅装饰工程在施工、防火安全和污染控制方面有哪些基本要求？

1.5 建筑装饰工程根据哪些方面进行分级？我国将装饰工程如何划分等级？

1.6 建筑装饰工程施工的主要任务与基本要求是什么？

单元2 抹灰工程

学习目标 ☞

    1. 通过图片资料，对常用的抹灰工程施工机具有一个感性认识，为施工工艺的学习打下基础。

    2. 通过对建筑物不同部位抹灰工艺的介绍，对完整施工过程有一个全面的认识。

    3. 通过对施工工艺的深刻理解，学会为达到施工质量要求正确选择材料和组织施工的方法，培养现场解决施工常见工程质量问题的能力。

    4. 在掌握施工工艺的基础上领会工程质量验收标准。

学习重点 ☞

    1. 一般抹灰中内墙抹灰、顶棚抹灰、外墙抹灰和细部抹灰的具体施工工艺及质量验收标准。

    2. 装饰抹灰饰面中水刷石装饰抹灰、干粘石装饰抹灰、斩假石装饰抹灰、假面砖装饰抹灰的施工工艺及质量验收。

最新相关规范与标准 ☞
《建筑装饰装修工程质量验收规范》（GB 50210—2001）

导入案例（案例式）☞
抹灰工程施工现场

任务2.1 材料与施工机具

2.1.1 抹灰砂浆材料

抹灰砂浆由水泥、石灰、砂及其他材料按一定的配合比拌和而成。常用的有水泥砂浆、混合砂浆和特殊砂浆。

水泥砂浆由水、砂、水泥按一定比例拌制成。水泥砂浆适用于厨房、厕所、阳台、外墙以及楼地面和顶棚抹灰等有防水要求和需要贴饰面砖的部位,水泥砂浆还用于护角、踢脚线、腰线、窗台等经常要碰撞的部位。水、砂、水泥、石灰按一定比例拌制成混合砂浆。混合砂浆适用于无防水、防潮要求的内墙面的抹灰。根据砂浆所需的特殊功能而掺加外加剂,还形成了特殊砂浆,如防水砂浆、抗裂砂浆、抗渗砂浆、耐酸碱砂浆等。

1. 水泥

（1）品种

抹灰常用水泥主要是硅酸盐水泥。按强度等级可分为:32.5级、42.5级、52.5级水泥及高强水泥。

（2）主要技术性能

1）安定性。安定性用于检验水泥在硬化过程中其体积变化的均匀程度。安定性不好的水泥砂浆在凝结硬化过程中就会出现龟裂、变曲、松脆、崩溃等不安定现象。安定性不合格的水泥应当予以报废处理。

工地中测试安定性一般采用试饼法。试饼法是将标准稠度的水泥净浆制成的试饼,放在温度 20 ± 1℃,相对湿度不小于 90% 的湿气养护箱内,养护 21~27h,取出沸煮 3h 后目测试饼的外观,若试饼发生龟裂或翘曲,即该批水泥安定性不合格。

2）水泥的凝结时间。水泥的凝结时间分为初凝和终凝,初凝时间是指从水泥加水到开始失去塑性并凝聚成块的时间,此时不具有机械强度。而终凝时间是指从加水到完全失去塑性的时间,此时混凝土产生机械强度,并能抵抗一定外力。国家标准规定硅酸盐水泥初凝不早于 45min,终凝不迟于 6.5h。搅拌、运输、涂抹等工序,必须在水泥初凝之前完成,终凝前不能加载或扰动,否则抹灰会起壳、空鼓、开裂。

3）贮存。水泥贮存期一般不宜超过 3 个月,存放 3 个月后,可以将水泥搬运一次或重新装袋。过期水泥要重新检验,确定其强度等级后方可使用。受潮水泥在有可以捏成粉末的松块而无硬块的状况下,重新取样送检,按试验结论强度等级使用,使用前要将松块压成粉末,加强搅拌。

2. 石灰膏

石灰膏是经生石灰加水熟化过滤，并在沉淀池中沉淀而成的。

（1）石灰膏的技术性能

石灰膏具有良好的可塑性，能够增强砂浆的流动性，方便操作。它是一种在空气中缓慢硬化的材料，且硬化后的强度不高。不宜在外墙或潮湿的环境中使用（如水池壁）。

（2）生石灰的熟化

生石灰使用前要加水熟化，即泡灰。泡制方法是：先在化灰池中放入足够的水，再将生石灰倒入泡灰池中熟化，其用水量约为石灰重量的 2.5～3.0 倍或更多些。用齿耙在池中搅拌，使生石灰充分吸水熟化，然后用孔径为 3mm×3mm 的筛子将稀浆过滤，再放入沉淀池中贮存。

为了使石灰有充分的熟化时间，在常温下一般需要泡制 15d，如用于罩面时需泡制不少于 30d。使用时，石灰膏内不得含有未熟化的颗粒和其他杂质。在泡制期间，石灰浆表面应保持有一层水，使它与空气隔绝，以免碳化、冻结、风化和干硬。

3. 砂

（1）砂的类型

1）按照砂的来源有山砂、河砂、海砂及人工砂，其中河砂是抹灰与砌筑的理想材料。

2）按平均粒径分为粗砂、中砂、细砂和特细砂 4 种。粗砂的平均粒径不小于 0.5mm，中砂的平均粒径为 0.35～0.5mm，细砂的平均粒径为 0.25～0.35mm，抹灰工程中常用中砂，不宜采用特细砂。

（2）颗粒级配

砂的颗粒级配是指大小颗粒相互搭配的比例情况，若比例得当，空隙达到最小。

（3）质量要求

砂中的黏土、泥块、云母等有机杂质均为有害物质，直接影响砂浆的强度，其含量均有限制。如，砂的含泥量不得超过 3%。因此，砂在使用时应过筛并用清水冲洗干净。

4. 纤维材料

纤维材料可提高抹灰层的抗拉强度、弹性和耐久性，保证抹灰罩面层不易发生裂缝和脱落。其主要品种有麻刀、纸筋、稻草、谷壳、玻璃丝等。

（1）麻刀

麻刀为白麻丝，以均匀、坚韧、干燥、不含杂质、洁净为好。一般要求长度为 20～30mm，随用随打松散，每 100kg 石灰膏掺入 1kg 麻刀，经搅拌均匀，即可成为麻刀灰。

（2）纸筋

纸筋常用粗草纸泡制，有干纸筋和湿纸筋之分。在使用前先将干纸筋撕碎、除去尘土后泡在清水桶内浸透，然后再捣烂，按每 100kg 石灰膏内掺入 2.75kg 纸筋的比例倒入泡灰池内，使用时应过筛。但纸筋未打烂之前不允许掺和石灰膏，以免罩面层留有纸粒。

（3）玻璃丝

将玻璃丝切成 10mm 长左右，每 100kg 石灰膏掺入玻璃丝 200～300g，搅拌均匀成玻璃丝灰。玻璃丝耐热、耐腐蚀，抹出的墙面洁白光滑，而且价格便宜。但操作时需防止玻璃丝刺激皮肤，应注意劳动保护。

5. 水

砂浆中的一部分水与水泥起化学反应，另一部分起润滑作用，使砂浆具有保水性与和易性。水的多少直接影响砂浆的质量，加水量过少则影响抹灰的操作性，加水量过多将直接降低砂浆的强度，应严格按设计配合比配置。建筑施工用水一般采用未受污染的软水，如自来水、饮用水等。

6. 水玻璃

水玻璃是一种胶质溶液，具有良好的黏结性。用水稀释配置耐酸、耐热砂浆以及同水泥一起调制成黏结剂，用以配置特种砂浆。水玻璃硬化较慢，为加速其凝结硬化，常掺入适量的促硬剂——氟硅酸钠。因氟硅酸钠具有毒性，操作时应注意劳动保护。水玻璃混合料是气硬性材料，养护环境应保持干燥，储存中也应注意防潮、防水。

2.1.2 饰面材料

1. 石子

抹灰用的石子主要有豆石和色石渣。豆石主要用作水刷石或干黏石面层及楼地面细石混凝土面层。粒径以 5～8mm 为宜。色石渣是由大理石、方解石等经破碎、筛分而成，颜色多样，是制作干黏石、水刷石、水磨石等的水泥石子浆的骨料。

2. 瓷砖

瓷砖是一种陶制产品，由不同材料混合而成的陶泥，经切割后脱水风干，再经高温烧压，制成不同形状不同规格的砖块。按工艺不同又分为釉面砖和通体砖（也叫玻化砖，抛光砖），在房屋建筑工程中广泛应用于外墙，以及卫生间、厨房、阳台的墙面和地面。

3. 天然石材

天然石材是从天然岩体中开采出来的，并经过加工成块状或板状材料的总称，主要有花岗石、大理石等。其中大理石强度适中，色彩和花纹比较美丽，但耐腐蚀性差，一般多用于高级建筑物的内墙面、地面等。花岗岩强度、硬度均很高，耐腐蚀能力及抗风化能力较强，是高级装饰工程室内、外的理想面材。

4．人造石材

人造石材是以不饱和聚酯树脂为黏结剂，配以天然大理石或方解石、白云石、硅砂、玻璃粉等无机物粉料，再加入适量外加剂制成的一种人造石材。在防潮、防酸、防碱、耐高温、拼凑性方面都有长足的进步。

2.1.3 手工工具和小型机具

1．手工工具

（1）抹子（图 2.1 和图 2.2）

1）铁抹子：铁抹子也称铁板，一般用于抹底子灰或抹水刷石、水磨石面层。

2）钢皮抹子：钢皮抹子与铁抹子外形相同，但比较薄、弹性较大，适用于抹水泥砂浆面层和地面压光。

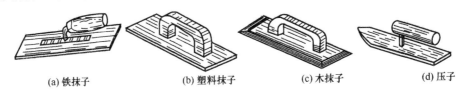

(a) 铁抹子　　(b) 塑料抹子　　(c) 木抹子　　(d) 压子

图 2.1　抹子

3）木抹子：木抹子又称木蟹，是用红白松木制作而成的，适宜于砂浆的搓平压光。

4）压子：一般适用于压光水泥砂浆面层及纸筋灰等罩面。

5）阴角抹子：阴角抹子也称阴角器，适用于阴角、弧形阴角、阴沟压光。分为直角阴角抹子和圆阴角抹子两种，圆阴角抹子可以用啤酒瓶代替。

6）阳角抹子：阳角抹子也称阳抽角器，适用于压光直角阳角、圆弧形阳角和护角线，分为直角阳角抹子、圆弧形阳角抹子和小圆角三种。

7）捋角器：捋角器适用于捋水泥抱角和作护角。

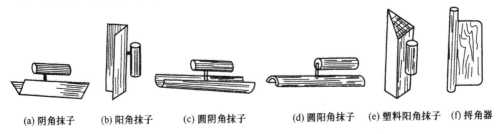

(a) 阴角抹子　(b) 阳角抹子　(c) 圆阴角抹子　(d) 圆阳角抹子　(e) 塑料阳角抹子　(f) 捋角器

图 2.2　做角抹子

（2）托灰板

托灰板用于抹灰时承托砂浆，多木制，如图 2.3（a）所示。

（3）刮尺

刮尺有木刮尺和铝合金刮尺两种，长度在 1.5～3m，宽度 8～10cm，木刮尺厚度 5cm 以上，铝合金刮尺厚度 2～3cm，用于冲筋，刮平地面或墙面的抹灰层，如图 2.3（e）所示。

（4）分格条

分格条用于分格缝和滴水槽，断面呈梯形，梯形的上边 1～1.5cm，下边 2～2.5cm，高、长视需要而定。

（5）勾缝工具

勾缝工具有短溜子和棍子。

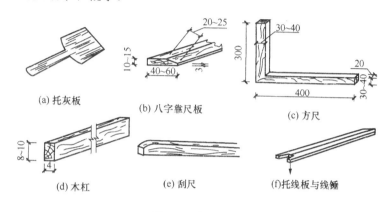

图 2.3　木制工具

2. 测量类工具

1）水平尺：水平尺用来检查墙面水平度。

2）方尺：方尺也称拐尺或兜尺，适用于测量阴阳角的方正[图 2.3（c）]。

3）八字靠尺：八字靠尺也称引条，一般作为做棱角的依据，其长度按需要截取。

4）托线板和线锤：托线板和线锤主要用于测量立面和阴阳角的垂直度，常用规格为 15mm×120mm×2000 mm。板中间有一条标准线[图 2.3（f）]。

5）吊牌：吊牌是用厚 3～10mm，5cm×15cm 左右钢板制成的矩形小钢板，在短边中央钻一个圆孔，穿一根细线，用来控制、检查墙面平整度。

6）水平管：水平管为小塑料透明管，装水打平水。

3. 清洁类工具（图 2.4）

1）长毛刷：长毛刷又称软毛刷子，在室内外抹灰时洒水用。

2）猪棕刷：猪棕刷适用于水刷石、拉毛灰。

3）鸡腿刷：鸡腿刷适用于阴角处和长毛刷子刷不到的地方。

4）钢丝刷：钢丝刷适用于清刷基层面。

5）竹扫把：竹扫把用于清理基层表面，是刷楼地面以及水泥浆块材铺贴专用工具。

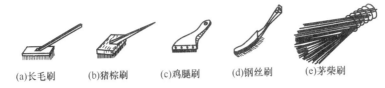

(a)长毛刷　　(b)猪棕刷　　(c)鸡腿刷　　(d)钢丝刷　　(e)茅柴刷

图 2.4　刷子

4. 运输类工、机具

运输类工具有灰桶、扁担、推斗车等。运输类的机具有吊篮、外用电梯、塔吊等。

任务2.2 抹灰施工做法

2.2.1 概述

用水泥、石灰、石膏、砂及其他掺和物，涂抹在建筑物的墙、顶、地、柱等表面上，直接做成饰面层的装饰工程，称为"抹灰工程"，又称"抹灰饰面工程"或"抹灰罩面工程"，简称"抹灰"。我国有些地区也把抹灰习惯地叫做"粉饰"或"粉刷"。

在顶棚、墙面等结构构件上进行抹灰必须分层进行，一般分为底层、中层及面层等（图 2.5）。其原因主要有以下几方面。

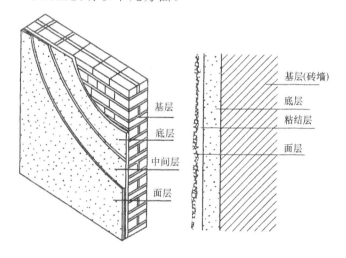

图 2.5 墙面抹灰的分层构造

1）底层主要是使抹灰层与基层粘牢固，以免空鼓起壳；中层主要是找平，普通抹灰时底、中层抹灰可以一并进行；面层则是起艺术装饰作用。各层的作用不同，则所用材料及其配合比也不相同，不相同的抹灰材料理所当然要分层进行涂抹。

2）即使抹灰层的各层材料相同，也不能一次抹上去，一次抹成不但操作困难，不易压实，而且过厚的抹灰层自重就越大，当抹灰层的自重超过抹灰层与物面的黏结力时，抹灰层就掉落下来。若分层抹灰，每层抹灰自重就小，抹灰层与物面及各抹灰层之间的黏结力足够使抹灰层不会掉下来。

3）抹灰砂浆如掺有石灰膏等气硬材料时，由于石灰膏在气化时需要吸收空气中的二氧化碳，而二氧化碳在空气中含量又少，使石灰膏的化学反应进行缓慢，尤其是抹灰层深处，长时间不能结硬，为了加快石灰膏气化，使每层抹灰层薄一些，即将抹灰层分成若干分层来涂抹。而且各抹灰分层之间有一定施工间歇，使各层有充分硬化的环境条件。

2.2.2　墙面、顶棚抹灰做法

1. 内墙抹灰构造

室内抹灰主要是保护墙体和改善室内卫生条件，增强光线反射，美化环境；在浴室、实验室和某些化工车间等易受潮湿或酸、碱腐蚀的房间，主要起保护墙身和楼地面的作用。内墙抹灰的构造作法主要有 5 种：

1）石灰砂浆（一）：18mm 厚 1：3 石灰砂浆打底，2mm 厚麻刀（纸筋、纤维）石灰罩面。

2）石灰砂浆（二）：18mm 厚 1：3 石灰砂浆打底，2mm 厚 1：0.5 水泥砂浆罩面。

3）混合砂浆：15mm 厚 1：1：6 水泥石灰砂浆打底，5mm 厚 1：0.5：0.3 水泥石灰砂浆罩面。

4）水泥砂浆：15mm 厚 1：3 水泥石灰砂浆打底，5mm 厚 1：2 水泥砂浆罩面。

5）钢板网墙混合砂浆：13mm 厚 1：0.5：4 水泥石灰麻刀砂浆（不包括挤入部分）打底，5mm 厚 1：0.3：3 水泥石灰砂浆罩面。

说明：其中第 1）、2）、3）、5）种适用于液态涂层饰面和墙布饰面；第 4）种适用于块材饰面和水泥砂浆压光饰面。

2. 外墙抹灰构造

室外抹灰，主要是保护墙身不受风、雨、雪的侵蚀，提高墙面防潮、防风化、隔热的能力，提高墙身的耐久性，也是对建筑表面进行艺术处理的措施之一。外墙抹灰构造主要有 6 种：

1）水泥砂浆：12mm 厚 1：3 水泥砂浆打底，8mm 厚 1：2.5 水泥砂浆罩面，大面积用木抹子搓平，小面积或线脚用铁抹子搓平，要留置分格条。

2）混合砂浆：12mm 厚 1：1：6 水泥石灰砂浆打底，8mm 厚 1：1：4 水泥石灰砂浆罩面。

3）15mm 厚 1：3 水泥砂浆打底再刷一道素水泥浆，留置分格条，面层适合于做水刷石、斩假石、面砖。

4）15mm 厚 1：3 水泥砂浆打底，再刷 3～4mm 厚水泥（白水泥）胶结合层，面层适用于贴马赛克即陶瓷锦砖（玻璃马赛克）。

5）12mm 厚 1：3 水泥砂浆打底，8mm 厚 1：2.5 水泥浆砂浆抹面，分格条，面层适用于喷塑、彩砂、喷涂和彩色弹涂。

6）15mm 厚 1：2.5 水泥砂浆打底，面层适用于干黏石。

3. 顶棚抹灰构造

顶棚抹灰构造主要有 4 种：

1）刷素水泥砂浆一道，再用 15mm 厚 1：2.5 石灰砂浆打底，2mm 厚麻刀（纸筋或纤维）石灰浆（干重量为石灰的 3%，湿重量为石灰的 20%）罩面。

2）刷 3mm 厚细砂水泥浆（细砂掺量为水泥质量的 10%～20%），适用于表观质量好的现浇构件（板、梁、柱）。

3）刷素水泥砂浆一道，再用 15mm 厚 1：1：4 石灰水泥砂浆打底。

4）用 12mm 厚 1：2.5 水泥砂浆打底。

若要 888 或喷涂饰面，底子表面灰可不压光；若不加饰面，底子表面必须压光。

2.2.3 楼地面抹灰做法

1. 地面抹灰构造

无论面层结构是什么，素土必须夯实，如果土层软弱或有防裂、防水要求时，可在基层土上加一层 40mm 厚 C20 细石混凝土，内配 φ4@200 双向钢筋。地面抹灰构造根据面层不同，主要做法有：

1）浇 60mm 或 80mm 厚 C10 混凝土，再刷素水泥浆结合层一道，再用 20mm 厚 1：2 水泥砂浆抹面。若是水泥地面就压光，若是胶凝材料、塑胶材料、块材地面就只找平，不需压光。

2）浇 60mm 或 80mm 厚 C10 混凝土，再刷素水泥浆结合层一道，再用 18mm 厚 1：3 水泥砂浆找平，用于做水磨石地面，做时加结合层一道，12mm 厚 1：2 水泥石子打磨。

3）浇 60mm 或 80mm 厚 C10 混凝土，再刷素水泥浆结合层一道，再用 30mm 厚 C20 细石混凝土随浇随抹光，适用于做细石混凝土地面。

4）浇 60mm 或 80mm 厚 C10 混凝土，再用 15mm 厚 1：3 水泥砂浆找平一道，再刷冷底子油一道，再刷热沥青马蹄脂二道（或二毡三油），面上铺粗砂一层，或二布三油胶面铺细砂，再浇 30mm 厚 C20 细石混凝土一层，随浇随抹光，适用于细石混凝土防潮地面。

5）浇 60mm 或 80mm 厚 C10 混凝土，再刷素水泥浆结合层一道，再铺 30mm 厚 1：3 干水泥砂浆一层，面上再撒 2mm 厚素水泥（洒适量清水），适用于水泥花阶砖地面和预制水磨石地面。

6）浇 60mm 或 80mm 厚 C10 混凝土一层，再刷素水泥浆结合层一道，再抹 20mm 厚 1：3 水泥砂浆找平，适用于地砖（陶板）、马赛克（陶瓷锦砖）地面。

7）浇 80mm 或 100mm 厚 C10 混凝土，再刷素水泥浆结合层一道，再干铺 30mm 厚 1：3 水泥砂浆，面上再撒 2mm 厚素水泥（洒适量清水），适用于花岗石、大理石、碎拼大理石、玻化砖地面。

8）浇 150mm 厚三七灰土，再铺 25mm 厚中砂垫层，适用于砖铺地面。

9）浇 80mm 厚或 100mm 厚混凝土，再做防水处理（如刷冷底子一道，热沥青一道或二道），再抹 20mm 厚 1：2 水泥砂浆找平，适用于做木质地面。

2. 楼面的抹灰构造

所有楼面抹灰施工前，必须将楼面清理干净后，再刷一道水泥结合层。现根据结合层以上的不同做法，介绍 9 种楼面抹灰：

1）水泥楼面——用 20mm 或 25mm 厚 1：2 水泥砂浆抹面压光。若不压光只找平，就适用于 107 胶水泥彩色地面、聚氯乙烯塑料块材楼面及木饰楼面。

2）细石混凝土楼面——浇 30mm 厚 C20 细石混凝土随浇随抹光。

3）现浇水磨石楼面——抹 18mm 厚 1：3 水泥砂灰找平层，再刷素水泥浆结合层一道。

4）地板砖楼面（马赛克、地砖等）——抹 20mm 厚 1：3 水泥砂灰找平层，再在块材上抹 3～4mm 厚水泥胶结合层进行粘贴。

5）预制水磨石楼面——干铺 1：3 水泥砂浆，面上撒 2mm 厚素水泥（洒适量清水）。

6）非浴厕的马赛克（陶瓷锦砖）楼面——浇 50mm 厚 C20 细石混凝土，地漏处或最低处不少于 30mm 厚，再抹 15mm 厚 1：3 水泥砂浆找平层，再在块材上抹 3～4mm 厚水泥胶结合层。

7）浴、厕、盥洗室贴马赛克（陶瓷锦砖）楼面——刷冷底子油一道后做二毡三油（二布三胶面，聚氨酯等）防水层，再浇 50mm 厚 C20 细石混凝土，地漏处最低不少于 30mm 厚，再抹 15mm 厚 1：3 水泥砂浆找平层，再在块材上抹 3～4mm 厚水泥胶结合层。

8）水泥花阶砖楼面——铺 20mm 厚 1：3 水泥砂浆，面上撒 2mm 厚素水泥（洒适量清水）。

9）大理石、碎拼大理石、花岗石等楼面——干铺 30mm 厚 1：3 水泥砂浆，面上撒 2mm 厚素水泥（洒适量清水）。

2.2.4　细部（窗、楼梯等）抹灰做法

1. 门窗套抹灰构造

1）砖体表面抹 15mm 厚 1：3 水泥砂浆找平，再用 5mm 厚 1：2 水泥砂浆抹面，窗台外边放不少于 5% 的坡，上口要做 15～20mm 长的滴水线。

2）混凝土体表面刷素水泥浆一道，再抹 15mm 厚 1：3 水泥砂浆找平，再用 5mm 厚 1：2 水泥砂浆抹面，另在窗台外边上口要做 15～20mm 长的滴水线。窗台抹灰前必须清理干净并浇水湿润。

2. 楼梯抹灰构造

1）梯倒板：刷一道素水泥浆，再抹 12mm 厚 1：2 的水泥砂浆找平或压光，找平的可做罩面。梯端侧面要做 15～20mm 长的滴水线。

2）梯踏步、踏面：刷一道素水泥浆，再抹 20mm 厚 1：2 的水泥砂浆压光或找平，压光可做水泥砂浆踏面、木质、瓷砖或刷涂料踏面，踏面要凸出踏步 10mm。

3）抹 18mm 厚 1：3 水泥砂灰找平层，再刷素水泥浆结合层一道，它适用于现浇水磨石踏面。

4）干铺 30mm 厚 1：3 水泥砂浆，面上撒 2mm 厚素水泥（洒适量清水），它适用

于大理石、碎拼大理石、花岗石等踏面。

3. 护角抹灰构造

在建筑中，易碰烂的部位（阳角）需做护角，阳角是两个面相交，凸出的角就叫阳角（图 2.6）。护角的构造要求：L 是一个直角，两个边宽度都是 6cm，高度是 2m，从楼（地）面起计算，用 1∶2 的水泥砂浆抹灰，厚度与大面一致，罩面与大面一致，如无罩面就压光。

4. 踢脚线抹灰构造

踢脚线（踢脚板）是楼（地）面与墙面相交处的构造，踢脚线的高度为 10cm 左右，当墙面大面粉刷材料是石灰砂浆、石灰水泥砂浆（即混合砂浆）时需做踢脚线，如大面粉刷材料是水泥砂浆时，就不需要粉踢脚线，直接涂涂料或贴块材以及木质饰面。踢脚线做法是用 1∶2 水泥砂浆抹灰，厚度与大面一致，罩面是涂料就压光，是硬质材料罩面就不压光。

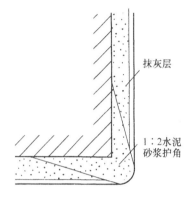

图 2.6　护角做法

任务2.3 一般抹灰

2.3.1 准备工作

1. 室内抹灰的准备工作

室内一般抹灰工程，主要包括室内墙面、顶棚及室内地面抹灰，以及细部的抹灰。现以室内墙面为例说明抹灰前的准备工作。

1) 材料和机具准备。根据抹灰工艺需要进行准备。

2) 作业条件具备。抹灰前应当具备以下条件：

① 结构工程已经过合格验收。

② 检查原基层表面凸起与凹陷处，并经过剔实、凿平、修补孔洞，其缝隙可用1:3水泥砂浆填嵌密实，各种预埋管件已按要求就位，并做好防腐工作。

③ 根据室内墙面高度和现场的情况，提前搭好操作用的高凳和架子，并要离开墙面及角部200~250mm，以利操作。

2. 室外抹灰的准备工作

1) 砂浆配制。砂浆试配时，按施工员计算的配合比进行试拌，并测定其拌和物的稠度；每种配合比至少制作1组（6块）试件，经标准养护至28d试压。

2) 工具与机具准备。

3) 作业条件准备。结构工程已验收合格。预埋件已安装完毕；预留孔洞提前堵塞严实；外墙架子已搭设并通过安全检查；墙大角和两个面及阳台两侧已用经纬仪打出基准线，作为抹灰打底的依据。

2.3.2 施工工艺和操作要点

1. 内墙面抹灰

（1）施工工艺流程

基层处理→浇水湿润→找规矩、做灰饼、设置标筋→阳角护角→抹底层灰、中层灰→抹窗台板、踢脚线→罩面层灰→清理。

（2）操作要点

1) 找规矩。用一面墙做基准先用方尺规方，如房间面积较大，在地面上先弹出十字中心线，再按墙面基层的平整度在地面弹出墙角线，随后在距墙阴角100mm处吊垂线并弹出垂直线，再按地上弹出的墙角线往墙上翻引，弹出阴角两面墙上的墙面抹灰层厚度控制线，以此确定标准灰饼厚度。

2）做灰饼（图 2.7）。在墙面距地 1.5m 左右的高度，距墙面两边阴角 100～200mm 处，用 1∶3 水泥砂浆或 1∶3∶9 水泥石灰砂浆，各做一个 50mm×50mm 的灰饼，再用托线板或线锤以此饼面挂垂直线，在墙面的上下各补做两个灰饼，灰饼离顶棚及地面距离 150～200mm 左右，再用钉子钉在左右灰饼两头接缝里，用线拴在钉子上拉横线，沿线每隔 1.2～1.5m 补做灰饼。

图 2.7　做灰饼示意图

3）抹标筋(冲筋)——在灰饼间抹灰。标筋的厚度与所用砂浆材料均与灰饼同。标筋一般做成梯形断面，在涂抹时，要求高出灰饼面 5～10mm，然后用刮尺紧贴灰饼左上右下地来回搓刮，直到标筋面与灰饼面齐平为止。

4）护角。必须在抹大面前进行，护角做在室内的门窗洞口及墙面、柱子的阳角处，护角高度不小于 2m。每侧宽度不大于 5cm，应用 1∶2 水泥砂浆抹护角，采用的工具有阴、阳抹子或采用 3m 长的阳角尺、阴角尺搓动，使阴、阳角线顺直。

5）抹窗台、踢脚板。应分层抹灰，窗台用 1∶3 水泥砂浆打底，表面划毛。养护 1d 刷素水泥浆一道，抹 1∶2.5 水泥砂浆罩面灰，原浆压光。踢脚板应控制好水平、垂直和厚度(比大面突出 3～5mm)，上口切齐，压实抹光。

6）抹底灰。待标筋有了一定强度后，洒水湿润墙面，然后在两筋之间用力抹上底灰，用木抹子压实搓毛。底灰要略低于标筋。

7）抹中灰。待底灰干至六七成后，即可抹中灰。抹灰厚度稍高于标筋，再用木杆按标筋刮平，紧接用木抹子搓压，使表面平整密实。

8）抹罩面灰。底子灰太湿，会影响抹灰面的平整度，还可能会"咬色"，底子灰太干，则易使面层灰脱水过快，以致影响面层灰与底子灰的黏结力而造成面层空鼓。一般水泥砂浆和水泥混合砂浆的底子灰终凝后，方可抹罩面灰，石灰砂浆底层灰在吸水七八成后，即可抹罩面灰。

（3）注意事项

在抹灰前墙面必须浇水湿润，粉好的墙面浇水养护 3～5d，避免墙面脱水引起空鼓起砂现象发生。门窗洞口护角，尺寸、标高正确，在两次施工的洞口，每边留不少于 5cm 用铝合金靠紧割直，两次施工部位接头应平整。电线盒、开关盒部位应清洁方正。做到工完场洁，落地灰随清随用。

2. 外墙面抹灰

混凝土外墙抹灰底层常用 1∶3 水泥砂浆，面层用 1∶2.5 水泥砂浆。砖砌外墙的抹灰要有一定的防水性能，常用 1∶1∶6 的混合砂浆打底，用 1∶1∶6 或 1∶0.5∶4 的混合砂浆罩面。

（1）工艺流程

基层处理→浇水湿润→找规矩、做灰饼、标筋→抹底灰、中灰→弹分格线、嵌分格条→抹面灰→起分格条→做滴水线→养护。

（2）操作要点

1）弹分格线、嵌分格条。待中灰干至六七成时，按要求弹出分格线，镶嵌分格条。分格条两侧用素水泥浆（最好掺 108 胶）与墙面抹呈 45° 角，横平竖直，接头平直。

2）做滴水线。窗台、雨篷、压顶、格口等部位，应先抹立面，后抹顶面，再抹底面。顶面应抹出流水坡度，底面外沿边应做出滴水线槽，滴水线槽一般深度和宽度大于 10mm。窗台上面的抹灰层应伸入窗框下坎的裁口内，堵塞密实。

3）拆除分格条。拆除分格条的时间可在面灰抹好之后。若采用"隔夜条"的罩面层，必须待面层砂浆达到适当强度后方可拆除。

4）其余做法均与内墙抹灰基本相同。

（3）注意事项

注意抹灰顺序。外墙抹灰应先上部，后下部，先檐口再墙面。高层建筑，应按一定层数划分一个施工段，垂直方向控制用经纬仪来代替垂线，水平方向拉通线。大面积的外墙可分片同时施工，如果一次抹不完，可在阴阳交接处的分格线处间断施工。

当基层为混凝土板墙时，浇水湿润要掌握湿度，如墙身吸水过多，会造成抹灰操作困难。如混凝土表面光滑，应对其进行"毛化处理"，做法有两种，第一种方法是用调制好的水泥浆进行甩浆处理；其二是将混凝土表面凿毛，使其表面粗糙不平，然后用清水冲洗干净。当基层为砖砌墙体时，要使砖吸水深度达到 10～20mm。当底层灰较湿不吸水时，罩面灰收水当天不能压光成活，可在罩面灰上撒上 1∶2 干水泥砂吸水，待干水泥砂吸水后，将这层水泥砂浆刮除再压光。水泥砂浆罩面成活 24h 后，要浇水养护 3d。

2.3.3 质量检查和通病防治

1. 质量检查

一般抹灰的允许偏差和检验方法详见表 2.1 。

表 2.1 一般抹灰的允许偏差和检验方法

项次	项目	允许偏差(mm)		检验方法
		普通抹灰	高级抹灰	
1	立面垂直度	4	3	用 2m 垂直检测尺检查
2	表面平整度	4	3	用 2m 靠尺和塞尺检查
3	阴阳角方正	4	3	用直角检测尺检查
4	分格条(缝)直线度	4	3	拉长 5m 线，不足 5m 拉通线，用钢直尺检查
5	墙裙勒脚上口直线度	4	3	拉长 5m 线，不足 5m 拉通线，用钢直尺检查

2. 质量通病

一般抹灰的主要质量通病有：空鼓、开裂、起砂、倒泛水、污染等。质量通病总有其产生原因，如果能够清楚引起通病的真实原因，有的放矢，就能够事先预防质量通病的产生，避免不必要的损失。

（1）空鼓

粘贴层和基层（即被粘贴层）之间结合不牢固，叫空鼓，有楼地面、顶棚抹灰空鼓、内外墙抹灰空鼓、饰面块材空鼓。主要原因有。

1）基层表面清理不干净，抹灰前未浇水湿润。

2）抹灰砂浆强度低，灰浆稀，每层抹灰厚度大。

3）门窗框两边塞灰不严，墙体预埋木砖距离过大或木砖松动。

4）砂浆使用停放时间过长，失去流动性而凝结，二次加水拌和使用。

5）混合砂浆上罩水泥砂浆（如踢脚板、墙裙护角等）时，混合砂浆没有清理干净。

6）混凝土墙、柱、梁等构件上抹灰时未凿毛，也未抹浆，加气混凝土墙面抹底灰前未抹浆。

针对其产生原因，空鼓的防治方法有：

1）将基层表面清洗干净，基层在抹灰前都要湿水充分。

2）要按施工配合比拌料，每层抹灰厚度不能大于 1.5cm。

3）门窗框两边抹灰要严密，木砖间距合理，安装牢固。

4）砂浆要随拌随用。

5）踢脚板、墙裙、护角等处相接的混合砂浆要清除干净。

6）混凝土墙、柱、梁等构件上抹灰前要凿毛或抹浆，加气混凝土墙面抹底灰前要抹浆，水泥砂浆抹灰必须浇水养护 7d。

（2）抹灰层开裂

开裂主要原因有：

1）墙体抹灰前 2d 内浇水不透。

2）门窗框边有振动。

3）砂浆放置时间过长导致二次拌和。

4）砂浆太稀。

5）砂浆中砂太细。

6）抹灰时强风吹。

7）一次性抹灰厚度偏大。

8）预制板楼面，板与板之间灌缝不密实。

9）空心砌块、加气砌块与混凝土构件（柱、梁、墙等）之间，抹灰前未挂钢丝网。

针对其产生原因，防治开裂的方法有：

1）抹灰前 2d，将墙体浇水湿透。

2）门窗框边不能有振动，抹灰时要细心抹严实。

3）砂浆要随用随拌，不能超过水泥的初凝时间。

4）砂浆抹制要按施工配合比拌制。

5）砂浆中的骨料要用中砂，不要用细砂或泥砂。

6）抹灰时要避开强风。

7）一次性抹灰厚度不能大于 15mm。

8）预制顶板的板缝处在抹灰前要挂纤维绷带，灌缝严实。

9）空心砌块、加气砌块与混凝土构件之间，抹灰前要沿缝线挂 30cm 宽的钢丝网。

（3）水泥砂浆墙、地面起砂

起砂是指砂浆表面粗糙，不坚实。走动或摩擦后，表面先有松散的水泥灰，用手摸时像干水泥面。随着走动次数的增多，砂粒逐渐松动或有成片水泥硬壳剥落，露出松散的水泥和砂子。起砂的主要原因有：

1）水泥质量不好（抗折强度低）。

2）基层未浇水湿透，清理不干净。

3）不按配合比拌制砂浆，水泥用量低。

4）压实时用力不够，没压实。

5）养护不适当，上人走动过早。

6）冬季施工时，水泥砂浆受冻。

针对其产生原因，防治方法有：

1）水泥要送检合格才使用。

2）在抹灰前将基层浇水湿透并清理干净。

3）按施工配合比拌制砂浆，不减少水泥用量。

4）压实时抹灰工要用力搓动压实三遍以上：第一遍是随抹随搓；第二遍在水泥初凝后；第三遍以上人时无脚印或不明显脚印为宜。

5）地面抹好 24h 后才能浇水养护，养护时间不少于 7d，设置防护设施，禁止过早上下走动加载。

6）将门、窗封好，保持温度，不在 4℃ 及以下施工。用水泥浆抹面，或用 107 胶水泥浆分层涂抹。

（4）地面倒泛水、积水

地面倒泛水、积水的主要原因有：

1）阳台（外走廊）、浴厕间的地面一般应比室内地面低 30～50mm，施工时疏忽造成地面积水。

2）施工前，地面标高抄平弹线不准确，施工中未按规定的泛水坡度冲筋、刮平。

3）浴厕间地漏安装过高，以致形成地漏四周积水。

4）土建施工与管道安装施工不协调，或中途变更管线走向，使土建施工时预留的地漏位置不合安装要求，管道安装时另行凿洞，造成泛水方向不对。

针对其产生原因，防治地面倒泛水、积水的方法有：

1）抹灰时要以地漏为中心向四周辐射冲筋，找好坡度，用刮尺刮平，抹面时，注意不留洼坑。

2）提醒水暖工安装地漏时，标高要稍低点。

3）抹灰与管道安装工要配合良好，减少凿洞。

（5）污染

抹灰面污染主要原因有：

1）在窗台、雨篷、阳台、压顶、突出腰线等部位没有做好流水坡度或未做滴水槽，易发生寸水顺墙流淌污染墙面，甚至造成墙体渗漏。

2）因水泥碱性重，墙面泛白，俗称起盐碱。

针对其产生原因，防治污染的方法有：

1）在窗台、阳台、压顶、突出腰线等部位抹灰时，应做好流水坡度和滴水线槽，作为一道主要工序认真去做。滴水线槽一般做法为，深 10mm，上宽 7mm，下宽 10mm，距外表面不小于 20mm。

2）外墙窗台抹灰前，窗框下缝隙必须用水泥砂浆填实，防止雨水渗漏；抹灰面应缩进窗框下 1～2cm，慢弯抹出泛水。

3）避免使用矿渣水泥（火山灰质水泥）等碱性大的水泥，用普通硅酸水泥为宜。

任务2.4 地面抹灰

2.4.1 细石混凝土地面

1. 施工工艺流程

找标高、弹面层水平线→基层处理→洒水湿润→抹灰饼→抹标筋→刷素水泥浆→浇筑细石混凝土→抹面层压光→养护。

2. 操作要领

1）找标高、弹面层水平线。根据墙面上已标记的＋50cm水平标高线，量测出地面面层的水平线，弹在四周墙面上，并要与房间以外的楼道、楼梯平台、踏步的标高相呼应，贯通一致。

2）抹灰饼。根据已弹出的面层水平标高线，横竖拉线，用与细石混凝土相同配合比的拌和料抹灰饼，横竖间距1.5m，灰饼上标高就是面层标高。

3）刷素水泥浆结合层。在铺设细石混凝土面层以前，在已湿润的基层上刷一道1∶0.4～1∶0.5（水泥∶水）的素水泥浆，一次涂刷面积不宜过大，要随刷随铺细石混凝土，避免时间过长水泥浆风干导致面层空鼓。

4）浇筑细石混凝土。将搅拌好的细石混凝土铺抹到地面基层上（水泥浆结合层要随刷随铺），用2m长刮杆顺着标筋刮平；然后用滚筒（常用的为直径20cm，长度60cm的混凝土或铁制滚筒）往返、纵横滚压3～5遍，如有凹处用同配合比混凝土填平，滚至表面泛浆。当厚度较厚超过6cm以上时应用平板振动器；振捣速度和遍数可以按以下情况来判断，混凝土停止下沉并往上泛浆，或表面已平整并均匀出浆。振捣遍数以2遍为宜，第一遍和第二遍的振捣方向互相垂直，第一遍主要是使混凝土振实，第二遍主要是将混凝土表面振平整。

5）抹面层、压光。当面层出现泌水现象，撒一层干拌水泥砂（1∶1=水泥∶砂）拌和料，要撒匀（砂要过3mm筛），再用2m长刮杆刮平（操作时均要从房间内往外退着走）。当面层灰面吸水后，用木抹子用力搓打、抹平，将干水泥砂拌和料与细石混凝土的浆混合，使面层达到结合紧密。接下来是三遍抹压：第一遍抹压用铁抹子轻轻抹压一遍直到出浆为止。当面层砂浆初凝后，地面面层上有脚印但走上去不下陷时，用铁抹子进行第二遍抹压，把凹坑、砂眼填实抹平，注意不得漏压。当面层砂浆终凝前，即人踩上去稍有脚印，用铁抹子压光无抹痕时，可用铁抹子进行第三遍压光，此遍要用力抹压，把所有抹纹压平压光，达到面层表面密实光洁。

6）养护：面层抹压完24h后（有条件时可覆盖塑料薄膜养护）进行浇水养护，每天不少于2次，养护时间一般至少不少于7d（房间应封闭，养护期间禁止进入）。

3．注意事项

基层不干净，或有水泥浆皮及油污，或刷水泥浆结合层时面积过大，用扫帚扫、甩浆等都易导致面层空鼓。在抹压过程中撒干水泥（应撒水泥砂拌和料）不均匀，有厚有薄，表面形成一层厚薄不匀的水泥层，未与混凝土很好的结合，会造成面层起皮。如果面层有出水现象，要立即撒水泥砂（1∶1=水泥∶砂）干拌和料，撒均匀、薄厚一致，木抹子搓压时要用力，使面层与混凝土紧密结合成整体。如撒干拌和料后终凝前尚未完成抹压工序，易造成面层结合不紧密并开裂。当水灰比过大、抹压遍数不够、养护期间过早进行其他工序操作，都易造成起砂现象。

2.4.2　水泥砂浆地面

1．施工工艺流程

基层处理→找标高、弹线→洒水湿润→抹灰饼和标筋→刷水泥浆结合层→铺水泥砂浆面层→木抹子搓平→铁抹子压第一遍→第二遍压光→第三遍压光→养护。

2．操作要点

1）先将基层上的灰尘扫掉，用钢丝刷和錾子刷净、剔掉灰浆皮和灰渣层，用 10%的火碱水溶液刷掉基层上的油污，并用清水及时将碱液冲净。

2）先检查要做水泥砂浆地面的楼地面的平整度，测定标高尺寸，再根据设计面层表面标高和排水坡度，确定抹灰层的厚度，并在四周墙面（或框架柱）上弹好水平控制线，弹线一般在墙上的＋1000mm（或＋500 mm）处，然后往下量测出砂浆面层的标高基准线（图 2.8）。

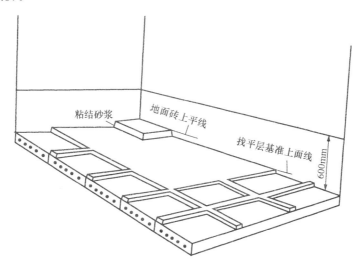

图 2.8　弹准线、做标筋

3）为保证楼地面的平整度和排水坡度，需要先做 5cm×5cm 灰饼、冲筋。小房间按已确定的标高控制线做灰饼即可，灰饼上平面即为地面面层标高。大房间需按横竖间距为 1.5～2.0m 做通长标筋。铺抹灰饼和标筋的砂浆材料配合比均与抹地面的砂浆相同。对于有排水要求的房间地面，必须找好流水坡度，有地漏的房间，要在地漏四周找出不小于 5% 的泛水。同时将水管地漏口堵好，避免砂浆流入。

4）在铺设水泥砂浆之前，应涂刷水灰比为 0.4～0.5 的素水泥浆一遍，作为结合层，不要涂刷面积过大，随刷随铺面层砂浆。

5）涂刷水泥砂浆之后紧跟着铺水泥砂浆，在灰饼之间将砂浆铺均匀。水泥砂浆应随铺随拍实，并用木抹子由边向中，由内向外搓平，压实后退操作。

6）木刮杠刮平后，立即用木抹子搓平，将砂眼、脚印等消除后，并随时用 2m 靠尺检查其平整度。

7）木抹子刮平后，立即用铁抹子压第一遍，直到出浆为止，这一遍要求压得轻些，将踩的脚印抹平。面层砂浆初凝后（人踩上去有脚印但不陷下去），开始用铁抹子压第二遍，要求压平、压光、不漏压，这遍压光最重要，表面要清除气泡、空隙，做到平整光滑。在水泥砂浆终凝前进行第三遍压光，这遍要求用力稍大，把第二遍留下的抹纹、毛细孔等压平、压实、压光。

8）地面压光完工后 24h，铺锯末或其他材料覆盖洒水养护，保持湿润，养护时间不少于 7d 才能上人。

3. 注意事项

水泥砂浆面层在埋设管道等局部减薄处，必须采取防止开裂措施，符合设计要求后，方可继续施工。其他注意事项同细石混凝土。

2.4.3 现浇水磨石地面

1. 施工工艺流程

基层处理→找标高弹线→抹找平层→弹分格线→镶嵌分隔条→刷涂结合层→铺抹石粒浆→滚压、抹平→水磨→出光酸洗→上蜡。

2. 操作要点

（1）基层处理

底层回填土要分层回填夯实，并按设计要求作砂土、灰土、碎砖三合土或混凝土垫层，楼板要清除浮灰、油渍、杂质，光滑面要凿毛，使基层表面粗糙、洁净而湿润。

（2）找标高弹线

根据墙面上的+50cm 标高线往下测出水磨石面层标高，弹在四周墙上，并考虑其他房间和通道面层的标高，要相互一致。

（3）抹找平层

根据墙上弹出的水平线，留出面层厚度（10～15mm），抹 1:3（水灰比为 0.4～0.5）水泥砂浆找平层。

（4）弹分格线

根据设计要求的分格尺寸（一般采用 1m×1m），在房间中部弹十字线，计算好周边的镶边宽度后，以十字线为准可弹分格线。如设计有图案要求时，应按设计要求弹出清晰的线条。

（5）镶嵌分格条

按设计要求选用分格条，分格条(铜条、铝条、玻璃条)高度通常为 10～12mm，应先调直，将分格条紧靠托线板，然后在其另一侧抹水泥浆固定。抹好后，将托线板移开，这一侧也同样抹水泥浆（图 2.9 和图 2.10）。

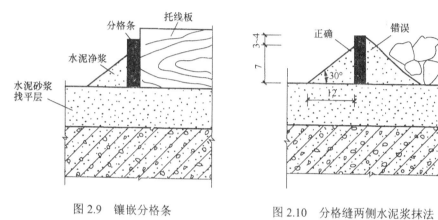

图 2.9　镶嵌分格条　　　　图 2.10　分格缝两侧水泥浆抹法

（6）刷涂结合层

分格条粘嵌养护后，清积水浮砂，用清水将找平层洒水湿润，涂刷与面层颜色相同的水泥浆结合层，其水灰比为 0.4～0.5，要刷涂均匀，亦可在水泥浆内掺加胶黏剂，随刷随铺拌和料，铺刷的面积不宜过大，防止浆层风干导致面层空鼓。

（7）铺抹石粒浆

在选定的灰石比内取出 20%的石粒，作撒石用。取用已准备好的彩色水泥粉料和石料，干拌两三遍后，加水拌，水的重量约占干料（水泥、颜色、石粒）总重的11%～12%，石粒浆坍落度以 6cm 为宜，将拌和均匀的石粒浆按分格顺序进行铺设，其厚度应高出分格条 1～2mm，以防滚压时压弯铜条或压碎玻璃条。

（8）滚压、抹平（图 2.11）

用滚筒滚压时用力要匀（要随时清掉粘在滚筒上的石子，应从横竖两个方向轮换进行，达到表面平整密实），要滚压 2 次。

第 1 次滚压如发现石粒不均匀之处，应补石粒浆再用铁抹子拍平、压实。3h 以后第 2 次滚压，至水泥砂浆全部压出为止，待石粒浆稍收水后，再用铁抹子将浆抹平、压实。24h 后浇水养护，养护 5～7d，低温应养护 10d 以上。

（9）水磨（图 2.12）

一般根据气温情况确定养护天数，过早开磨石粒易松动，过迟开磨造成磨光困难。所以需进行试磨，以面层不掉石料为准。

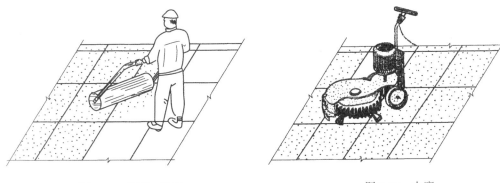

图 2.11 滚压、抹平   图 2.12 水磨

（10）出光酸洗

可使用 10%浓度的草酸溶液，再加入 1%～2%的氧化铝。涂草酸溶液一遍后，可用 280～320 号油石研磨至出白浆，表面光滑为止，再用水冲洗并晾干。

（11）打蜡

在水磨石面层上薄薄涂一层糊状蜡，3～4h（稍干后）用磨石机扩垫麻袋或麻绳研磨，也可用钉有细帆布（或麻布）的木块代替油石，装在磨石机上研磨出光亮后，再人工涂蜡研磨一遍。

任务2.5 特种砂浆抹灰

2.5.1 防水砂浆

防水砂浆用于地下室、水池、水塔等需要做防水层的部位。根据各种基层，如地面、混凝土墙面、砖墙面材质的不同其操作工艺也略有不同。

1. 施工工艺流程

施工准备→基层处理→找规矩→刷防水素水泥浆→抹底层防水砂浆→刷防水素水泥浆→抹面层防水砂浆→刷防水素水泥浆→养护。

2. 操作要点

（1）施工准备、基层处理

混凝土墙面要剔除掉蜂窝及松散的混凝土，表面应凿毛，用 10%火碱水溶液刷洗干净，然后用 1：3 水泥砂浆抹平或用 1：2 干硬性水泥砂浆捻实。砖墙抹防水层时，必须在砌砖时划缝，深度为 10～12mm。穿墙预埋管露出基层，在其周围剔成宽 20～30mm，深 50～60mm 的槽，用 1：2 干硬性水泥砂浆捻实。管道穿墙应按设计要求做好防水处理，并办理隐蔽验收手续。

（2）混凝土墙抹水泥砂浆防水层的做法

1）刷水泥素浆：配合比为水泥：水：防水油=1：0.8：0.025（重量比），先将水泥与水拌和，然后再加入防水油搅拌均匀，再用软毛刷在基层表面涂刷均匀，随即抹底层防水砂浆。

2）抹底层砂浆：用 1：2.5 水泥砂浆，加水泥重 3%～5%的防水粉，水灰比为 0.6～0.65，稠度为 7～8cm。先将防水粉和水泥、砂子拌匀后，再加水拌和。搅拌均匀后进行抹灰操作，底灰抹灰厚度为 5～10mm，在底层灰未凝固之前用扫帚扫毛。砂浆要随拌随用。拌和及使用砂浆时间不宜超过 60min，严禁使用过夜砂浆。

3）刷水泥素浆：在底灰抹完后，常温时隔 1d，再刷水泥素浆，配合比及做法与第一层相同。

4）抹面层砂浆：刷过素浆后，紧接着抹面层，配合比同底层砂浆，抹灰厚度在 5～10mm 左右，凝固前要用木抹子搓平，用铁抹子压光。

5）刷水泥素浆：面层抹完后 1d 刷水泥素浆一道，配合比为水泥：水：防水油= 1：1：0.03（重量比），做法和第一层相同。

（3）砖墙抹水泥砂浆防水层的做法

1）基层浇水湿润：抹灰前一天用水管把砖墙浇透，第二天抹灰时再把砖墙洒水湿润。

2）抹底层砂浆：配合比为水泥：砂=1：2.5，加水泥重 3%的防水粉。先用铁抹子薄薄刮一层，然后再用木抹子上灰，搓平，压实表面并顺平。抹灰厚度为 6～10mm。

3）抹水泥素浆：底层抹完后 1～2d，将表面浇水湿润，再抹水泥防水素浆，掺水泥重 3%的防水粉。先将水泥与防水粉拌和，然后加入适量水搅拌均匀，用铁抹子薄薄抹一层，厚度在 1mm 左右。

4）抹面层砂浆：抹完水泥素浆之后，紧接着抹面层砂浆，配合比与底层相同，先用木抹子搓平，后用铁抹子压实、压光。抹灰厚度在 6～8mm。

5）刷水泥素浆：面层抹灰 1d 后，刷水泥素浆，配合比为水泥：水：防水油=1：1：0.03（重量比），方法是先将水泥与水拌匀后，加入防水油再搅拌均匀，用软毛刷子将面层均匀涂刷一遍。

（4）地面抹水泥砂浆防水层的做法

1）刷第一道水泥素浆：配合比为水泥：防水油=1：0.03（重量比），加上适量水拌和成粥状，或用水泥：防水剂：水=12.5：0.31：10（重量比）的素水泥浆，将拌和好的素水泥浆铺摊在地面上，用扫帚均匀扫一遍，随刷随抹防水砂浆。

2）抹底层砂浆：底层用 1：3 水泥砂浆，掺入水泥重 3%～5%的防水粉。先将防水粉与适量水搅拌均匀，然后再倒入已干拌均匀的砂浆中，再搅拌均匀。拌好的砂浆倒在地上，用杠尺刮平，木抹子顺平，铁抹子压一遍，要压实、压平，厚度控制在 5mm 左右。

3）刷第二道水泥素浆：常温间隔 1d 后按上述方法再刷防水水泥素浆一道，配合比为水泥：防水油=1：0.03（重量比），加适量水。要求涂刷均匀，不得漏刷。

4）抹面层防水砂浆，待第二道素水泥浆收水发白后，就可抹面层防水砂浆，配合比及做法同底层。防水砂浆要随拌随用，时间不得超过 45min。

5）刷最后一道水泥素浆：面层砂浆初凝后刷最后一遍素浆（不要太薄，以满足耐磨的要求），配合比为水泥：防水油=1：0.01（重量比），加适量水，使其与面层砂浆紧密结合在一起，并压光、压实。

6）养护：待地面有一定强度后，表面盖麻袋或草袋经常浇水湿润，养护时间视气温条件决定，一般为 7d，矿渣硅酸盐水泥不应少于 14d，此期间不得受静水压作用。冬期养护环境温度不宜低于 5℃。

3．注意事项

抹灰程序，一般先抹立墙后抹地面。槎子不应留在阴阳角处，各层抹灰槎子不得留在一条线上，底层与面层搭槎在 15～20cm，接槎时要先刷水泥防水素浆。所有墙的阴角都要做半径 50mm 的圆角，阳角做成半径为 10mm 的圆角。地面上的阴角都要做成 50mm 以上的圆角，用阴角抹子压光、压实。

防水砂浆层总厚度控制在 20mm 左右。多层做法宜连续施工，各层紧密结合，不留或少留施工缝，如必须留时应留成阶梯槎，接槎要依照层次顺序操作，层层搭接紧密，接槎位置均需离开阴角处 200mm。

2.5.2 抹耐酸胶泥和耐酸砂浆

一般以水玻璃为胶贴剂，用氟硅酸钠为固化剂，用耐酸粉为填充料，用耐酸砂为细骨料，根据设计要求配置而成。

1. 施工工艺流程

施工准备→基层处理→找规矩→刷耐酸胶泥两次→分层抹耐酸砂浆→养护→酸洗处理。

2. 操作要点

（1）刷耐酸胶泥

在基层表面用 24 号油刷子用耐酸胶泥互相垂直地涂刷两次，每次涂刷相隔时间为 12～24h，要涂刷均匀，不得有气泡和漏刷现象。

（2）抹耐酸砂浆

耐酸胶泥干燥后，即可分层抹耐酸砂浆，其厚度每层控制在 3mm 左右，每层抹灰间隔 13h 以上。抹灰时要掌握要领，用力将砂浆压紧，按同一方向成活，不允许来回涂抹，棱角和转角处要抹成弧形。

（3）酸洗处理

养护完毕后，用浓度 30%～60%的硫酸刷洗表面，每一次刷洗时间应间隔 24h。酸洗后表面会出现白色结晶物，应在下次刷洗前擦去，直至表面不析出结晶物为止。

3. 注意事项

抹耐酸胶泥和耐酸砂浆的环境应在 10℃以上，面层耐酸砂浆抹好后，应在 15℃以上干燥气温下养护 20d 左右，期间严禁浇水。

2.5.3 聚苯乙烯颗粒保温砂浆

聚苯乙烯颗粒保温砂浆主要组成材料有：硅酸盐水泥，粉煤灰，微硅粉，聚苯乙烯泡沫颗粒，聚丙烯纤维，石英砂等。物理性能稳定，不开裂、不空鼓，抗老化，使用寿命长，产品无毒、无味，对人体无害，不污染环境，属于环保型保温节能材料。

1. 施工工艺（图 2.13）

1）基层墙体应毛糙、基本平整，不平整用砂浆找平。混凝土表面要刷界面剂。墙面阳角及易碰损部位应按设计先做好护角。施工前先用水润湿墙面(不宜太湿)。

2）现场把聚苯颗粒主凝材料放入搅拌机中渗水搅拌成黏稠状，再放入聚苯颗粒轻骨料均匀搅

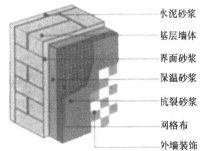

水泥砂浆
基层墙体
界面砂浆
保温砂浆
抗裂砂浆
网格布
外墙装饰

图 2.13 外墙保温施工

拌，稠度应满足施工要求及操作要求。

3）聚苯颗粒砂浆视设计厚度分道施工，建议每道施工厚度不超过 10mm，用抹刀抹平。

4）待保温层固化 24h 后，将第一道抗裂抹面砂浆用抹刀抹于施工好的聚苯颗粒砂浆表面。

5）将涂塑耐碱纤维网格布平整铺在第一层抗裂抹面砂浆表面，用塑料锚钉固定，每平方米 5～7 颗。

6）第二道抗裂砂浆抹于涂塑耐碱纤维网格布和塑料铆栓表面，用抹刀抹平(抗裂砂浆总体厚不小于 3mm)。

7）抗裂砂浆的厚度及网格布的搭接控制要求：保证保温抗裂砂浆厚度控制在 3mm 以下。抗裂网格布要求无明显接茬，无漏贴、露网现象，要求墙面无明显抹痕，表面平整，门窗油口、阴阳角垂直、方正。

2. 施工注意事项

施工温度不应低于 5℃，保温层固化干燥约 72h 后进行防护层施工，搅拌好的保温浆料必须在 4h 内用完，回收的落地灰应在 4h 内回罐搅拌后使用完毕。抹保温浆料间隔应在 24h 以上。保温层抹灰时厚度应略高于灰饼厚度，然后用杠尺刮平，用抹子局部平整。

保温层搅拌时应注意先把拌料倒入搅拌机加水（1 袋加水 20～25kg），搅拌约 5min 成黏稠状（无干粉团存在），再把聚苯颗粒倒入搅拌机搅拌（拌料：聚苯颗粒＝1：1）。在加入聚苯颗粒后不能再渗水搅拌，否则会影响保温层的黏结度和施工。抗裂层施工时应注意：拌制好的抗裂砂浆必须在 2h 内用完，网格布严禁干搭。网格布铺接要平整、无褶皱，网布饱满度达 100%，首层必须铺贴双层网格布且在大角处应安装金属护角。门窗、洞口附加网布，严防漏加，保温浆料及抗裂砂浆的配料人员应固定，以保证搅拌时间及加水量配比准确。

小　　结

本章介绍了装饰抹灰的种类，抹灰工程的组成和一般做法，在抹灰工程施工中常用的机具；详细介绍了一般抹灰中内墙抹灰、顶棚抹灰、外墙抹灰和细部抹灰的具体施工工艺；重点介绍了装饰抹灰饰面的一般要求，以及各种装饰抹灰的施工工艺；抹灰工程的质量验收标准。

思 考 题

2.1 抹灰工程的种类分为哪几种？

2.2 装饰抹灰的组成、作用和一般做法各是什么？

2.3 一般抹灰中的内墙、顶棚、外墙、细部施工工艺主要包括哪些方面？

2.4 特种砂浆分为哪几种？各自的做法是什么？

单元 3 吊顶工程

学习目标 ☞

    1. 通过对不同型式吊顶施工工艺的重点介绍，对其完整施工过程有一个全面的认识。

    2. 通过对施工工艺的深刻理解，学会为达到施工质量要求正确选择材料和组织施工的方法，培养解决现场施工常见工程质量问题的能力。

    3. 在掌握施工工艺的基础上领会工程质量验收标准。

学习重点 ☞

    1. 木龙骨、轻钢龙骨吊顶的施工工艺。

    2. 铝合金龙骨吊顶的施工及质量验收。

最新相关规范与标准 ☞

《建筑装饰装修工程质量验收规范》（GB 50210—2001）

导入案例（案例式） ☞

吊顶工程施工现场

任务3.1 吊顶工程概述

房屋顶棚是现代室内装饰处理的重要部位，它是室内空间除墙体、地面以外的另一主要部分。其装饰效果优劣，直接影响整个建筑空间的装饰效果。吊顶又称悬吊式顶棚，是指在建筑物结构层下部悬吊由骨架及饰面板组成的装饰构造层。

吊顶按结构形式分为活动式装配吊顶、隐蔽式装配吊顶、金属装饰板吊顶、开敞式吊顶和整体式吊顶。

按使用材料分为轻钢龙骨吊顶、铝合金龙骨吊顶、木龙骨吊顶、石膏板吊顶、金属装饰板吊顶、装饰板吊顶和采光板吊顶。

吊顶顶棚主要是由悬挂系统、龙骨架、饰面层及其相配套的连接件和配件组成，其构造如图 3.1 所示。

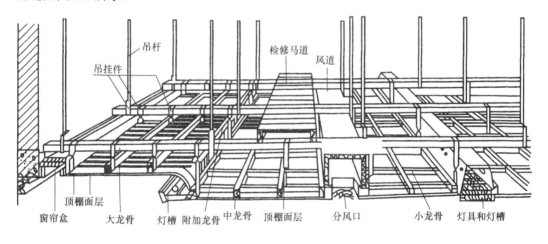

图 3.1 吊顶装配示意图

吊顶悬挂系统包括吊杆(吊筋)、龙骨吊挂件，通过它们将吊顶的自重及其附加荷载传递给建筑物结构层。

3.1.1 吊杆

吊顶悬挂系统的形式较多，可视吊顶荷载要求及龙骨种类而定，图 3.2 为吊顶龙骨悬挂结构形式示例，其与结构层的吊点固定方式通常分上人型吊顶吊点和不上人型吊顶吊点两类，如图 3.3 和图 3.4 所示。

3.1.2 吊顶龙骨

吊顶龙骨架由主龙骨、次龙骨、横撑龙骨及相关组合件、固结材料等连接而成。吊顶造型骨架组合方式通常有双层龙骨构造和单层龙骨构造两种。

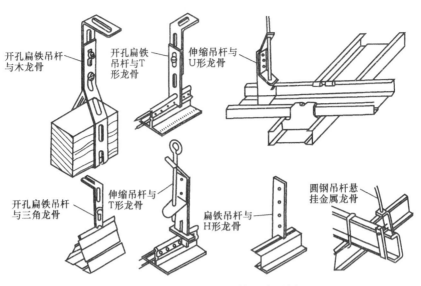

图 3.2　吊顶龙骨的悬挂结构形式示例

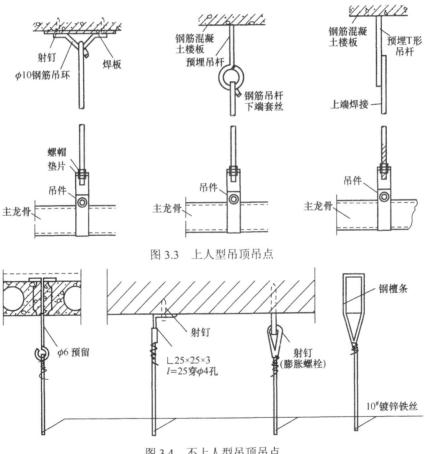

图 3.3　上人型吊顶吊点

图 3.4　不上人型吊顶吊点

主龙骨是起主干作用的龙骨，是吊顶龙骨体系中主要的受力构件。次龙骨的主要作用是固定饰面板，是龙骨体系中的构造龙骨。

常用的吊顶龙骨分为木龙骨和轻金属龙骨两大类。

吊顶木龙骨架是由木制大、小龙骨拼装而成的吊顶造型骨架。当吊顶为单层龙骨时不设大龙骨，而用小龙骨组成方格骨架，用吊挂杆直接吊在结构层下部。木龙骨架组装如图3.5所示。

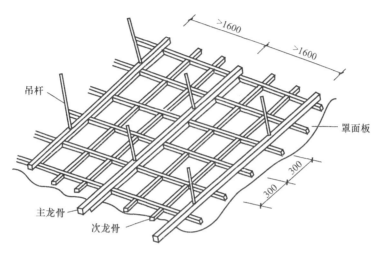

图 3.5　木龙骨骨架组装示意图

吊顶轻金属龙骨，是以镀锌钢带、铝带、铝合金型材、薄壁冷轧退火卷带为原料，经冷弯或冲压工艺加工而成的顶棚吊顶的骨架支承材料。其突出的优点是自重轻、刚度大、耐火性能好。

吊顶轻金属龙骨通常分为轻钢龙骨和铝合金龙骨两类。

轻钢龙骨的断面形状可分为 U 形、C 形、Y 形、L 形等，分别作为主龙骨、覆面次龙骨、边龙骨配套使用。其常用规格型号有 U60、U50、U38 等系列，在施工中轻钢龙骨应做防锈处理。

铝合金龙骨的断面形状多为 T 形、L 形，分别作为覆面次龙骨、边龙骨配套使用。

1. 吊顶轻钢龙骨架

吊顶轻钢龙骨架作为吊顶造型骨架，由大龙骨（主龙骨、承载龙骨）、覆面次龙骨（中龙骨）、横撑龙骨及其相应的连接件组装而成，如图3.6所示。

根据吊顶承受荷载的要求，吊顶主龙骨可按表3.1选用。

2. 吊顶铝合金龙骨架

吊顶铝合金龙骨架，根据吊顶使用荷载要求不同，有以下两种组装方式：

1）由 L 形、T 形铝合金龙骨组装的轻型吊顶龙骨架，此种骨架承载力有限，不能上人，如图3.7所示。

2）由 U 形轻钢龙骨做主龙骨(承载龙骨)与 L、T 形铝合金龙骨组装的可承受附加荷载的吊顶龙骨架，如图3.8所示。

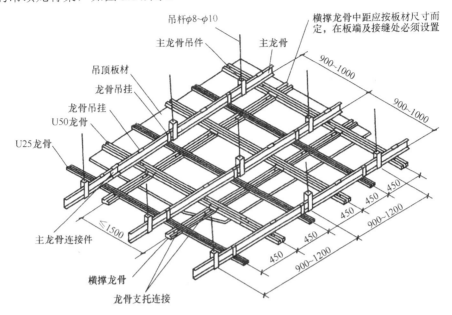

图3.6　U形系列轻钢龙骨吊顶装配示意图

表3.1　吊顶荷载与轻钢吊顶主龙骨的关系表

吊顶荷载	承载龙骨规格
吊顶自重+80kg 附加荷载	U60 以上系列
吊顶自重+50kg 附加荷载	U50 以上系列
吊顶自重	U38

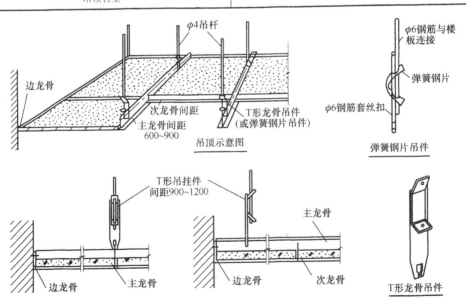

图3.7　L、T形装配式铝合金龙骨吊顶轻便安装示意图

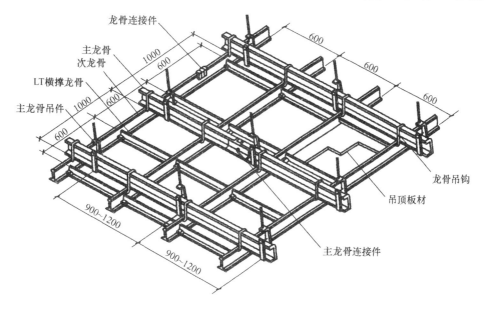

图 3.8　以 U 形轻钢龙骨为承载龙骨的 L、T 形铝合金龙骨吊顶装配示意图

3.1.3　吊顶饰面

吊顶饰面层即为固定于吊顶龙骨架下部的罩面板材层。

罩面板材品种很多，常用的有胶合板、纸面石膏板、装饰石膏板、钙塑饰面板、金属装饰面板（铝合金板、不锈钢板、彩色镀锌钢板等）、玻璃及 PVC 饰面板等。

饰面板与龙骨架底部可采用钉接或胶粘、搁置、扣挂等方式连接。

任务3.2 木龙骨吊顶

木龙骨吊顶是以木质龙骨为基本骨架，配以胶合板、纤维板或其他人造板作为罩面板材组合而成的吊顶体系，其加工方便，造型能力强，但不适用于大面积吊顶。

3.2.1 施工准备

1. 施工材料

1）木料：木质龙骨材料应为烘干、无扭曲、无劈裂、不易变形、材质较轻的树种，以红松、白松为宜。

2）罩面板材：胶合板、纤维板、纸面石膏板等按设计选用。

3）固结材料：圆钉、射钉、膨胀螺栓、胶黏剂。

4）吊挂连接材料：$\phi 6 \sim \phi 8$ 钢筋、角钢、钢板、8号镀锌铅丝。

5）木材防腐剂、防火剂。

2. 常用机具

电动冲击钻、手电钻、电动修边机、电动或气动钉枪、木刨、槽刨、锯、锤、斧、螺丝刀、卷尺、水平尺、墨线斗等。

3.2.2 施工工艺

主要工艺程序：弹线→木龙骨处理→龙骨架拼接→安装吊点紧固件→龙骨架吊装→龙骨架整体调平→面板安装→压条安装→板缝处理。

1. 弹线

弹线包括弹吊顶标高线、吊顶造型位置线、吊挂点定位线、大中型灯具吊点定位线。

1）弹吊顶标高线。

2）确定吊顶造型线。

3）确定吊挂点位置线。

2. 木龙骨处理

（1）防腐处理

建筑装饰工程中所用木质龙骨材料，应按规定选材，并实施在构造上的防潮处理，同时亦应涂刷防虫药剂。

（2）防火处理

一般是将防火涂料涂刷或喷于木材表面，也可把木材置于防火涂料槽内浸渍。

3. 龙骨架的分片拼接

1）确定吊顶骨架需要分片或可以分片安装的位置和尺寸，根据分片的平面尺寸选取龙骨尺寸。

2）先拼接组合大片的龙骨骨架，再拼接小片的局部骨架。

3）骨架的拼接按凹槽对凹槽的方法咬口拼接，拼口处涂胶并用圆钉固定，如图 3.9 所示。

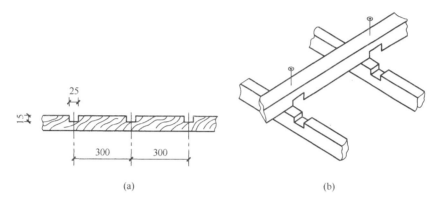

图 3.9　木龙骨利用槽口拼接示意

4. 安装吊点紧固件及固定边龙骨

1）安装吊点紧固件：吊顶吊点的紧固方式较多，如图 3.10 所示。

2）固定沿墙边龙骨：沿吊顶标高线固定边龙骨的方法。

5. 龙骨架吊装

1）分片吊装：将拼接组合好的木龙骨架托起至吊顶标高位置，先做临时固定。然后根据吊顶标高线拉出纵横水平基准线，进行整片龙骨架调平，然后即将其靠墙部分与沿墙边龙骨钉接。

2）龙骨架与吊点固定：木骨架吊顶的吊杆，常采用的有木吊杆、角钢吊杆和扁铁吊杆，如图 3.11 所示。角钢吊杆与木龙骨架的固定，如图 3.12 所示。

3）龙骨架分片间的连接：分片龙骨架在同一平面对接时，将其端头对正，然后用短木方钉于对接处的侧面或顶面进行加固，如图 3.13 所示。

4）叠级吊顶上下层龙骨架的连接：叠级吊顶，也称高差吊顶、变高吊顶。对于叠级吊顶，一般是自高而下开始吊装，吊装与调平的方法与上述相同，如图 3.14 所示。

6. 龙骨架整体调平

在各分片吊顶龙骨架安装就位之后，对于吊顶面需要设置的送风口、检修孔、内嵌式吸顶灯盘及窗帘盒等装置，在其预留位置处要加设骨架，进行必要的加固处理及增设吊杆等。

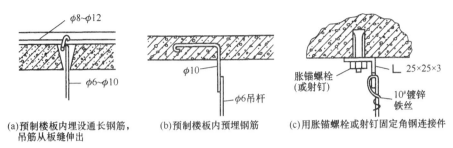

(a)预制楼板内埋设通长钢筋，吊筋从板缝伸出　　(b)预制楼板内预埋钢筋　　(c)用胀锚螺栓或射钉固定角钢连接件

图 3.10　木质装饰吊顶的吊点紧固安装

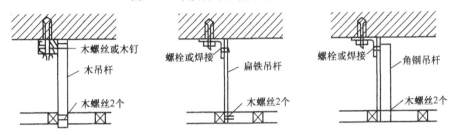

图 3.11　木骨架吊顶常用吊杆类型

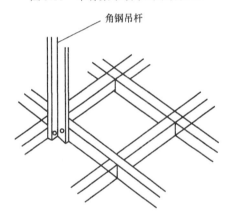

图 3.12　角钢吊杆与木骨架的固定

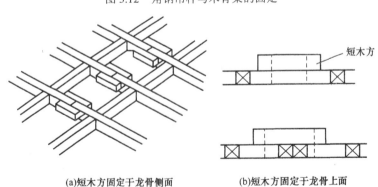

(a)短木方固定于龙骨侧面　　(b)短木方固定于龙骨上面

图 3.13　木龙骨架对接固定

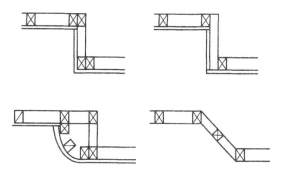

图 3.14　木龙骨架叠级构造

7. 木吊顶面板安装

（1）材料选择

吊顶面板一般选用加厚三夹板或五夹板。

（2）板材处理

1）弹面板装钉线。

2）板块切割。

3）修边倒角。

4）防火处理。

（3）吊顶面板铺钉施工

1）板材预排布置。

2）预留设备安装位置。

3）面板铺钉。

（4）其他人造板顶棚饰面安装

木丝板、刨花板、细木工板安装时，一般多用压条固定，其板与板的间隙要求 3～5mm。

印刷木纹板安装，多采用钉子固定法，钉距不大于 120mm。

甘蔗板、麻屑板的安装，可用圆钉固定法，也可用压条法或黏合法。

1）圆钉固定法：用圆钉将板钉于顶棚木龙骨上，钉下加 30mm 圆形铁垫圈一个。

2）压条固定法：在板与板之间钉压条一道，进行固定。

3）黏合固定法：在基层平整的条件下，采用胶黏剂直接粘贴。

3.2.3　有关节点构造处理

1. 暗装窗帘盒的节点构造

一种是吊顶与方木薄板窗帘盒衔接，另一种是吊顶与厚夹板窗帘盒连接。其处理形式如图 3.15 所示。

2. 暗装灯盘节点构造

一是木吊顶与灯盘固定连接，二是灯盘自行悬吊于顶棚。如图 3.16 所示。

3. 与灯槽的连接节点

与灯槽的连接节点，如图 3.17 所示。

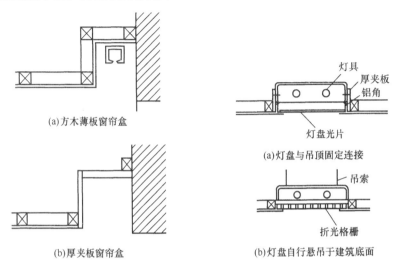

图 3.15　木吊顶与暗装窗帘盒的连接节点　　图 3.16　木吊顶与暗装灯盘连接

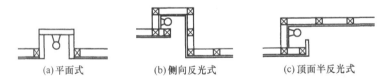

图 3.17　木吊顶与反光灯槽的连接示意

任务3.3 轻钢龙骨吊顶

轻钢龙骨吊顶是以轻钢龙骨为吊顶的基本骨架,配以轻型装饰罩面板材组合而成的新型顶棚体系。

常用罩面板有纸面石膏板、石棉水泥板、矿棉吸音板、浮雕板和钙塑凹凸板。轻钢龙骨吊顶设置灵活,装拆方便,具有质量轻、强度高、防火等多种优点,广泛用于公共建筑及商业建筑的吊顶。

3.3.1 施工准备

1. 常用施工材料

1)U、T形轻钢龙骨及配件。
2)罩面板:纸面石膏板、石棉水泥板、矿棉吸音板、浮雕板、钙塑凹凸板及铝压缝条或塑料压缝条等。
3)吊杆($\phi 6$、$\phi 8$ 钢筋)。
4)固结材料:花篮螺丝、射钉、自攻螺钉、膨胀螺栓等。

2. 常用机具

电动冲击钻、无齿锯、射钉枪、手锯、手刨、螺丝刀及电动或气动螺丝刀、扳手、方尺、钢尺、钢水平尺等。

3.3.2 施工工艺

主要施工工艺程序:弹线→安装吊点紧固件→安装主龙骨→安装次龙骨→安装灯具→面板安装→板缝处理。

1. 弹线

弹线包括:顶棚标高线、造型位置线、吊挂点位置、大中型灯位线等。

2. 安装吊点紧固件

可根据吊顶是否上人(或是否承受附加荷载),分别采用图3.3和图3.4所示方法进行吊点紧固件的安装。

3. 主龙骨安装与调平

1)主龙骨安装:将主龙骨与吊杆通过垂直吊挂件连接,如图3.19所示。
2)主龙骨架的调平:在主龙骨与吊件及吊杆安装就位之后,以一个房间为单位进行调平调直,如图3.18所示。

4. 安装次龙骨、横撑龙骨

1）安装次龙骨：在次龙骨与主龙骨的交叉布置点，使用其配套的龙骨挂件将二者连接固定，如图 3.19 所示。

2）安装横撑龙骨：横撑龙骨由中、小龙骨截取，其方向与次龙骨垂直，装在罩面板的拼接处，底面与次龙骨平齐。

3）固定边龙骨：边龙骨沿墙面或柱面标高线钉牢。

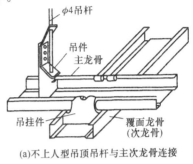

(a)不上人型吊顶吊杆与主次龙骨连接

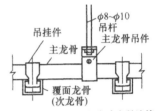

(b)上人型吊顶吊杆与主次龙骨连接

图 3.19　覆面龙骨与承载龙骨的连接

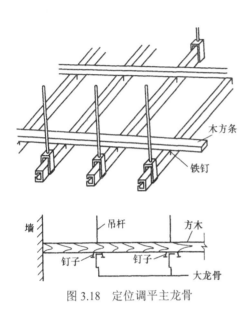

图 3.18　定位调平主龙骨

5. 罩面板安装

罩面板常有明装、暗装、半隐装三种安装方式。

明装是指罩面板直接搁置在 T 形龙骨两翼上，纵横 T 形龙骨架均外露。

暗装是指罩面板安装后，骨架不外露。

半隐装是指罩面板安装后，外露部分骨架。

纸面石膏板是轻钢龙骨吊顶常用的罩面板材，通常采用暗装方法。

纸面石膏板罩面钉装。在吊顶施工中应注意工种间的配合，避免返工拆装损坏龙骨、板材及吊顶上的风口、灯具。T 形外露龙骨吊顶应在全面安装完成后对龙骨及板面作最后调整，以保证平直。

6. 嵌缝处理

（1）嵌缝材料

嵌缝时采用石膏腻子和穿孔纸带或网格胶带，嵌填钉孔则用石膏腻子。

（2）嵌缝施工

整个吊顶面的纸面石膏板铺钉完成后，应进行检查，并将所有的自攻螺钉的钉头做防锈处理，然后用石膏腻子嵌平。

3.3.3 吊顶特殊部位的构造处理

1. 吊顶边部节点构造

纸面石膏板轻钢龙骨吊顶边部与墙柱立面结合部位的处理，一般采用平接式、留槽式和间隙式三种形式。边部节点构造如图 3.20 所示。

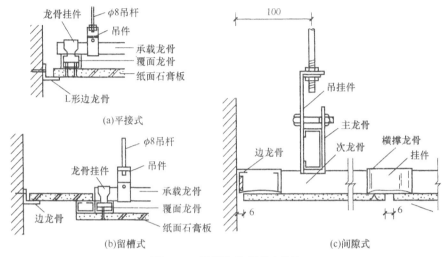

图 3.20 吊顶的边部节点构造

2. 叠级吊顶的构造

叠级吊顶所用的轻钢龙骨和石膏板等，应按设计要求和吊顶部位不同切割成相应部件。叠级吊顶的构造如图 3.21 所示。

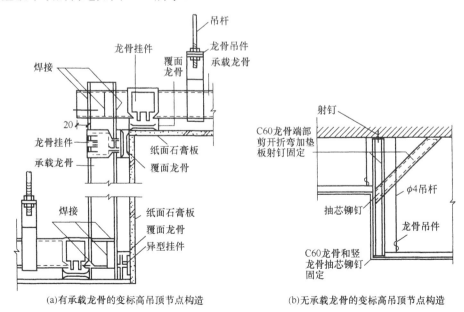

图 3.21 轻钢龙骨纸面石膏板叠级吊顶的变标高构造节点示例

3. 吊顶与隔墙的连接

轻钢龙骨纸面石膏板吊顶与轻钢龙骨纸面石膏板轻质隔墙相连接时，隔墙的横龙骨（沿顶龙骨）与吊顶的承载龙骨用 M6 螺栓紧固，吊顶的覆面龙骨依靠龙骨挂件与承载龙骨连接，覆面龙骨的纵横连接则依靠龙骨支托。其节点构造如图 3.22 所示。

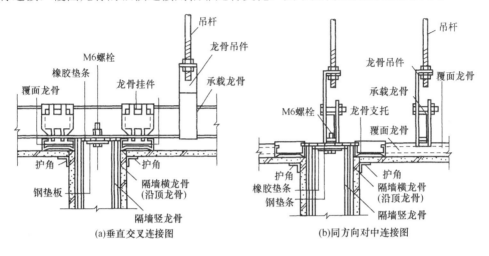

图 3.22　吊顶与隔墙的连接

任务3.4 金属装饰板吊顶

金属装饰板吊顶是用 L、T 形轻钢(或铝合金)龙骨或金属嵌龙骨、条板卡式龙骨作龙骨架，用 0.5～1.0mm 厚的金属板材罩面的吊顶体系。

金属装饰板吊顶的形式有方板吊顶和条板吊顶两大类。

金属装饰板吊顶表面光泽美观，防火性好，安装简单，适用于大厅、楼道、会议室、卫生间和厨房吊顶。

金属装饰板吊顶骨架的装配形式，一般根据吊顶荷载和吊顶装饰板的种类来确定。

采用 U 形轻钢龙骨主龙骨与 T、L 形龙骨或嵌龙骨、条板卡式龙骨相配合的双层龙骨形式，如图 3.23 和图 3.24 所示。

单层龙骨架形式，如图 3.25 和图 3.26 所示。

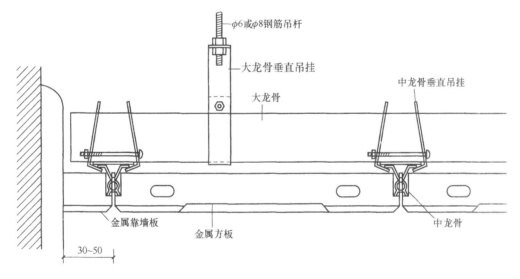

图 3.23　金属方板双层龙骨吊顶基本构造

3.4.1　施工准备

1. 施工材料

1）金属方板吊顶龙骨及配件。

2）金属条板卡式龙骨及配件。

3）覆面材料。

4）固结材料：膨胀螺钉、射钉、木螺丝等。

5）吊杆：$\phi 4 \sim \phi 8$ 钢筋或 8 号铅丝。

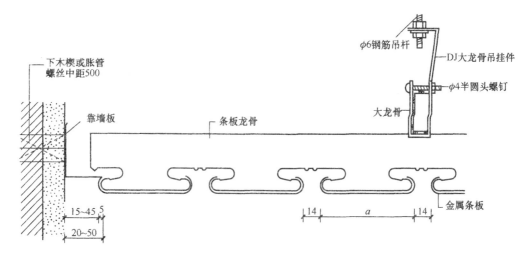

图 3.24　金属条板双层龙骨吊顶基本构造

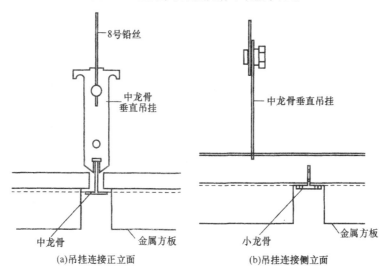

(a)吊挂连接正立面　　　　　(b)吊挂连接侧立面

图 3.25　金属方板单层龙骨吊顶图

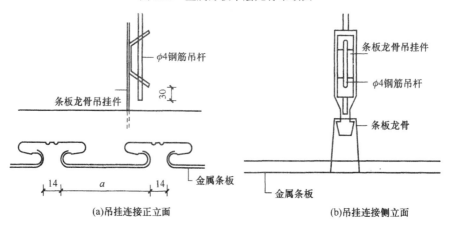

(a)吊挂连接正立面　　　　　(b)吊挂连接侧立面

图 3.26　金属条板单层龙骨吊顶基本构造

2. 常用机具

同轻钢龙骨吊顶施工常用机具。

3.4.2 施工工艺

主要施工工艺程序：弹线→固定吊杆→安装主龙骨→安装次龙骨→灯具安装→面板安装→压条安装→板缝处理。

1. 弹线

1）将设计标高线弹至四周墙面或柱面上，吊顶如有不同标高，则应将变截面的位置在楼板上弹出。

2）将龙骨及吊点位置弹到楼板底面上。

2. 固定吊杆

1）双层龙骨吊顶时，吊杆常用 $\phi 6$ 或 $\phi 8$ 钢筋，吊杆与结构连接方式如图3.3所示。

2）方板、条板单层龙骨吊顶时，吊杆一般分别用 8 号铅丝和 $\phi 4$ 钢筋，如图 3.25 和图 3.26 所示。

3. 龙骨安装与调平

1）主、次龙骨安装时宜从同一方向同时安装，按主龙骨（大龙骨）已确定的位置及标高线，先将其大致基本就位。

2）龙骨接长一般选用配套连接件，连接件可用铝合金，也可用镀锌钢板，在其表面冲成倒刺，与龙骨方孔相连。图 3.27 所示为 T 形吊顶轻钢龙骨的纵横连接。

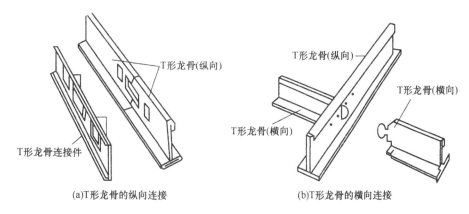

(a)T形龙骨的纵向连接   (b)T形龙骨的横向连接

图 3.27　T 形吊顶轻钢龙骨的纵横连接

3）龙骨架基本就位后，以纵横两个方向满拉控制标高线（十字线），从一端开始边安装边进行调整，直至龙骨调平调直为止。

4）钉固边龙骨：沿标高线固定角铝边龙骨，其底面与标高线齐平。

4. 金属板安装

1）方板搁置式安装：搁置安装后的吊顶面形成格子式离缝效果，如图 3.28 所示。

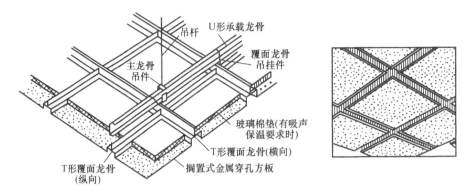

图 3.28　方形金属吊顶板搁置式安装示意及效果图

2）方板卡入式安装：这种安装方式的龙骨材料为带夹簧的嵌龙骨配套型材，如图 3.29 所示。

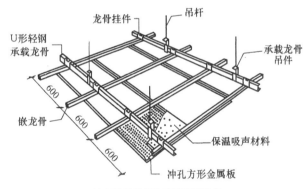

(a)有承载龙骨的吊顶装配形式

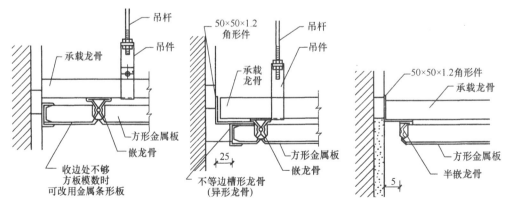

(b)方形金属板吊顶与墙、柱等的连接节点构造示例

图 3.29　方形金属吊顶板卡入式安装示例

3）金属条形板的安装，基本上无需各种连接件，只是直接将条形板卡扣在特制的龙骨内，即可完成安装，常被称为扣板，如图3.30所示。

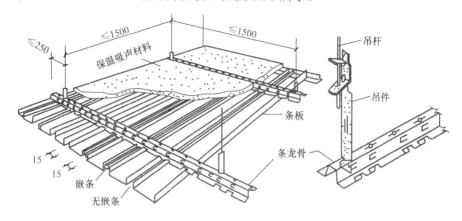

图3.30 条形金属板与条龙骨的轻便吊顶组装

5. 板缝处理

金属条形板顶棚有闭缝和透缝两种形式，均使用敞缝式金属条板。安装其配套嵌条达到封闭缝隙的效果，不安装嵌条即为透缝式，如图3.31所示。

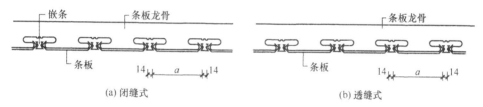

(a) 闭缝式　　　　　　　　　　　　(b) 透缝式

图3.31 板间缝隙处理

6. 吊顶的边部处理

1）方形金属板吊顶的端部与墙面或柱面连接处，其构造处理方式如图3.29所示。
2）条形金属板吊顶的端部与墙面或柱面连接处，其构造处理方式较多，图3.32为条形金属板吊顶与墙柱面连接处常见的四种构造处理方式。

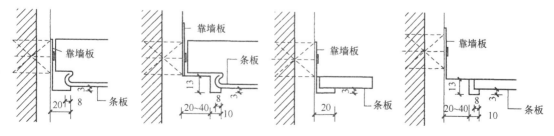

图3.32 条形板吊顶与墙柱面连接处构造图

任务 3.5 开敞吊顶施工

开敞式吊顶是将具有特定形状的单元体或单元组合体（有饰面板或无饰面板）悬吊于结构层下面的一种吊顶形式，这种顶棚饰面既遮又透，使空间显得生动活泼，艺术效果独特。

开敞式吊顶的单元体常用木质、塑料、金属等材料制作。

形式有方形框格、菱形框格、叶片状、格栅式等。

3.5.1 施工准备

1. 施工材料

1）单元体：一般常用已加工成的木装饰单体、铝合金装饰单体，如图 3.33 和图 3.34 所示。

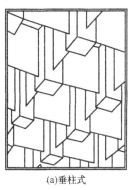
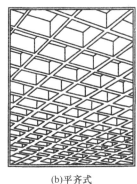
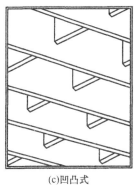

(a)垂柱式　　　　　　　　　(b)平齐式　　　　　　　　　(c)凹凸式

图 3.33　木单体示意图

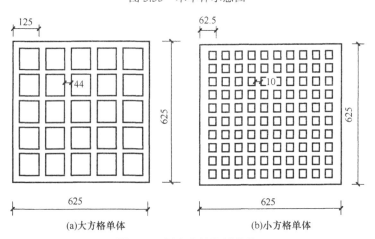

(a)大方格单体　　　　　　　　　(b)小方格单体

图 3.34　铝合金装饰板单体

2）吊筋：$\phi 6 \sim \phi 8mm$ 钢筋。

3）连接固件：射钉、水泥钉、膨胀螺栓、木螺丝、自攻螺丝等。

2. 常用机具

无齿锯、射钉枪、手锯、电动冲击钻、钳子、螺丝刀、扳手、方尺、钢尺、水平尺等。

3.5.2 施工工艺

主要施工工艺程序：结构面处理→放线→拼装单元体→固定吊杆→吊装单元体→整体调整→饰面处理。

1. 结构面处理

由于吊顶开敞，可见到吊顶基层结构，通常对吊顶以上部分的结构表面进行涂黑或按设计要求进行涂饰处理。

2. 放线

放线包括标高线、吊挂点布置线、分片布置线。

3. 地面拼装单元体

1）木质单元体拼装：常见的有单板方框式、骨架单板方框式、单条板式、单条板与方板组合式等拼装形式，如图 3.35～图 3.38 所示。

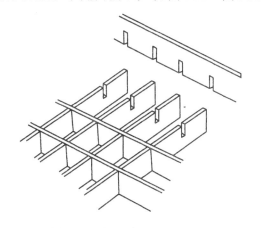
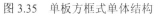
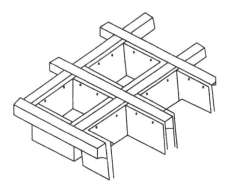

图 3.35　单板方框式单体结构　　　　图 3.36　骨架单板方框式拼装

2）金属单体拼装：包括格片型金属板单体构件拼装和格栅型金属板单体拼装。图 3.39 和图 3.40 为两种常见的拼装形式。

4. 固定吊杆

一般可采取在混凝土楼板底或梁底设置吊点。

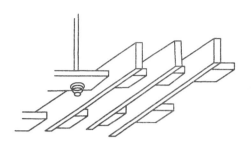

图 3.37　单条板式单体结构　　　　图 3.38　单条板与方板组合式多体结构

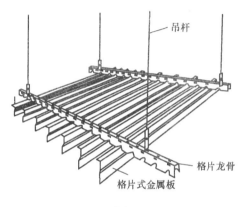

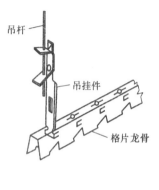

图 3.39　格片型金属板单体构件拼装

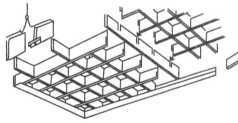

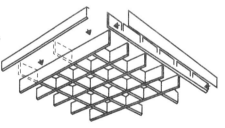

图 3.40　铝合金格栅型吊顶板拼装图

5. 吊装施工

1）直接固定法：单体或组合体构件本身有一定刚度时，可将构件直接用吊杆吊挂在结构上，如图 3.41 所示。

2）间接固定法：间接固定法如图 3.42 所示。

6. 整体调整

沿标高线拉出多条平行或垂直的基准线，根据基准线进行吊顶面的整体调整。

7. 整体饰面处理

铝合金格栅式单体构件加工时表面已作阳极氧化膜或漆膜处理。木质吊顶饰面方式主要有油漆、贴壁纸、喷涂喷塑、镶贴不锈钢和玻璃镜面等工艺。

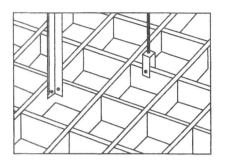

图 3.41　直接固定法

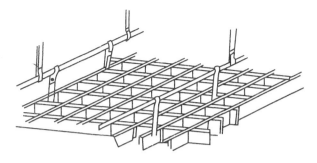

图 3.42　间接固定法

任务3.6 质量标准与过程控制

3.6.1 暗龙骨吊顶施工质量标准

1. 主控项目

1）吊顶标高、尺寸、起拱和造型应符合设计要求。

检验方法：观察；尺量检查。

2）饰面材料的材质、品种、规格、图案和颜色应符合设计要求。

检验方法：观察；检查产品合格证书、性能检测报告和进场验收记录。

3）暗龙骨吊顶工程的吊杆、龙骨和饰面材料的安装必须牢固。

检验方法：观察；手扳检查；检查隐蔽工程验收记录和施工记录。

4）吊杆、龙骨的材质、规格、安装间距及连接方式应符合设计要求。金属吊杆、龙骨应经过表面防腐处理；木吊杆、龙骨应进行防腐、防火处理。

检验方法：观察；尺量检查；检查产品合格证书、性能检测报告、进场验收记录和隐蔽工程验收记录。

5）石膏板的接缝应按其施工工艺标准进行板缝防裂处理。安装双层石膏板时，面层板与基层板的接缝应错开，并不得在同一根龙骨上接缝。

检验方法：观察。

2. 一般项目

1）饰面材料表面应洁净、色泽一致，不得有翘曲、裂缝及缺损。压条应平直、宽窄一致。

检验方法：观察；尺量检查。

2）饰面板上的灯具、烟感器、喷淋头、风口篦子等设备的位置应合理、美观，与饰面板的交接应吻合、严密。

检验方法：观察。

3）金属吊杆、龙骨的接缝应均匀一致，角缝应吻合，表面应平整，无翘曲、锤印。木质吊杆、龙骨应顺直，无劈裂、变形。

检验方法：检查隐蔽工程验收记录和施工记录。

4）吊顶内填充吸声材料的品种和铺设厚度应符合设计要求，并有防散落措施。

检验方法：检查隐蔽工程验收记录和施工记录。

5）暗龙骨吊顶工程安装的允许偏差和检验方法应符合表 3.2 的规定。

表 3.2 暗龙骨吊顶工程安装的允许偏差和检验方法

项次	项目	允许偏差（mm）				检验方法
		纸面石膏板	金属板	矿棉板	木板、塑料板、格栅	
1	表面平整度	3	2	2	3	用 2m 靠尺和塞尺检查
2	接缝直接度	3	1.5	3	3	拉 5m 线，不足 5m 拉通线，用钢直尺检查
3	接缝高低度	1	1	1.5	1	用钢直尺和塞尺检查

3. 成品保护

1）吊顶龙骨材料、饰面板及其他吊顶材料在入场存放和使用过程中要严格管理，保证不变形、不受潮和不生锈。

2）吊顶工程施工时，应充分检查隐蔽工程和重型灯具、电扇及其他设备安装，吊顶工程安装完成后，不得再破坏饰面板。

3）保护饰面板的颜色不受粉尘、水、潮的影响，及时清理饰面板上的灰尘。

4）饰面板严禁受撞击、冲击，以免造成损坏。

5）检修口处应做好加固处理，检修时应小心，不可损坏检修口或其他部位吊顶。

6）安装重型灯具、电扇及其他设备时应注意成品保护，不得污染或损坏吊顶。

7）吊顶完毕后，进行其他后续作业时应注意保护吊顶，不得污染或破坏吊顶。

8）吊顶的施工顺序应安排在楼面或屋面防水工程完工后进行。罩面板安装必须在顶棚内管道、试水、保温等一切工序全部验收后进行。

9）安装饰面板时，施工人员应戴线手套，防止污染饰面板。

4. 注意问题

（1）应注意的质量问题

1）根据实际情况核对吊顶工程的施工图、设计说明及其他设计文件，核对的内容有尺寸、用材、特殊要求以及规范规定。

2）检查材料的产品合格证、性能检测报告、进场验收记录和复验报告。木材或人造板还应检查甲醛含量，具体检查办法应按照规范进行。

3）安装饰面板前应完成吊顶内隐蔽工程的验收，并做好施工记录。

4）按设计要求对饰面板的规格、颜色进行分类选配。

5）检查吊顶内管道、设备的安装及水管试压。

6）主龙骨吊点间距、起拱高度应符合设计要求。当设计无要求时，吊点间距应小于 1200mm，并应按房间短向跨度的 1/300～1/200 起拱。

7）吊顶应通直，吊杆距主龙骨端部距离不得大于 300mm，当大于 300mm 时，应增设吊杆。当吊杆长度大于 1500mm 时，应设置反支撑。当吊杆与设备相遇时，应调整并增设吊杆。

8）吊顶内填充的吸音、保温材料的品种和铺设厚度应符合设计要求，并应有防散落措施。

9）饰面板上的灯具、烟感器、喷淋头、风口篦子等设备的位置应合理、美观，符合设计要求，并与饰面板交接处应严密、顺直。

10）注意吊顶与墙面、窗帘盒、门的连接，并应符合设计要求。

11）凡超过 3kg 的重型灯具、电扇及其他重型设备严禁安装在吊顶工程的龙骨上，应增设吊杆。3kg 以下的灯具风口等可以附加龙骨铆固于吊顶上。

（2）应注意的环境问题

1）施工用的各种材料应符合现行国家标准《民用建筑工程室内环境污染控制规范》（GB 50325—2010）的规定。工程所使用胶合板、玻璃板、防腐涂料、防火涂料应有正规的环保监测报告。

2）施工现场垃圾不得随意丢弃，必须做到活完脚下清。清扫时应洒水，不得扬尘。

3）施工空间应尽量封闭，以防止噪声污染、扰民。

4）废弃物应按环保要求分类堆放并及时消纳。

（3）应注意的职业健康安全问题

1）施工用电应由专业人员负责接线，负责管理。

2）吊顶用脚手架应为满堂脚手架，搭设完毕后应经检查合格后方可使用。

3）施工用工具和机具不可从吊顶处往下抛，应装入泥桶，用绳子系着，慢慢向下放。

4）施工用材料上下时应握紧、握好，以免滑落伤人。

5）在吊顶内作业时，应搭设马道，非上人吊顶严禁上人。

6）注意防火、防毒处理。

7）按照操作规程施工。

8）有噪声的电动工具应在规定的作业时间内施工，防止噪声污染、扰民。施工现场必须工完场清。清扫时应设专人洒水，不得扬尘污染环境。

9）废弃物应按照环保要求分类堆放和处理。

5. 质量记录

1）各种材料的产品质量合格证、性能检测报告。木材的等级质量证明和烘干试验资料。人造板材的甲醛含量检测（或复试）报告。胶黏剂的相容性试验报告和环保检测报告。

2）各种材料的进场检验记录和进场报验记录。

3）吊顶骨架的施工隐检记录。

4）检验批质量验收记录。

5）分项工程质量验收记录。

3.6.2 明龙骨吊顶质量标准

1. 主控项目

1）吊顶标高、尺寸、起拱和造型应符合设计要求。

检验方法：观察；尺量检查。

2）饰面材料的材质、品种、规格、图案和颜色应符合设计要求。当饰面材料为玻璃板时，应使用安全玻璃或采取可靠的安全措施。

检验方法：观察；检查产品合格证书、性能检测报告和进场验收记录。

3）饰面材料的安装应稳固严密。饰面材料与龙骨的搭接宽度应大于龙骨受力面宽度的 2/3。

检验方法：观察；手扳检查；尺量检查。

4）吊杆、龙骨的材质、规格、安装间距及连接方式应符合设计要求。金属吊杆、龙骨应进行表面防腐处理；木龙骨应进行防腐、防火处理。

检验方法：观察；尺量检查；检查产品合格证书、进场验收记录和隐蔽工程验收记录。

5）明龙骨吊顶工程的吊杆和龙骨安装必须牢固。

检验方法：手扳检查；检查隐蔽工程验收记录和施工记录。

2. 一般项目

1）饰面材料表面应洁净、色泽一致，不得有翘曲、裂缝及缺损。饰面板与明龙骨的搭接应平整、吻合，压条应平直、宽窄一致。

检验方法：观察；尺量检查。

2）饰面板上的灯具、烟感器、喷淋头、风口篦子等设备的位置应合理、美观，与饰面板的交接应吻合、严密。

检验方法：观察。

3）金属龙骨的接缝应平整、吻合、颜色一致，不得有划伤、擦伤等表面缺陷。木质龙骨应平整、顺直，无劈裂。

检验方法：观察。

4）吊顶内填充吸声材料的品种和铺设厚度应符合设计要求，并应有防散落措施。

检验方法：检查隐蔽工程验收记录和施工记录。

5）明龙骨吊顶工程安装的允许偏差和检验方法应符合表 3.3 的规定。

表 3.3　明龙骨吊顶工程安装的允许偏差和检验方法

序号	项目	允许偏差（mm）				检验方法
		石膏板	金属板	矿棉板	塑料板、玻璃板	
1	表面平整度	3	2	3	2	用 2m 靠尺和塞尺检查
2	接缝直接度	3	2	3	3	拉 5m 线，不足 5m 拉通线，用钢直尺检查
3	接缝高低度	1	1	2	1	用钢直尺和塞尺检查

3. 成品保护

1）吊顶龙骨材料、饰面板及其他吊顶材料在入场存放和使用过程中要严格管理，

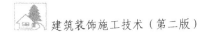
保证不变形、不受潮和不生锈。

2）吊顶工程施工时应充分检查隐蔽工程和重型灯具、电扇及其他设备安装，吊顶工程安装完成后，不得再破坏饰面板。

3）保护饰面板的颜色不受粉尘、水、潮的影响，及时清理饰面板上的灰尘。

4）饰面板严禁受撞击、冲击，以免造成损坏。

5）检修口处应做好加固处理，检修时应小心，不可损坏检修口或其他部位吊顶。

6）安装重型灯具、电扇及其他设备时应注意成品保护，不得污染或损坏吊顶。

7）吊顶完毕后，进行其他后续作业时应注意保护吊顶，不得污染或破坏吊顶。

8）吊顶的施工顺序应安排在楼面或屋面防水工程完工后进行。罩面板安装必须在顶棚内管道、试水、保温等一切工序全部验收后进行。

9）安装饰面板时，施工人员应戴线手套，防止污染饰面板。

4. 应注意的质量、环境和职业健康安全问题

（1）应注意的质量问题

1）根据实际情况核对吊顶工程的施工图、设计说明及其他设计文件，核对的内容有尺寸、用材、特殊要求以及规范规定。

2）检查材料的产品合格证、性能检测报告、进场验收记录和复验报告。木材或人造板还应检查甲醛含量，具体检查办法应按照规范进行。

3）安装饰面板前应完成吊顶内隐蔽工程的验收，并做好施工记录。

4）按设计要求对饰面板的规格、颜色进行分类选配。

5）检查吊顶内管道、设备的安装及水管试压。

6）主龙骨吊点间距、起拱高度应符合设计要求。当设计无要求时，吊点间距应小于1200mm，并应按房间短向跨度的1/300～1/200起拱。

7）吊顶应通直，吊杆距主龙骨端部距离不得大于300mm，当大于300mm时，应增设吊杆。当吊杆长度大于1.5m时，应设置反支撑。当吊杆与设备相遇时，应调整并增设吊杆。

8）吊顶内填充的吸音、保温材料的品种和铺设厚度应符合设计要求，并应有防散落措施。

9）饰面板上的灯具、烟感器、喷淋头、风口篦子等设备的位置应合理、美观，符合设计要求，并与饰面板交接处应严密、顺直。

10）注意吊顶与墙面、窗帘盒、门的连接，并应符合设计要求。

11）凡超过3kg的重型灯具、电扇及其他重型设备严禁安装在吊顶工程的龙骨上，应增设吊杆。3kg以下的灯具风口等可以附加龙骨铆固于吊顶上。

（2）应注意的环境问题

1）施工用的各种材料应符合现行国家标准《民用建筑工程室内环境污染控制规范》（GB 50325—2010）的规定。工程所使用胶合板、玻璃板、防腐涂料、防火涂料应有正规的环保监测报告。

2）施工现场不得随意丢弃垃圾，要做到活完脚下清。清扫时应洒水，不得扬尘。

3）施工空间应尽量封闭，以防止噪声污染、扰民。

4）废弃物应按环保要求分类堆放并及时消纳。

（3）应注意的职业健康安全问题

1）用电应由专业人员负责施工，并负责管理。

2）吊顶用脚手架应为满堂脚手架，搭设完毕后应经检查合格后方可使用。

3）施工用工、机具不可从吊顶往下抛，应装入泥桶，用绳子系着，慢慢向下放。

4）施工用材料上下时应握紧、握好，以免滑落伤人。

5）在吊顶内作业时，应搭设马道，非上人吊顶严禁上人。

6）注意防火、防毒处理。

7）按照操作规程施工。

8）有噪声的电动工具应在规定的作业时间内施工，防止噪声污染、扰民。

9）施工现场必须工完场清。清扫时应设专人洒水，不得扬尘污染环境。

10）废弃物应按照环保要求分类堆放和处理。

5. 质量记录

1）各种材料的产品质量合格证、性能检测报告。木材的等级质量证明和烘干试验资料。人造板材的甲醛含量检测（或复试）报告。胶黏剂的相容性试验报告和环保检测报告。

2）各种材料的进场检验记录和进场报验记录。

3）明吊顶骨架的施工隐检记录。

4）检验批质量验收记录。

5）分项工程质量验收记录。

小　　结

吊顶是装饰施工中的重要部分，由吊杆、龙骨、饰面层及配套的连接件和配件组成。吊顶工程的分类方法较多，按龙骨材料可分为木龙骨吊顶、轻钢龙骨吊顶、铝合金龙骨吊顶；按现行的验收规范可划分为明龙骨吊顶和暗龙骨吊顶；按罩面板材料又可以分为石膏板吊顶、金属板吊顶、木质板材吊顶。

本章讲述了常见顶棚装饰装修的主要施工技术和工程质量检测标准。

思　考　题

3.1 悬吊式顶棚上人吊顶和不上人吊顶有什么区别？

3.2 简述开敞式吊顶的施工工艺流程。

3.3 简述轻钢龙骨纸面石膏板的施工操作要点。

3.4 吊顶工程应对哪些隐蔽工程进行验收？

3.5 简述吊顶工程质量验收中一般项目的检验标准及方法。

单元 4 楼地面工程

学习目标 ☞　　　1. 通过对不同类型楼地面装饰工程施工工序的重点介绍，使学生能够对其完整施工过程有一个全面的认识。

　　　2. 通过对施工工艺的深刻理解，使学生学会为达到施工质量要求正确选择材料和组织施工的方法，培养学生解决现场施工常见工程质量问题的能力。

　　　3. 在掌握施工工艺的基础上领会工程质量验收标准。

学习重点 ☞　　　1. 砖面层、天然大理石和花岗岩楼地面的施工工艺及质量验收。

　　　2. 块材类楼地面施工常见的质量问题与预防措施。

　　　3. 木地板的施工及质量验收。

最新相关规范与标准 ☞　　　《建筑装饰装修工程质量验收规范》（GB 50210—2001）

导入案例（案例式） ☞　　　楼地面施工现场

楼地面是房屋建筑底层地坪与楼层地平的总称，在建筑中主要有分隔空间，对结构层的加强和保护，满足人们的使用要求以及隔声、保温、找坡、防水、防潮、防渗等作用。楼地面与人、家具、设备等直接接触，承受各种荷载以及物理、化学作用，并且在人的视线范围内所占比例比较大，因此，必须满足以下要求。

（1）满足坚固、耐久性的要求

楼地面面层的坚固、耐久性由室内使用状况和材料特性来决定。楼地面面层应当不易被磨损、破坏、表面平整、不起尘，其耐久性国际通用标准一般为 10 年。

（2）满足安全性的要求

安全性是指楼地面面层使用时防滑、防火、防潮、耐腐蚀、电绝缘性好等。

（3）满足舒适感要求

舒适感是指楼地面面层应具备一定的弹性，蓄热系数及隔声性。

（4）满足装饰性要求

装饰性是指楼地面面层的色彩、图案、质感效果必须考虑室内空间的形态、家具陈设、交通流线及建筑的使用性质等因素，以满足人们的审美要求。

1. 楼地面工程组成及分类

底层地面的基本构造层次为面层、垫层和基层（地基）；楼层地面的基本构造层次为面层、基层（楼板）。面层的主要作用是满足使用要求，基层的主要作用是承担面层传来的荷载。为满足找平、结合、防水、防潮、隔声、弹性、保温隔热、管线敷设等功能的要求，往往还要在基层与面层之间增加若干中间层。建筑楼地面构造组成如图 4.1 所示。

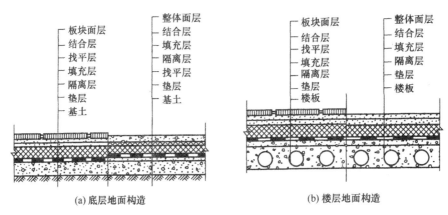

(a) 底层地面构造   (b) 楼层地面构造

图 4.1 楼地面分层构造图

2. 楼地面工程的一般规定及要求

（1）楼地面工程的一般规定

1）楼地面工程的施工一般包括石材(包括人造石材)、地面砖、实木地板、竹地板、实木复合地板、强化复合地板、地毯等材料的地面面层的铺贴安装施工。

2）楼地面铺装宜在地面隐蔽工程、吊顶工程、墙面抹灰工程完成并验收后进行。地面面层的铺装所用龙骨、垫木及毛地板等木料的含水率，以及树种、防腐、防蚁、防水处理均应符合有关规定。

3）楼地面面层应有足够的强度，其表面质量应符合国家现行标准、规范的有关规定。地面铺装下的隐蔽工程，如电线、电缆等，在地面铺装前应完成并验收。

4）楼地面铺装图案及固定方法等应符合设计要求。依施工程序，各类地面面层铺设宜在顶、墙面工程完成后进行。

5）天然石材在铺装前应采取防护措施，防止出现污损、泛碱等现象。天然石材采用湿作业法铺贴，面层会出现反白污染，系混凝土外加剂中的碱性物质所致，因此，应进行防碱背涂处理。

6）湿作业施工现场环境温度宜在 5℃以上。

（2）楼地面工程装饰的一般要求

1）楼面与地面各层所用的材料和制品，其种类、规格、配合比、强度等级、各层厚度、连接方式等，均应根据设计要求选用，并应当符合国家和行业的有关现行标准及地面、楼面施工验收规范的规定。

2）位于沟槽、暗管上面的地面与楼面工程的装饰，应当在以上工程完工且经检查合格后方可进行。

3）铺设各层地面与楼面工程时，应在其下面一层经检查符合规范的有关规定后，方可继续施工，并应做好隐蔽工程验收记录。

4）铺设的楼地面的各类面层，一般宜在其他室内装饰工程基本完工后进行。当铺设菱苦土、木地板、拼花木地板和涂料类面层时，必须待基层干燥后进行，尽量避免在气候潮湿的情况下施工。

5）踢脚板宜在楼地面的面层基本完工、墙面最后一遍抹灰前完成。木质踢脚板，应在木地面与楼面刨（磨）光后进行安装。

6）当采用混凝土、水泥砂浆和水磨石面层时，同一房间要均匀分格或按设计要求进行分缝。

7）在钢筋混凝土板下铺设有坡度的地面与楼面时，应用垫层或找平层找坡。

任务 4.1 地砖面层施工

4.1.1 施工准备

1. 材料

1）地砖：有出厂合格证及检测报告，品种规格及物理性能符合国家标准及设计要求，外观颜色一致，表面平整、边角整齐，无裂纹、缺棱掉角等缺陷。

2）水泥：硅酸盐水泥、普通硅酸盐水泥，其强度等级不应低于 32.5，严禁不同品种、不同强度等级的水泥混用。水泥进场应有产品合格证和出厂检验报告，进场后应进行取样复试。当对水泥质量有怀疑或水泥出厂超过三个月时，在使用前必须进行复试，并按复试结果使用。

白水泥：白色硅酸盐水泥，其强度等级不小于 32.5。其质量应符合现行国家标准的规定。

3）砂：中砂或粗砂，过 5mm 孔径筛子，其含泥量不大于 3%。

2. 主要机具

砂搅拌机、台式砂轮锯、手提云石机、角磨机、橡皮锤、铁锹、手推车、筛子、钢尺、直角尺、靠尺、水平尺等。

3. 作业条件

1）室内标高控制线已弹好，大面积施工时应增加测设标高控制桩点，并校核无误。

2）室内墙面抹灰已做完、门框安装完。

3）地面垫层及预埋在地面内的各种管线已做完，穿过楼面的套管已安装完，管洞已堵塞密实，并办理完隐检手续。

4）铺砖前应向操作人员进行安全技术交底。大面积施工前宜先做出样板间或样板块，经设计、监理、建设单位认定后，方可大面积施工。

4.1.2 施工工艺

1. 工艺流程

基层处理→水泥砂浆找平层→测设十字控制线、标高线→排砖试铺→铺砖→养护→贴踢脚板面砖→勾缝。

2. 操作方法

（1）基层处理

先把基层上的浮浆、落地灰、杂物等清理干净。

（2）水泥砂浆找平层

1）冲筋：在清理好的基层上洒水湿润。依照标高控制线向下量至找平层上表面，拉水平线做灰饼。然后先在房间四周冲筋，再在中间每隔 1.5m 左右冲筋一道。有泛水的房间按设计要求的坡度找坡，冲筋宜朝地漏方向呈放射状。

2）抹找平层：冲筋后，及时清理冲筋剩余砂浆，再在冲筋之间铺装 1∶3 水泥砂浆，一般铺设厚度不小于 20mm，将砂浆刮平、拍实、抹平整，同时检查其标高和泛水坡度是否正确，做好洒水养护。

（3）测设十字控制线、标高线

当找平层强度达到 1.2MPa 时，根据控制线和地砖面层设计标高，在四周墙面、柱面上，弹出面层上皮标高控制线。依照排砖图和地砖的留缝大小，在基层地面弹出十字控制线和分格线。

（4）排砖、试铺

排砖时，垂直于门口方向的地砖对称排列，当试排最后出现非整砖时，应将非整砖与一块整砖尺寸之和平分切割成两块大半砖，对称排在两边。与门口平行的方向，当门口是整砖时，最里侧的一块砖宜大于半砖，当不能满足时，将最里侧非整砖与门口整砖尺寸相加均分在门口和最里侧。根据施工大样图进行试铺，试铺无误后，进行正式铺贴。

（5）铺砖

先在两侧铺两条控制砖，依此拉线，再大面积铺贴。铺贴采用干硬性砂浆，其配比一般为 1∶2.5～3.0（水泥∶砂）。根据砖的大小先铺一段砂浆，并找平拍实，将砖放置在干硬性水泥砂浆上，用橡皮锤将砖敲平后揭起，在干硬性水泥砂浆上浇适量素水泥浆，同时在砖背面刮聚合物水泥膏，再将砖重新铺放在干硬性水泥砂浆上，用橡皮锤按标高控制线、十字控制线和分格线敲压平整，然后向四周铺设，并随时用 2m 靠尺和水平尺检查，确保砖面平整，缝格顺直。

（6）养护

砖面层铺贴完 24h 内应进行洒水养护，夏季气温较高时，应在铺贴完 12h 后浇水养护并覆盖，养护时间不少于 7d。

（7）贴踢脚板面砖

粘贴前砖要浸水阴干，墙面洒水湿润。铺贴时先在两端阴角处各贴一块，然后拉通线控制踢脚砖上口平直和出墙厚度。踢脚砖粘贴用 1∶2 聚合物水泥砂浆，将砂浆粘满砖背面并及时粘贴，随之将挤出的砂浆刮掉，面层清理干净。

（8）勾缝

当铺砖面层的砂浆强度达到 1.2MPa 时进行勾缝，用与铺贴砖面层的同品种、同强度等级的水泥或白水泥与矿物质颜料调成设计要求颜色的水泥膏或 1∶1 水泥砂浆进行勾缝，勾缝清晰、顺直、平整光滑、深浅一致，并低于砖面 0.5～1.0mm。

4.1.3 质量验收标准

1. 主控项目

1）砖面层材料的品种、规格、颜色、质量必须符合设计要求。

检验方法：观察检查和检查材质合格证明文件及检测报告。

2）面层与下一层的结合（黏结）应牢固，无空鼓。

检验方法：用小锤轻击检查。

2. 一般项目

1）砖面层应洁净、图案清晰、色泽一致、接缝平整、深浅一致、周边顺直。地面砖无裂纹、无缺棱掉角等缺陷，套割粘贴严密、美观。

检验方法：观察检查。

2）地砖留缝宽度、深度、勾缝材料颜色均应符合设计要求及规范的有关规定。

检验方法：观察、用钢尺检查。

3）踢脚线表面应洁净，高度一致，结合牢固，出墙厚度一致。

检验方法：观察、用小锤轻击及钢尺检查。

4）楼梯踏步和台阶板块的缝隙宽度应一致，棱角整齐；楼层梯段相邻踏步高度差不大于10mm；防滑条应顺直。

检验方法：观察和用钢尺检查。

5）地砖面层坡度应符合设计要求，不倒泛水，无积水；地漏、管根结合处应严密牢固，无渗漏。

检验方法：观察、泼水或坡度尺及蓄水检查。

6）地砖面层的允许偏差和检查方法见表4.1。

表 4.1　地砖面层允许偏差和检查方法

项　目	允许偏差（mm）	检验方法
表面平整度	2.0	用 2m 靠尺及楔形塞尺检查
缝格平直	3.0	拉 5m 线和用钢尺检查
接缝高低差	0.5	尺量及楔形塞尺检查
踢脚线上口平直	3.0	拉 5m 线，不足 5m 拉通线和尺量检查
板块间隙宽度	2.0	尺量检查

3. 成品保护

1）对室内成品应有可靠的保护措施，不得因地面施工造成墙面污染、地漏堵塞等。

2）在铺砌面砖操作过程中，对已安装好的门框、管道要加以保护。施工中不得污染、损坏其他工种的半成品、成品。

3）切割地砖时应用垫板，禁止在已经铺好的面层上直接操作。

4）地砖面层完工后在养护过程中，应进行遮盖和围挡，保持湿润，避免损坏。水泥砂浆结合层强度达到设计要求后，方可进行下道工序施工。

5）严禁在已铺砌好的地面上调配油漆、拌和砂浆。梯子、脚手架、压力案等不得直接放在砖面层上。油漆、涂料施工时，应对面层进行覆盖保护。

4. 应注意的质量、环境和职业健康安全问题

（1）应注意的质量问题

1）基层要确保清理干净，洒水湿润到位，保证与面层的黏结力；刷浆要到位，并做到随刷随抹灰；铺贴后及时遮盖、养护，避免因水泥砂浆与基层结合不好而造成面层空鼓。

2）铺贴前应对地面砖进行严格挑选，凡不符合质量要求的均不得使用。铺贴后防止过早上人，避免产生接缝高低不平现象。

3）铺贴时必须拉通线，操作者应按线铺贴。每铺完一行，应立即再拉通线检查缝隙是否顺直，避免出现板缝不均现象。

4）踢脚板面砖粘贴前应先检查墙面的平整度，并应弹水平控制线，铺贴时拉通线，以保证踢脚板面砖上口平直、出墙厚度一致。

5）勾缝所用的材料颜色应与地砖颜色一致，防止色泽不均，影响美观。

6）切割时要认真操作，掌握好尺寸，避免造成地漏、管根等处套割不规矩、不美观。

（2）应注意的环境问题

1）施工垃圾、渣土应集中堆放，并使用封盖车辆清运到指定的地点消纳处理。

2）在城区或靠近居民生活区施工时，对施工噪声要有控制措施，夜间运输车辆不得鸣笛，减少噪声扰民。

3）施工垃圾严禁凌空抛撒。清理地面基层时应随时洒水，减少扬尘污染。

4）施工所采用的原材料应符合现行国家标准《民用建筑工程室内环境污染控制规范》（GB 50325—2010）的有关规定。

（3）应注意的职业健康安全问题

1）电气设备应有接地保护，小型电动工具必须安装漏电保护装置，使用前应经试运转合格后方可操作。电动工具使用的电源线必须采用橡胶电缆。

2）清理地面时，不得从门窗口、阳台、预留洞口等处往下抛掷垃圾、杂物。

3）切割面砖时，操作人员应戴好口罩、护目镜等安全防护用品。

5. 质量记录

1）水泥出厂合格证及复试报告。

2）界面剂的出厂合格证及环保等检测报告。

3）地面砖的出厂合格证及检测报告。

4）检验批质量验收记录。

5）分项工程质量验收记录。

任务4.2 大理石、花岗石面层

4.2.1 施工准备

1. 材料

（1）天然大理石

天然大理石的品质应采用优等品或一等品，规格按设计要求加工。其板材的平面度、角度及外观质量，应符合现行建筑材料规范规定。板材正面外观，应无裂纹、缺棱、掉角、色斑、砂眼等缺陷；其物理性能镜面光泽度应不低于 80 光泽单位或符合设计要求。并有产品出厂质量合格证和近期检测报告。

（2）天然花岗石

天然花岗石其品质应选择优等品或一等品。规格按设计要求加工。其板材的平面度、角度及外观质量应符合设计要求和现行建筑材料规范规定。板材正面外观应无缺棱、缺角、裂纹、色斑、色线、坑窝等缺陷。并有产品出厂质量合格证和近期检测报告。

（3）水泥、砂

水泥采用强度等级为 42.5 或 32.5 的普通硅酸盐水泥；砂用中砂（细度模数 3.0～2.3）或粗砂（细度模数 3.7～3.1），过筛。

（4）颜料

应根据设计要求，采用耐酸、耐碱的矿物颜料。

2. 主要机具

手提式石材切割机（云石机）、手提式砂轮机、水准仪、橡皮锤、木拍板、木锤、棉纱、擦布、尼龙线、水平尺、方尺、靠尺。

3. 施工作业条件

1）楼（地）面构造层已验收合格。

2）沟槽、暗管等已安装并已验收合格。

3）门框已安装固定，其建筑标高、垂直度、平整度已验收合格。

4）设有坡度和地漏的地面，流水坡度符合设计要求。

5）房屋变形缝已处理好，首层外地面分仓缝已确定。

6）厕浴间防水层完工后，蓄水试验不渗不漏，已验收合格。

7）墙面＋50cm 基准线已弹好。

8）石材复验放射性指标限量符合《民用建筑工程室内环境污染控制规范》（GB 50325—2010）规定。

4.2.2　操作工艺

1. 基层处理

基层表面的垃圾、砂浆杂物应彻底清除，并冲洗干净。

2. 弹控制线

根据墙面上＋50cm 基准线，在四周墙上弹楼（地）面建筑标高线，并测量房间的实际长、宽尺寸，按板块规格加灰缝（1mm），计算长、宽向应铺设板块数。

地面基层上弹通长框格板块标筋或十字通长板块标筋两种铺贴方法的控制线。弹线后，二者分别做结合层水泥找平小墩。

踢脚线按设计高度弹上口线：楼梯和台阶，按楼（地）地和休息平台的建筑标高线，从上下两头踏步起止端点，弹斜线作为分步标准。

3. 标筋

按控制线跟线铺一条宽于板块的湿砂带，拉建筑标高线，在砂带上按设计要求的颜色、花纹、图案、纹理编排板块，试排确定后，逐块编号，码放整齐。

试铺中，应根据排布编号的板块逐块铺贴。然后用木拍板和橡胶锤敲击平实。每铺一条，拉线严格检查板块的建筑标高、方正度、平整度、接缝高低差和缝隙宽度，经调整符合施工规范规定后作板块铺贴标筋，养护 1～2d，除去板块两侧的砂。

另一种"浇浆铺贴"法是砂带刮平，拍实后拉线试铺。如有高低，将板块掀起，高处将砂子铲平，低处添补砂子，找平拍实，反复试铺，直至板块表面达到平整、缝直。再将板块掀起，在砂带表面均匀的浇上素水泥浆；重新铺贴板块，用橡皮锤敲击，水平尺检验，使板块板面平整、密实。

4. 铺贴、养护、打蜡

铺贴前，板块应浸水、晾干，随即在基层上刷水泥素浆一道，摊铺水泥砂浆结合层，但厚度应比标筋砂浆提高 2mm，刮平、拍实，用木抹子搓平。刷水泥素浆作黏结剂，按板块编号，在框格内镶贴。铺贴中如发现板面不平，应将板块掀起，用砂浆垫平，亦可采用垫砂浇浆铺贴法，施工方法同上述。铺完隔 24h 用 1：1 的水泥砂浆灌缝，灌深为板厚的 2/3，表面用同板块颜色的水泥浆擦缝，再用干锯屑擦亮，并彻底清除粘滴在板面的砂浆，铺湿锯屑养护 3d，打蜡、擦光。

（1）踢脚线铺贴

铺踢脚线的墙、柱面湿水、刷素水泥浆一道，抹 1：3 干硬性水泥砂浆结合层，表面划毛，待水泥砂浆终凝且有一定强度后，墙、柱面湿水，抹素水泥浆，将选定的踢脚线背面抹一层素水泥浆，跟线铺贴，接缝 1mm。用木锤垫木板轻轻敲击，使板块黏结牢固，拉通线校正平直度合格后，抹除板面上的余浆。

（2）楼梯踏步铺贴

楼梯踏步和台阶，跟线先抹踏步立面（踢板）的水泥砂浆结合层，踢板可内倾，但决不允许外倾。后抹踏步平面（踏板），并留出面层板块的厚度，每个踏步的几何尺寸必须符合设计要求。养护 1～2d 后在结合层上浇素水泥浆作黏结层，按先立面后平面的规则，拉斜线铺贴板块。

防滑条的位置距齿角 30mm，亦可经养护后锯割槽口嵌条。

踏步铺贴完工，铺设木板保护，7d 内不准上人。

室外台阶踏步，每级踏步的平面，其板块的纵向和横向，应能排水，雨水不得积聚在踏步的平面上。

踢脚线：先沿墙（柱）弹出墙（柱）厚度线，根据墙体冲筋和上口水平线，用 1∶2.5～3 的水泥砂浆（体积比）抹底、刮平、划纹，待干硬后，将已湿润晾干的板块背面抹上 2～3mm 素水泥浆跟线粘贴，并用木锤敲击，找平、找直，次日用同色水泥浆擦缝。

（3）碎拼大理石和花岗石

碎拼大理石和花岗石板块，可在大理石（或花岗石）厂按设计要求的规格加工，亦可选用工地施工时的边角碎料。

碎块大理石或花岗石铺贴在水泥结合层上。其缝隙宽度一般为 20～30mm，用同色水泥石子浆嵌抹。磨平、磨光的面层抹缝应突出 2mm。

4.2.3 质量标准

1. 主控项目

1）大理石、花岗石面层所用板块的品种、质量应符合设计要求。

检验方法：观察检查和检查材质合格记录。

2）面层与下一层应结合牢固，无空鼓。

检验方法：用小锤轻击检查（凡单块板块边角有局部空鼓，且每自然间（标准间）不超过总数的 5%可不计）。

2. 一般项目

1）大理石、花岗石面层的表面应洁净、平整、无磨痕，且应图案清晰、色泽一致、接缝均匀、周边顺直，镶嵌正确、板块无裂纹、掉角、缺棱等缺陷。

检验方法：观察检查。

2）踢脚线表面应洁净，高度一致，结合牢固，出墙厚度一致。

检验方法：观察和用小锤轻击及钢尺检查。

3）楼梯踏步和台阶板块的缝隙宽度应一致，齿角整齐，楼层梯段相邻踏步高度差不应大于 10mm，防滑条应顺直、牢固。

检验方法：观察和用钢尺检查。

4）面层表面的坡度应符合设计要求，不倒泛水，无积水；与地漏、管道结合处应严密牢固、无渗漏。

检验方法：观察、泼水或坡度尺及蓄水检查。

5）大理石和花岗石面层（或碎拼大理石、碎拼花岗石）的允许偏差应符合表 4.2 的规定。

表4.2　板块面层的允许偏差和检验方法

项目	允许偏差（mm）		检验方法
	大理石、花岗石面层	碎拼大理石、碎拼花岗石面层	
表面平整度	1.0	3.0	用 2m 靠尺和楔形塞尺检查
缝格平直	2.0	—	拉 5m 线和用钢尺检查
接缝高低差	0.5	—	用钢尺和楔形塞尺检查
踢脚线上口平直	1.0	1.0	拉 5m 线和用钢尺检查
板块间隙宽度	1.0	—	用钢尺检查

3．成品保护

1）运输大理石（花岗石）板块和水泥砂浆时，应采取措施防止撞坏已做完的墙面、门口等。施工中不得污染、损坏其他工种的半成品、成品。

2）铺砌大理石（花岗石）板块及碎拼大理石过程中，操作人员应做到随铺随用干布揩将大理石面上的水泥痕迹。

3）铺贴过程中应围挡，防止他人穿行踩踏。

4）大理石（花岗石）地面或碎拼大理石地面完工后，清理干净并加以覆盖，房间应封挡。水泥砂浆结合层强度未达到要求前，不得上人行走。

5）切割石材时应用垫板，禁止在已铺好的面层上直接操作。

6）严禁直接在石材地面上和灰、调漆。在面层上进行焊接作业、支铁梯，搭脚手架时，必须采取可靠的保护措施。禁止在地面上拖拉重物。

4．应注意的质量、环境和职业健康安全问题

（1）应注意的质量问题

1）楼（地）面墙面上＋50cm 基准线，楼道与房间必须一致，以防引测的地面建筑标高产生差错。

2）面层施工前，应按板块的品种、规格尺寸、颜色、花纹图案和所铺设房间大小进行试拼、编号排定，以消除图案、花纹混乱，四周靠墙处非整块砖宽、窄不一和排缝不顺直等缺陷。

3）结合层必须采用干硬性水泥砂浆铺设，如砂浆过稀，不仅板块铺贴不易平整，当砂浆中水分蒸发后导致板块空鼓。摊铺的水泥砂浆应高出板块建筑标高 2～3mm，用橡皮锤垫木板敲击至建筑标高为止。

4）在垫层或基层上抹水泥素浆，不应采用撒干水泥面后再洒水扫浆的做法，因水泥浆未经搅拌且水灰比不准确，必将影响粘贴效果。

5）板、块背面如粘有塑料网络，铺贴时应撤掉，其板块并须用清水湿润、晾干后

使用。

6）浅色或白色大理石浸水，晾干后，其背面宜刷一层白水泥浆，以免透底显暗色，影响观瞻。

7）为防止面层出现反白污染，天然石材应进行防碱背涂处理。

8）板、块铺贴后垫木锤击时，其木枋应与被敲打的板块尺寸一致，且木枋不应搭在另一板块上敲打，以免该板块受震松动造成空鼓。

（2）应注意的环境问题

1）施工垃圾、渣土应集中堆放，并使用封盖车辆清运到指定地点处理。

2）在城区或靠近居民生活区施工时，对施工噪声要有控制措施，装卸材料应做到轻拿轻放，夜间运输车辆不得鸣笛，以减少噪声扰民。

3）施工所采用的石材应符合现行国家标准《民用建筑工程室内环境污染控制规范》（GB 50325—2010）的规定。

4）石材切割加工应带水作业，加工棚应采取封闭措施，以控制扬尘污染和减少噪声扰民。

（3）应注意的职业健康安全问题

1）小型机具，必须安装"漏电掉闸"装置；使用前，试运转合格方可正式操作。

2）砂轮机和切割机上固定砂轮和锯片的轴和螺帽，每次使用前应进行检查，连接必须牢固，防护罩应坚实。

3）机上移动的绝缘胶皮线应完整无损。

4）机具的电源电压应与铭牌电压相符。

5）移动机具，应先断电。每次使用完毕或下班，应即时拉闸断电。电闸应装箱上锁。

6）草酸对皮肤有腐蚀作用，操作人员必须戴橡胶手套作业。

7）石材切割操作人员戴口罩和护目镜。

5. 质量记录

1）大理石（花岗石）板块出厂合格证、检测报告及环保检测报告。

2）水泥的出厂合格证及复试报告。

3）检验批质量验收记录。

4）分项工程质量验收记录。

任务4.3　塑料板面层

4.3.1　施工准备

1. 材料

（1）塑料地板

塑料地板应选用符合环保要求的合格产品，并有按期产品性能检测报告和出厂质量合格证及产品说明书。

（2）胶黏剂

塑料地板用的胶黏剂，应选用同一厂家同一品种的同一批塑料地板与之配套使用的胶黏剂。产品应有质量合格证和胶黏剂中有害物含量的检测报告。

（3）塑料焊条

塑料焊条应由塑料地板供应商提供与板材厚度颜色和性能相同的三角形或圆形塑料焊条。并应提交产品质量合格证和施工说明书。

2. 主要机具

空气压缩机、电热空气焊枪、多功能焊塑枪、吸尘器、齿形刮板、橡胶滚筒、橡皮锤、橡胶压力辊筒、"V"形缝切口刀、裁切刀、钢尺等。

3. 作业条件

1）室内水、电、煤所、通讯、电视等管线已安装完成。

2）室内吊顶、墙面抹灰已完，门窗框安装已完。

3）水泥砂浆或混凝土基层其强度等级已达到设计要求，含水率不大于 8%；表面平整度、光洁度、阴阳角方正度经检查合格，无空鼓、裂纹、起砂、凹凸等缺陷。

4）墙面已弹好了面层建筑标高线及地面坡度线，校核了基层表面的标高。

5）胶黏剂已见证取样，经检测有害物质含量限值不超过规范规定。

4.3.2　操作工艺

1. 基层处理

塑料地板一般铺设在水泥砂浆或混凝土基层上。为保证塑料地板的粘贴质量，基层表面残存的砂浆、尘土、砂粒，必须剔除、清扫、湿布擦干净。

2. 弹线、分格

根据设计图案，房间尺寸和使用块材规格进行弹线分格和定位（图 4.2）。不够整张的块材，可作沿墙、柱镶边，弹镶边线，但应注意对称设置。

塑料地板卷材，应按房间尺寸、卷材宽度、搭接尺寸和铺贴方向弹出控制线。有花纹的卷材，尚应拼花、对色。

3. 预拼、试铺

将块材运送到定位线旁，此时，应注意同一房间所使用的块材应用同一厂家、同一品种、同一批号、颜色和软硬的产品预拼花纹、图案。通过试铺、切割镶边块材（图4.3）。

4. 刮胶

采用水乳型胶黏剂粘贴塑料地板材时，先在塑料板块背面用硬塑刮板纵涂一遍，再用刮板横涂一遍，待干；再在地面基层上用齿形刮板均匀涂胶，当胶面不粘手即可铺贴。

采用溶剂胶黏剂粘贴时，一般只需用齿形刮板在地面基层上均匀刮胶一道，在常温下静停 5～15min，手触胶面不粘手即可铺贴。

卷材刮胶与块材相同。

5. 铺贴（图4.4）

1）塑料地板块材铺贴时，应跟线从十字中心线或对角中心线开始，按预拼编号，逐排顺序进行。

铺贴方法是双手斜拿塑料块材，先与分格线或已粘贴好的块材对齐挨紧，再将左边板端与分格线或与贴好地板块比齐，然后顺势把整块慢慢贴在地面基层上，用手掌按压。随限用橡胶滚筒或橡胶锤从板中央向四周滚压或锤击，以排除空气，压严锤实。

铺贴中，每粘贴一块，应将板缝内挤出胶液用蘸有清洁剂的棉纱头擦干净。

2）塑料地板卷材应铺贴时将卷材张开摊平，放置 2～3h 后使用。铺贴时，将卷材一端对准预先弹好的搭接线轻轻放下，逐渐顺线铺贴，如稍偏离墨线，应立即掀起卷材，调整、摆正后，手持压滚辊筒，从中间往两边滚压，铺平压实，排除空气。接着，铺第二幅卷材。其接缝处，应相互搭接 20～50mm。贴定后，在两幅卷材接缝上居中弹线，用钢板尺压线切割重合的卷材，撕掉断开边条，补涂胶液，压实贴牢，用滚筒滚压平整。

6. 焊接

（1）焊缝坡口
坡口应根据焊条的规格，先做试验，确定坡口尺寸，用直尺和割刀进行坡口切割。坡口务必平直，宽窄和角度一致。

（2）施焊
施焊时，操作者左手持焊条，右手持焊枪，焊枪咀与地面夹角为 30°，喷嘴与焊条及焊缝的距离 5～6mm。焊枪的移动速度一般为 0.1～0.5m/min，从左至右施焊；另一人持压辊跟随压紧焊缝。焊缝应是圆弧形，突出面层宜为 1.5～2mm。

7. 铺贴踢脚线

对于软质塑料踢脚板如与地面铺贴呈 90° 角，一般在踢脚线上口剔槽用冲击钻打孔钉入防腐木楔，用塑料压条或木条封口，用三角形焊条贴墙角焊缝。

8. 修整、打蜡

焊缝冷却至室内常温，将突出面层的焊包用刨刀切削平整。操作时应仔细，切勿损伤两边的塑料板面。

整个房间塑料板面层铺贴后，清擦干净，打地板蜡或涂一层透明的清漆或聚氨酯漆，以保持光亮，延长使用寿命。

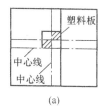 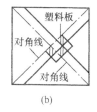 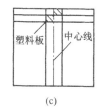

图 4.2　定位方法

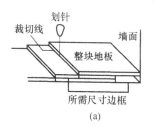 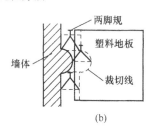

图 4.3　直线和曲线裁切示意图

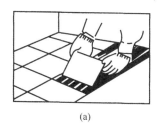 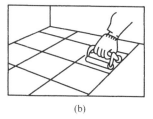 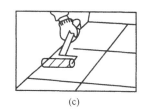

图 4.4　铺贴及压实示意图

4.3.3　质量标准

1. 主控项目

1）塑料板面层所用的塑料板块和卷材的品种、规格、颜色、等级应符合设计要求和现行国家标准的规定。

检验方法：观察检查和检查材质合格证明文件及检测报告。

2）面层与下一层的黏结应牢固，不翘边、不脱胶、无溢胶。

检验方法：观察检查和用敲击及钢尺检查（卷材局部脱胶处面积不应大于 20cm^2，且相隔间距不小于 50cm 可不计；凡单块块料边角局部脱胶处且每自然间（标准间）不超过总数的 5%者可不计）。

2. 一般项目

1）塑料板面层应表面洁净，图案清晰，色泽一致，接缝严密。拼缝处的图案、花纹吻合，无胶痕，与墙边交接严密，阴阳角收边方正。

检验方法：观察检查。

2）板块的焊接，焊缝应平整，光洁，无焦化变色、斑点、焊瘤和起鳞等缺陷，其凹凸允许偏差为±0.6mm。焊缝的抗压强度不小于塑料强度的 75%。

检验方法：观察检查和检查检测报告。

3）镶边用料应尺寸准确、边角整齐、拼缝严密、接缝顺直。

检验方法：用钢尺和观察检查。

4）塑料板面层的允许偏差应符合下列规定：

表面平整度：2.0mm，用 2m 靠尺和楔形塞尺检查。

缝格平直：3.0mm，拉 5m 线和用钢尺检查。

拼缝高低差：0.5mm，用钢尺和楔形塞尺检查。

踢脚线上口平直：2.0mm，拉 5m 线和钢尺检查。

3. 成品保护

1）塑料地板卷材运输与贮存，应直立堆放，或用铁芯搁置于支架上，以防压瘪，丧失弹性。贮存仓库室温不宜超过 50℃，且应通风，并避免阳光直射。块材地板应平放在平整的地面上，不宜侧立，以防变形。

2）胶黏剂的容器，应为塑料桶或搪瓷桶，不得用铁制器具。

3）塑料板面层施工，环境温度应为 15～30℃，相对湿度不超过 80%。

4）塑料板面层上，不得放置 60℃以上的热物体和在面层上灭烟头。

5）塑料板面层上放置家具，其静荷载集中部位应垫垫板，以防产生永久凹陷。

6）塑料板面层完工，应用汽油擦干净污物、污迹，切忌用刀刮，两周内禁止用水冲洗。

4. 应注意的质量、环境和职业健康安全问题

（1）应注意的质量问题

1）塑料地板运至现场，应立即检查，对照现行国家材料规范、供货合同和产品材质证明文件，逐一进行验收，不符合要求的产品，应立即退货。

2）塑料板面层施工，应强调基层处理。其基层表面应做到平整、坚硬、干燥（含水率 6%～8%）、密实、洁净，无油脂及其他杂质，并不得有凹凸、麻面、起砂、裂纹

等缺陷。如存在任何一项缺陷，必须整改合格后方可施工。

3）塑料板面层产品应按基层材料和面层材料使用的相容性要求经试验确定。胶黏剂见证取样复验，其污染物质限量不得超过规范的规定后方可使用。

4）备料应留有余地，如有损坏，能及时更换。

5）塑料板面层施工时，其环境温度不得低于 10℃，相对湿度不得高于 80%。铺贴前 1 天，宜将塑料板放置在施工地点，使其保持与施工地点相同的温度。

6）一个房间内，应使用同一厂家、同一品种、同一批号、颜色和软硬的板材，不得混乱。

7）刮涂胶黏剂，不得用毛刷，应用钢皮或硬塑料刮板。

8）塑料板铺贴时，胶黏剂刮涂，应先刮涂塑料板的背面，后刮涂地面基层，使胶面干燥协调一致；刮涂应均匀，厚薄一致，不得漏涂。

9）塑料板铺贴完工养护 2d 后即可打蜡、擦光，投入使用。

（2）应注意的环境问题

1）施工垃圾和零散碎料应集中分拣、回收利用，并及时清运到指定地点消纳。

2）装卸材料应做到轻拿轻放，夜间材料运输车辆进入施工现场，严禁鸣笛，以减少噪声扰民。

3）清理地面基层时，应随时洒水，减少扬尘污染。

4）施工所用的原材料应符合现行国家标准《民用建筑室内环境污染控制规范》（GB 50325—2010）的要求。

（3）应注意的职业健康安全问题

1）粘贴塑料板的胶黏剂，多为易燃品，存放时应远离火源；胶黏剂的容器应有盖子，使用完毕，应将盖子盖严，并放在阴凉通风处。

2）使用的机械和电气，应由持证机、电工安装。机械用完后，应拉闸停电。

3）塑料板焊工，应经过培训、考核，持证上岗。

4）室内粘贴地板时，注意通风换气。操作人员应戴口罩，连续作业 2h 后，需外出休息一会，下班后用热水漱口。

5. 质量记录

1）塑料板出厂合格证及检测报告。

2）胶黏剂出厂合格证及环保检测报告。

3）检验批质量验收记录。

4）分项工程质量验收记录。

任务4.4 活动地板面层

4.4.1 施工准备

1. 材料

（1）防静电活动地板

活动地板应符合设计要求。面层应平整、坚实，承载力：端部荷载不得小于 1250N/m²，其系统，导静电型：小于等于 $1×10^6Ω$；静电耗散型：$1×10^6～1×10^{10}Ω$。

（2）支架柱、横梁

支架柱应与活动地板配套使用的、可供调节调试的钢质圆管柱，横梁应与活动地板配套使用的优质钢板冲压成型的方钢管，并应符合设计要求。

2. 主要机具

电动射钉枪、电焊机、水准仪、标尺、50m 钢尺，各类型扳手、方尺、水平尺、直尺、锤子等。

3. 作业条件

1）楼（地）面混凝土基层或水泥砂浆垫层已达到了设计规定的强度等级；其基层表面平整度经检测不大于 2mm，无起砂、起灰、凹凸等缺陷。

2）室内吊顶及湿作业已全部完工，预埋铁件已安装。

3）室内活动地板面的标高线已弹好在四周墙面上，并核对了设计规定房间的长宽尺寸。

4）活动地板及其组件，已通过抽检复验符合设计要求，其质量已验收合格，数量满足了使用要求。

4.4.2 操作工艺

1. 基层清理

基层上一切杂物应彻底清除，表面的灰尘，应用湿布抹干净，并通风保持干燥。

2. 弹线

按设计要求，在基层上弹出支架柱定位方格网十字线，测量底座水平标高，并在墙四周弹好支架柱顶托板面的水平线。

当房间净尺寸与设计的活动地板模数不符合时，弹线时应根据实际，准确量出不足部分的尺寸，由供货厂家制作镶补活动地板、横梁及配置支架柱。

3. 安装

1）支架柱安装：将支架柱底盘（包括四周需镶补支架）摆放在方格网的十字线上，校对底盘归中后，按支架柱顶面标高，拉纵横水平通线，调节支架柱活动螺丝杆，使托板顶面与水平线齐平，拧紧螺杆螺母固定。再用水准仪逐点施测，仔细校平，并用水平尺校准支架柱托板平整度。

2）横梁安装：支架柱顶面调平后，从房间中央开始，向周边安装横梁（包括四周镶补横梁），扭紧横梁与支架柱托板的结合螺钉，再拉纵横水平中心线，调整校核室内全部横梁的同一水平度，同一中心度和方正度直至合格，再次扭紧结合螺钉，如图 4.5 所示。

活动地板面层下敷设的管线，可就位、安装。

3）活动地板安装：全室横梁安装后，应在其表面按活动地板尺寸，在横梁上弹出铺板分格线（应与基层上支架柱中心线重合），跟线逐块安装活动地板（含周边镶补活动地板）。每铺一块地板，脚踩，必须四角平实，不得有松动、翘边等现象，然后拉通线调整，使地板排列整齐，接缝均匀，缝格平直。

4）收边：活动地板在门口处或预留洞口处，应按构造要求，四周侧边用耐磨硬质板材封闭或用耐磨胶条封边。

4. 清扫

活动地板安装完毕，应清除杂物，整个板面应用软布或毛巾擦拭干净，并用吸尘器吸除灰尘。

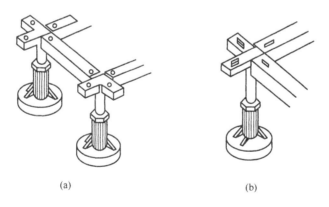

(a)　　　　　　　　　　　　　　　　(b)

图 4.5　横梁与支架的连接

4.4.3　质量标准

1 主控项目

1）面层材质必须符合设计要求，且应具有耐磨、防潮、阻燃、耐污染、耐老化和导静电等特点。

检验方法：观察检查和检查材质合格证明文件及检测报告。

2）活动地板面层应无裂纹、掉角和缺棱等缺陷。行走无声响、无摆动。

检验方法：观察和脚踩检查。

2. 一般项目

1）活动地板面层应排列整齐、表面洁净、色泽一致、接缝均匀、周边顺直。

检验方法：观察检查。

2）活动地板面层的允许偏差应符合下列项目的规定。

表面平整度：2.0mm，用 2m 靠尺和楔形塞尺检查。

缝格平直：2.5mm，拉 5m 线和用钢尺

接缝高低差：0.4mm，用钢尺和楔形塞尺检查。

板块间隙宽度：0.3mm，用钢尺检查。

3. 成品保护

1）活动地板在运输、装卸或搬运过程中，应轻拿轻放，以防损坏抗静电贴面。

2）施工时活动地板贴面除污，应用软布蘸汽油、肥皂水或去污粉擦拭，再用洁净毛巾擦干净。

3）在活动地板上作业或行走，不得穿有金属钉子的鞋子，不得用尖锐工具和硬物在地面上敲击或刻画。

4）安装设备及连接电缆、管线时，活动地板面层上，应铺设五夹板保护面层不受污损。

5）在活动地板上做卫生，严禁用沾水拖把擦洗，以防缝隙进水，影响地板使用寿命。

6）日常清扫，应使用吸尘器，以免灰尘落入板缝中影响活动地板的抗静电功能。

7）防静电活动地板，不宜在地板上打蜡。

8）活动地板上放置重物时，不得在地板上拖拽。

9）预埋件或连接铁板，应除锈刷防锈漆和防火涂料。

4. 应注意的质量、环境和职业健康安全问题

（1）应注意的质量问题

1）选择规格一致、质量合格的地板块及其配套的配件，横梁上铺设的缓冲胶条要均匀一致，接触平整、严密，铺板时四角接触平稳、严密，不得加垫，防止地板面层产生接续缝不严、翘边和有响声。

2）活动地板下的各种管线要在铺板前安装完，并验收合格，防止安装完地板后多次揭开，影响地板的质量。

3）设备四周和墙边不符合模数的板块，切割后应做好镶边、封边，防止板块受潮变形。

（2）应注意的环境问题

1）施工垃圾和零散碎料要及时清运，集中分拣、回收，运至指定地点消纳处理。所剩材料不得随意丢弃，更不得焚烧。

2）装卸材料应做到轻拿轻放，减少噪声；夜间材料运输车辆进入施工现场时，严禁鸣笛；材料加工间应封闭，采取措施，降低噪声扰民。

3）清理地面基层时，应随时洒水，减少扬尘污染；建筑物内的施工垃圾清运应采用封闭式专用垃圾道或封闭式容器吊运，严禁凌空抛撒。

4）施工中所采用的材料应符合现行国家标准《民用建筑室内环境污染控制规范》（GB 50325—2010）的有关规定。

（3）应注意的职业健康安全问题

1）电气设备应有接地保护，小型电动工具必须安装"漏电保护"装置，使用时应经试运转合格后方可操作。

2）切割地板时，操作人员要佩戴防护用品。

3）存放活动地板的库房应阴凉、通风且远离火源，库房内应配备消防器材。

5.　质量记录

1）活动地板的出厂合格证和技术性能检测报告。

2）金属支架及配套部件的出厂证明。

3）活动地板下面的管线铺设的隐检记录。

4）检验批质量验收记录。

5）分项工程质量验收记录。

任务4.5 地毯面层

4.5.1 施工准备

1. 材料

1）地毯及衬垫：地毯及衬垫的品种、规格、颜色、花色及其材质必须符合设计要求和国家现行地毯产品标准的规定。地毯的阴燃性应符合现行国家标准的防火等级要求。

2）胶黏剂：应符合环保要求，且无毒、不霉、快干、有足够黏结强度，并应通过试验确定其适用性和使用方法。

3）倒刺板：牢固顺直，倒刺均匀，长度、角度符合设计要求。

2. 主要机具

裁边机、电熨斗、吸尘器、裁毯刀、割刀、剪刀、地毯撑子、手锤、直尺、钢尺等。

3. 作业条件

1）室内装饰装修各工种、工序的施工作业已完，设备调试运转正常，并验收合格。

2）地毯、衬垫和胶黏剂等材料进场后应检查核对，并符合设计要求。

3）水泥类基层表面应平整、光洁、阴阳角方正，基层强度合格，含水率不大于10%。

4）铺设地毯的房间、走道四周的踢脚板做好，踢脚板下口距地面8mm左右。

5）向操作人员进行安全技术交底。

4.5.2 操作工艺

1. 工艺流程

基层处理→弹线套方、分格定们→地毯剪裁→钉倒刺板条→铺衬垫→铺设地毯→细部处理收口。

2. 操作方法

1）基层处理：应先对基层地面进行全面检查，对空鼓、麻面、掉皮、起砂、高低偏差等部位进行修补，并将基层上的浮浆、落地灰等清理掉，将浮土清扫干净。

2）弹线套方、分格定位：对各个房间的实际尺寸进行量测，检查房间的方正情况，对称找中，并在地面上弹出地毯的铺设基准线和分格定位线。根据地毯的规格、花色、型号、图案等，对照现场实际情况进行排版，预留铺装施工尺寸。

3）地毯剪裁：根据定位尺寸剪裁地毯，其长度应比房间实际尺寸大 20mm 或根据图案、花纹大小让出一个完整的图案。宽度应以裁去地毯边缘后的尺寸计算，并在地毯背面弹线后裁掉边缘部分。裁剪时，应在较宽阔的地方集中进行，裁好后卷成卷编号，对号放入房间内，大面积厅房应在施工地点剪裁拼缝。裁剪时楼梯地毯长度应留有一定余量，一般为 500mm 左右，以便使用中更换挪动磨损的部位。

4）钉倒刺板条（图 4.6）：沿房间四周踢脚边缘，将倒刺板条用钢钉牢固地钉在地面基层上，钢钉间距 400mm 左右为宜。倒刺板条应距踢脚板表面 8～10mm 左右，如图 4.7 所示。

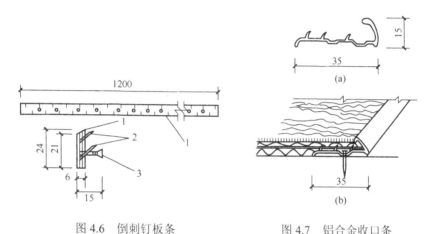

图 4.6　倒刺钉板条　　　　　　图 4.7　铝合金收口条

5）铺衬垫：将衬垫采用点粘法或用双面胶带纸粘在地面基层上，边缘离开倒刺板10mm 左右。

6）铺设地毯。

① 地毯缝合：地毯对花拼接应按毯面绒毛和织纹走向的同一方向拼接。接缝时，应采用缝合或烫带黏结（无衬垫时）的方式，缝合应在铺设前完成，烫带黏结应在铺设的过程中进行，接缝处应与周边无明显差异。

② 铺地毯时，先将地毯的一边固定在倒刺板上，用地毯撑子用力由地毯中心向四周展开，然后将地毯固定在倒刺板上，把地毯毛边掩入卡条和墙壁的间隙中或掩入到踢脚板下面。再进行另一个方向的拉伸，直到拉平，四个边都固定在倒刺板上。

③ 铺方块式地毯：应先按弹好的十字控制线，在房间中间铺设十字控制埠，然后按控制块向四周铺设。设计有图案要求时，应按照设计图案弹出准确分格线，做好标记，防止差错，使块与块之间挤紧服帖、不卷边。地毯周边塞入踢脚线下。

④ 地毯用黏结剂铺贴：刷胶采用满刷和部分刷胶两种。部分刷胶铺贴时，先从房间中部涂刷部分胶黏剂，铺放预先裁割好的地毯，黏结固定后，用地毯撑子往墙边拉平、拉直，再沿墙边刷两条胶液，将地毯压平，并将地毯毛边塞入踢脚线下。

⑤ 楼梯地毯铺设：地毯铺设由上至下逐级进行。每梯段顶级地毯应用压条固定于

平台上，每级阴角处应用金属卡条固定牢固。

7）细部收口。地毯在门口、走道、卫生间等不同地面材料交接处部位，应用专用收口条（压条）做收口处理，对管根、暖气罩等部位应套割固定或掩边。地毯全部铺完后，应用吸尘器吸去灰尘，清扫干净如图 4.8 所示。

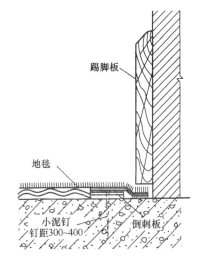

图 4.8　倒刺板条固定示意

4.5.3　质量标准

1. 主控项目

1）地毯的品种、规格、颜色、花色、胶料和辅料及其材质必须符合设计要求和国家现行地毯产品标准的规定。

检验方法：观察检查和检查材质合格记录。

2）地毯表面应平服，拼缝处粘贴牢固、严密平整、图案吻合。

检验方法：观察检查。

2. 一般项目

1）地毯表面不应起鼓、起皱、翘边、卷边、显拼缝、露线和无毛边，绒面毛顺光一致，毯面干净，无污染和损伤。

检查方法：观察检查。

2）地毯同其他面层连接处、收口处和墙边、柱子周围应顺直、压紧。

检验方法：观察检查。

3. 成品保护

1）地毯存放时要做好防雨、防潮、防火、防踩踏和重压。

2）地毯铺设时应及时清理毯头、倒刺板条段、钉子等散落物，防止将其铺在地毯下。

3）地毯面层完工后应将房间关门上锁，避免污染、损坏。

4）交工前在地毯面层上需要上人时，应戴鞋套或穿专用鞋。严禁在地毯面上直接进行其他施工操作，必要时应将地毯覆盖保护。

4. 应注意的质量、环境和职业健康安全问题

（1）应注意的质量问题

1）施工前应将基层清理干净，检查其平整度和干燥程度，避免地毯出现不平、变色。

2）施工时，倒刺板与基层、地毯周边与倒刺板应固定牢固。毯面应完全拉伸平展。铺设方块地毯时，对缝应平行、挤紧，以保证地毯表面的平整、密实，无明显拼缝。

3）铺地毯时，涂胶作业应仔细认真，不得污染毯面。

4）缝合或粘合地毯接缝时，应将毯面绒毛捋顺。若发现绒毛朝向不一致，应及时进行调整。裁割地毯时应注意缝边顺直、尺寸准确，防止地毯接缝明显。

5）有花纹图案的地毯，在同一场所应由同一批作业人员一次铺好。用撑子拉伸地毯时，各方向的力度应均匀一致，防止造成图案对花不符或扭曲变形。

（2）应注意的环境问题

1）胶黏剂使用后，应及时封闭存放，不得随意遗洒。废料和包装容器应及时清理回收。

2）施工中遗留的物品及剩料，不得随意处置，完工后统一消纳。

（3）应注意的职业健康安全问题

1）严禁在施工现场、材料库吸烟及使用明火。

2）施工机具和电气装置应符合施工用电安全管理规定。

5. 质量记录

1）地毯材质合格证及性能检测报告。

2）胶黏剂合格证、性能检测报告和环保检测报告。

3）检验批质量验收记录。

4）分项工程质量验收记录。

任务*4.6* 架空实木地板面层

4.6.1 施工准备

1. 材料

1）原材料主要有实木地板、胶黏剂、木方、胶合板、防潮垫。

2）实木地板面层所采用的材质和铺设时的木材含水率必须符合设计要求或不大于12%；木方、垫木及胶合板等必须做防腐、防白蚁、防火处理；胶合板甲醛释放量不大于1.5mg/L。

3）胶黏剂：按设计要求选用或使用地板厂家提供的专用胶黏剂，容器型胶黏剂总挥发性有机物不大于750g/L，水基型胶黏剂总挥发性有机物不大于50g/L。

4）原材料产品合格证及相关检验报告齐全。

2. 主要机具

电锤、手枪钻、云石电锯机、曲线电锯、气泵、气枪、电刨、磨机、带式砂光机、手锯、刀锯、钢卷尺、角尺、锤子、斧子、扁凿、刨、钢锯。

3. 作业条件

1）材料检验已经完毕并符合要求。

2）实木地板面层下的各层作法及隐蔽工程已按设计要求施工并隐蔽验收合格。

3）施工前应做好水平标志，可采用竖尺、拉线、弹线等方法，以控制铺设的高度和厚度。

4）操作工人必须经专门培训，并经考核合格后方可上岗。

5）熟悉施工图纸，对作业人员进行技术交底。

6）作业时的施工条件（工序交叉、环境状况等）应满足施工质量可达到标准的要求。

7）地板施工前，应完成顶棚、墙面的各种湿作业，粉刷干燥程度到达80%以上，并已完成门窗和玻璃安装。

8）地板施工前，水暖管道、电气设备及其他室内固定设施应安装油漆完毕。

4.6.2 操作工艺

1. 施工工艺流程

基层处理→弹控制线→安装木龙骨→做防蛀、防腐处理→基层板安装→木地板铺设→

油漆→地脚线安装→验收。

2. 操作工艺

1）技术交底：对施工技术要求、质量要求、职业安全、环境保护及应急措施等进行交底。

2）楼板基层要求平整，有凹凸处用铲刀铲平，并用水泥加 108 胶的灰浆（或用石膏黏结剂加砂）填实和刮平（其重量比是水泥∶胶=1∶0.06）。待干后扫去表面浮灰和其他杂质，然后用拧干的湿拖布擦拭一遍。

3）在现场对实木地板进行挑选分堆。然后进行实木地板油底漆工作（油漆工艺请参见本工艺标准相关章节）。精选时可分为二堆，即深色、浅色各为一堆，然后精选，即在深、浅色两堆中再选出木纹不一样的径切板和弦切板。然后根据各堆的数量，自行设计布置方案进行试铺，待方案经设计师或业主确认后开始铺设地板。

4）安装木龙骨基。

① 木龙骨基架截面尺寸、间距及稳固方法等均应符合设计要求。

② 木龙骨基架应做防火、防蛀、防腐处理，同时应选用烘干木方。

③ 先在楼板上弹出各木龙骨基架的安装位置线（间距300mm 或按设计要求）及标高，将木龙骨基架放平、放稳并找好标高，用膨胀螺栓和角码（角钢上钻孔）把木龙骨基架牢固固定在楼板基层上，木龙骨基架与楼板基层间缝隙应用干硬性砂浆（或垫木）填密实，接触部位刷防腐剂。当地板面层距离楼板高度大于 250mm 时，木龙骨基架之间增设剪刀撑，木龙骨基架跨度较大时，根据设计要求增设地垄墙、砖墩或钢构件。

④ 木龙骨基架固定时不得损坏楼板基层及预埋管线，同时与墙之间应留出 30mm 的缝隙，表面应平整，当房间面积超过 100m² 或长边大于 15m 时应在木格栅中预留伸缩缝，宽度为 30～50mm。在木龙骨基架上铺设防潮膜，防潮膜接头应重叠 200mm，四边往上弯。隐蔽验收合格后进入下道工序如图 4.9 所示。

5）铺设基层板：根据木龙骨基架模数和房间的情况，将木夹板下好料将木夹板牢固钉在木龙骨基架上，钉法采用直钉和斜钉混用，直钉钉帽不得突出板面。采用整张板时，应在板上开槽，槽的深度为板厚的 1/3，方向与格栅垂直，间距 200mm 左右。木夹板应错缝安装，每块木夹板接缝处应预留 3～5mm 间隙，同时木夹板长边方向与实木地板长边方向垂直，木夹板短边方向接缝与木格栅预留伸缩缝错开。自检合格后进入下道工序。如图 4.9 所示。

6）铺实木地板（素板）：从墙的一边开始铺钉企口实木地板，靠墙的一块离开墙面 10mm 左右，以后逐块排紧。不符合模数的板块，其不足部分在现场根据实际尺寸将板块切割后镶补，并应用胶黏剂加强固定。铺设实木地板应从房间内退着往外铺设。实木地板面层接头应按设计要求留置。当房间面积超过 100m² 或长边大于 15m 时应在实木地板中预留伸缩缝，宽度为 30～50mm，安装专用压条，位置按设计要求或与地板长边平行。

7）刨平磨光：需要刨平磨光的地板应先粗刨后细刨，地板面层在刨平工序所刨去的厚度不宜大于 1.5mm，并应不显刨痕；面层平整后用砂带机磨光，手工磨光要求两遍，第一遍用 3 号粗砂纸磨光，第二遍用 0～1 号细砂纸磨光。

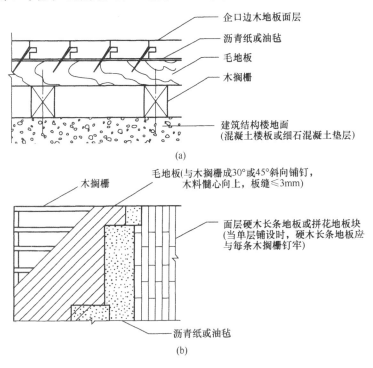

图 4.9　搁栅式木地板的铺设做法

8）铺实木地板（漆板）。

① 从靠门边的墙面开始铺设，用木楔定位，伸缩缝留足 5～10mm。应在地板宽度方向、靠墙边处。

a. 收边用压条去掉局部泡沫垫，在地面和地板背面分别粘好收边压条，使用收边压条在墙边固定地板。

b. 用 5～2cm 三合板，局部用防水胶粘接固定地面。

c. 四周用压缩弹簧或聚苯板塞紧定位保证，四周有适当的压紧力。

② 地板槽口对墙，纵成榫接成排，随装随锤紧、务必第一排拉线找直，因墙不一定是直线，此时再调整木楔厚度尺寸。整个铺设时，榫槽处均不施胶粘接，完全靠榫槽企口啮合，榫槽加工公差要紧密，配合严密。最后一排地板不能窄于 5cm 宽度。其不足部分在现场根据实际尺寸将板块切割后镶补，并应用胶黏剂加强固定。若施工中发现某处缝隙过大，可用专用拉紧板钩抽紧。

③ 实木地板面层接头应按设计要求留置。当房间面积超过 100m² 或长边大于 15m 时应在实木地板中预留伸缩缝，宽度为 30～50mm，安装专用压条，位置按设计要求或与地板长边平行。

9）卫生间、厨房与地板连接处建议加防水胶隔离处理。

10）在施工过程中，若遇到管道、柱脚等情况，应适当进行开孔切割、施胶安装，还要保持适当的间隙。

11）实木地板铺设完成后，经自检合格后进行收边压条及踢脚线安装。

4.6.3　质量标准

1. 主控项目

1）实木地板面层所采用的材质和铺设时的木材含水率必须符合设计要求；木格栅（木龙骨基架）、垫木及胶合板等必须做防腐、防蛀处理。

检验方法：观察检查和检查材质合格证明文件及检测报告。

2）木格栅（木龙骨基架及基层板）安装应牢固、平直。

检验方法：观察、脚踩检查。

3）实木地板面层铺设应牢固；黏结无空鼓。

检验方法：观察、脚踩或用小锤轻击检查。

2. 一般项目

1）实木地板面层应刨平磨光，无明显刨痕和毛刺等现象；图案清晰，颜色均匀一致。

检验方法：观察、手摸和脚踩检查。

2）面层缝隙应严密；接头位置应错开、表面洁净。

检验方法：观察检查。

3）拼花地板的接缝应对齐，粘、钉严密；缝隙宽度要均匀一致；表面洁净，胶粘无溢胶。

检验方法：观察检查。

4）踢脚线表面应光滑，接缝严密，高度一致。

检验方法：观察和钢尺检查。

5）实木地板面层的允许偏差和检验方法应符表 4.3 的规定。

表 4.3　实木地板面层的允许偏差和检验方法

项目		允许偏差（mm）				检验方法
		实木地板面层			实木复合地板、中密度（强化）复合地板面层、竹地板面层	
		松木地板	硬木地板	拼花地板		
1	板面缝隙宽度	1.0	0.5	0.2	0.5	用钢尺检查
2	表面平整度	3.0	2.0	2.0	2.0	用 2m 靠尺和楔形塞尺检查
3	踢脚线上口平齐	3.0	3.0	3.0	3.0	拉 5m 通线，不足 5m 拉通线和用钢尺检查
4	板面拼缝平直	3.0	3.0	3.0	3.0	
5	相邻板材高差	0.5	0.5	0.5	0.5	用钢尺和楔形塞尺检查
6	踢脚线与面层的接缝	1.0				用楔形塞尺检查

3. 成品保护

1）施工时应注意对定位定标高的标准杆、尺、线的保护，不得触动、移位。

2）对所覆盖的隐蔽工程要有可靠的保护措施。不得因铺设实木地板面层造成漏水、堵塞、破坏或降低等级。

3）实木地板面层完工后应进行遮盖和拦挡，避免受到破坏。

4）后续工程在实木地板面层上施工时，必须进行遮盖、支垫，严禁直接在实木地板上动火、焊接、和灰、支铁梯、搭脚手架等。

5）铺面层板应在建筑装饰基本完工后开始。

4. 应注意的质量、环境和职业健康安全问题

（1）应注意的质量问题

1）反弹、脚感太软，其原因如下：

① 木龙骨基架间距过大。

② 地面不平，地板下有空隙。

③ 木龙骨基架未固定牢，有空隙。

④ 地板及地板长度接头没有在龙骨上固接。

2）行走有声响，其原因如下：

① 木龙骨基架固定不牢固，基层板与木龙骨基架间连接不牢固，面层与基层板连接不牢固，钉子太软，握钉力不够。

② 地板的平整度不够，格栅或基层板有凸起的部位。

③ 地板的含水率过大，铺设后变形。

④ 地板标槽间隙公差过大（应不大于 0.3mm）。

⑤ 地板铺完，没有养护，立刻使用且地板维护不当，扭曲变形。

3）板面不洁净，其原因如下：

① 地面铺设完后未做有效的成品保护，受到外界污染。

② 地面潮，水泥潮气与木材抽提物发生化学反应，地面水汽、铁质材料与木材接触，出现黑变、发霉等现象。

（2）应注意的环境问题

1）施工所用机械的噪声等应符合环保要求。

2）注意胶黏剂和人造板材等材料有害物质含量。

3）胶黏剂、稀释剂和溶剂等使用后应及时封闭存放，有毒有害材料废料（胶黏剂、防火、防腐涂料等）和其他废料应分开清理。

（3）应注意的职业健康安全问题

1）电气装置应符合施工用电安全管理规定。

2）易燃材料远离施工场所，设专人看管，施工现场严禁明火，并应配备一定的消防器材。

3）防止机械伤人。

5. 质量记录

1）材质合格证明文件及检测报告。

2）胶黏剂、胶合板等有害物质检测记录和复试报告。

3）隐蔽工程验收记录。

4）木材防火、防白蚁、防腐处理记录。

5）检验批验收记录。

6）实木地板面层分项工程质量验收评定记录。

任务4.7 实贴实木复合地板面层

4.7.1 施工准备

1. 材料

原材料主要有实木复合地板、胶黏剂、防潮垫。

1）实木复合面层所采用的材质和铺设时的木材含水率必须符合设计要求或不大于12%。

2）胶黏剂：按设计要求选用或使用地板厂家提供的专用胶黏剂，容器型胶黏剂总挥发性有机物不大于750g/L，水基型胶黏剂总挥发性有机物不大于50g/L。

3）原材料产品合格证及相关检验报告齐全。

2. 主要机具

电锤、手枪钻、云石电锯机、曲线电锯、气泵、气枪、电刨、磨机、手锯、刀锯、钢卷尺、斧子、钳子、扁凿、刨、钢锯。

3. 作业条件

1）材料检验已经完毕并符合要求。

2）实木复合地板面层下的各层作法及隐蔽工程按设计要求施工，隐蔽验收合格。

3）施工前做好水平标志可采用竖尺、拉线、弹线等方法控制铺设的高度和厚度。

4）操作工人必须经专门培训，考核合格后方可上岗。

5）熟悉施工图纸，对作业人员进行技术交底。

6）作业时的施工条件（工序交叉、环境等）满足施工质量可达到标准的要求。

7）地板施工前，应完成顶棚、墙面的各种湿作业，粉刷干燥程度到达80%以上，并已完成门窗和玻璃安装。

8）地板施工前，水暖管道、电气设备及其他室内固定设施应安装油漆完毕。

4.7.2 操作工艺

1. 施工工艺流程

基层处理→弹线→木地板铺设→地脚线安装→验收。

2. 操作方法

1）技术交底：对施工技术要求、质量要求、职业安全、环境保护及应急措施等进行交底；

2）楼板基层要求平整，有凹凸处用铲刀铲平，并用水泥加 108 胶的灰浆（或用石膏黏结剂加砂）填实和刮平（其重量比是水泥：胶=1：0.06）。待干后扫去表面浮灰和其他杂质，然后用拧干的湿拖布擦拭一遍。隐蔽验收后进行弹画控制线工作。

3）在现场对实木复合地板进行挑选分堆。精选时可分为两堆，即深色、浅色各为一堆，然后精选，即在深、浅色两堆中再选出木绞不一样的径切板和弦切板。然后根据各堆的数量，自行设计布置方案进行试铺，待方案经设计师或业主确认后铺设地板。

4）铺实木复合复合地板。

① 锯掉木质门框底部厚度，其厚度是地板厚度加 3mm（即防潮泡沫垫厚度）如图 4.10 所示。

② 铺设防潮泡沫垫，不可重叠。

③ 固定铺设：从墙的一边开始粘贴企口实木复合地板，靠墙的一块离开墙面10mm 左右，以后逐块排紧如图 4.11 所示。粘接实木复合地板时采用点涂或整涂。整个铺设时，榫槽处均不施胶粘接，完全靠榫槽企口啮合，榫槽加工公差要紧密，配合严密如图 4.12 所示。

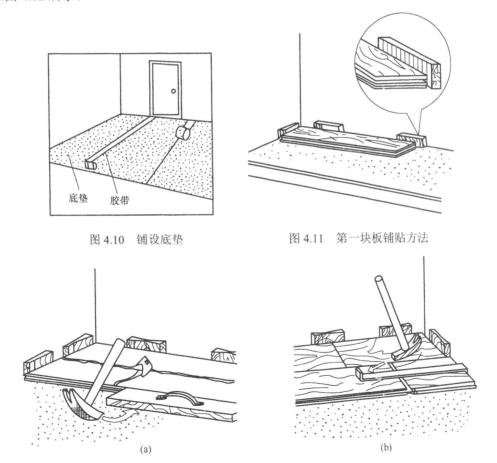

图 4.10　铺设底垫　　　　　　图 4.11　第一块板铺贴方法

图 4.12　挤紧木地板方法

④ 悬浮铺设：从墙的一边开始铺设企口实木复合地板，靠墙的一块离开墙面 10mm 左右，以后逐块排紧。整个铺设时，榫槽处均不施胶粘接，完全靠榫槽企口啮合，榫槽加工公差要紧密，配合稍严。

⑤ 从靠门边的墙面开始铺设，用木楔定位，伸缩缝留足 5～10mm。应在地板宽度方向、靠墙边处用：

　　a. 收边压条去掉局部防潮垫，在地面和地板背面分别粘好收边压条，使用地板在墙边固定地面。

　　b. 用 5～2cm 三合板，局部用防水胶粘接固定地面。

　　c. 四周用压缩弹簧或聚苯板塞紧定位保证，四周有适当的压紧力。

⑥ 地板槽口对墙，纵成榫接成排，随装随锤紧、务必第一排拉线找直，因墙不一定是直线，此时再调整木楔厚度尺寸。最后一排地板不能窄于 5cm 宽度。其不足部分在现场根据实际尺寸将板块切割后镶补，并应用胶黏剂加强固定。若施工中发现某处缝隙过大，可用专用拉紧板钩抽紧。

图 4.13　安装踢脚板

⑦ 实木复合地板面层接头应按设计要求留置。当房间面积超过 100m^2 或长边大于 15m 时应在实木地板中预留伸缩缝，宽度为 30～50mm，安装专用压条，位置按设计要求或与地板长边平行。

5）卫生间、厨房与地板连接处应加防水胶隔离处理。

6）在施工过程中，若遇到管道、柱脚等情况，应适当进行开孔切割、施胶安装，还要保持适当的间隙。

7）实木复合地板铺设完成后，经自检合格后进行收边压条及踢脚线安装如图 4.13 所示。

4.7.3　质量标准

1. 主控项目

1）实木复合地板面层所采用的条材和块材，其技术等级及资质要求应符合设计要求。木格栅（木龙骨基架）、垫木及胶合板等必须做防腐、防蛀处理。

检验方法：观察检查和检查材质合格证明文件及检测报告。

2）木格栅（木龙骨基架及基层板）安装应牢固、平直。

检验方法：观察、脚踩检查。

3）实木复合地板面层铺设应牢固；黏结无空鼓。

检验方法：观察、脚踩或用小锤轻击检查。

2. 一般项目

1）实木复合地板面层图案和颜色应符合设计要求，图案清晰，颜色一致，板面无翘曲。

检验方法：观察、用 2m 靠尺和楔形塞尺检查。

2）面层的接头位置应错开、缝隙、严密、表面洁净。

检验方法：观察检查。

3）踢脚线表面应光滑，接缝严密，高度一致。

检验方法：观察和钢尺检查。

4）实木复合地板面层的允许偏差和检验方法应符合表 4.4 的规定。

表 4.4　实木复合地板面层的允许偏差和检验方法

序号	项目	允许偏差（mm）				检验方法
		实木地板面层			实木复合地板、中密度（强化）复合地板面层、竹地板面层	
		松木地板	硬木地板	拼花地板		
1	板面缝隙宽度	1.0	0.5	0.2	0.5	用钢尺检查
2	表面平整度	3.0	2.0	2.0	2.0	用 2m 靠尺和楔形塞尺检查
3	踢脚线上口平齐	3.0	3.0	3.0	3.0	拉 5m 通线，不足 5m 拉通线
4	板面拼缝平直	3.0	3.0	3.0	3.0	和用钢尺检查
5	相邻板材高差	0.5	0.5	0.5	0.5	用钢尺和楔形塞尺检查
6	踢脚线与面层的接缝	1.0				用楔形塞尺检查

3. 成品保护

1）施工时应注意对定位定标高的标准杆、尺、线的保护，不得触动、移位。

2）对所覆盖的隐蔽工程要有可靠的保护措施。不得因铺设实木地板面层造成漏水、堵塞、破坏或降低等级。

3）实木复合地板面层完工后应进行遮盖和拦挡，避免受到破坏。

4）后续工程在实木地板面层上施工时，必须进行遮盖、支垫，严禁直接在实木地板上动火、焊接、和灰、支铁梯、搭脚手架等。

5）铺面层板应在建筑装饰基本完工后开始。

4. 应注意的质量、环境和职业健康安全问题

（1）应注意的质量问题

1）反弹、脚感太软，行走有声响，其主要原因如下：

① 地面不平，地板下有空隙。

② 地板的平整度不够。

③ 地板的含水率过大，铺设后变形。

④ 地板标槽间隙公差过大（应不大于 0.3mm）。

⑤ 面层与基层连接不牢固。

⑥ 地板铺完，没有养护，立刻使用及地板维护不当，扭曲变形。

2）板面不洁净，其主要原因如下：

① 地面铺设完后未做有效的成品保护，受到外界污染。

② 地面潮，水泥潮气与木材抽提物发生化学反应，地面水汽、铁质材料与木材接触，出现黑变、发霉等现象。

（2）应注意的环境问题

1）施工所用机械的噪声等应符合环保要求。

2）注意胶黏剂和人造板材等材料有害物质含量。

3）胶黏剂、稀释剂和溶剂等使用后应及时封闭存放，有毒有害材料废料（胶黏剂、防火、防腐涂料等）和其他废料应分开清理。

（3）应注意的职业健康安全问题

1）电气装置应符合施工用电安全管理规定。

2）易燃材料远离施工场所，设专人看管，施工现场严禁明火，并应配备一定的消防器材。

3）防止机械伤人。

5. 质量记录

1）材质合格证明文件及检测报告。

2）胶黏剂、胶合板等有害物质检测记录和复试报告。

3）隐蔽工程验收记录。

4）木材防火、防白蚁、防腐处理记录。

5）检验批验收记录。

6）实木地板面层分项工程质量验收评定记录。

任务4.8 竹地板面层

4.8.1　施工准备

1. 材料

1）原材料主要有竹地板、胶黏剂、木方、胶合板、防潮垫。

2）竹地板面层所采用的材质和铺设时的木材含水率必须符合设计要求或不大于12%，竹地板应经严格选材、硫化、防腐、防蛀处理，其技术等级及质量要求均应符合国家现行行业标准《竹地板》（GB/T 20240—2006）的规定。木方、垫木及胶合板等必须做防腐、防白蚁、防火处理；胶合板甲醛释放量不大于 1.5mg/L。

3）胶黏剂：按设计要求选用或使用地板厂家提供的专用胶黏剂，容器型胶黏剂总挥发性有机物不大于 750g/L，水基型胶黏剂总挥发性有机物不大于 50g/L。

4）原材料产品合格证及相关检验报告齐全。

2. 主要机具

电锤、手枪钻、云石电锯机、曲线电锯、电刨、磨机、带式砂光机、手锯、刀锯、钢卷尺、斧子、钳子、扁凿、刨、钢锯。

3. 作业条件

1）材料检验已经完毕并符合要求。

2）竹地板面层下的各层作法及隐蔽工程已按设计要求施工并隐蔽验收合格。

3）施工前应做好水平标志，可采用竖尺、拉线、弹线等方法，以控制铺设的高度和厚度。

4）操作工人必须经专门培训，并经考核合格后方可上岗。

5）熟悉施工图纸，对作业人员进行技术交底。

6）作业时的施工条件（工序交叉、环境状况等）应满足施工质量可达到标准的要求。

7）地板施工前，应完成顶棚、墙面的各种湿作业，粉刷干燥程度到达 80%以上，并已完成门窗和玻璃安装。

8）地板施工前，水暖管道、电气设备及其他室内固定设施应安装油漆完毕。

4.8.2　操作工艺

1. 施工工艺流程

基层处理→弹线→木龙骨安装→防蛀、防腐处理→基层板安装→地板铺设→地脚线安装→油漆→验收。

2. 操作方法

1）技术交底：对施工技术要求、质量要求、职业安全、环境保护及应急措施等进行交底。

2）楼板基层要求平整，有凹凸处用铲刀铲平，并用水泥加 108 胶的灰浆（或用石膏黏结剂加砂）填实和刮平（其重量比是水泥∶胶=1∶0.06）。待干后扫去表面浮灰和其他杂质，然后用拧干的湿拖布擦拭一遍。

3）在现场对竹地板进行挑选分堆。然后进行竹、木地板油底漆工作（油漆工艺请参见本工艺标准相关章节）。精选时可分为二堆，即深色、浅色各为一堆。然后根据各堆的数量，自行设计布置方案进行试铺，待方案经设计师或业主确认后开始铺设地板。

4）安装木龙骨基架。

① 木龙骨基架截面尺寸、间距及稳固方法等均应符合设计要求。

② 木龙骨基架应做防火、防蛀、防腐处理，同时应选用烘干料。

③ 先在楼板上弹出木龙骨基架的安装位置线（间距 300mm 或按设计要求）及标高，将木龙骨基架放平、放稳并找好标高，用膨胀螺栓和角码（角钢上钻孔）把木龙骨基架牢固固定在楼板基层上，木龙骨基架与楼板基层间缝隙应用干硬性砂浆（或垫木）填密实，接触部位刷防腐剂。当地板面层距离楼板高度大于 250mm 时，木龙骨基架之间增设剪刀撑，木龙骨基架跨度较大时，根据设计要求增设地垄墙、砖墩或钢构件。

④ 木龙骨基架固定时不得损坏楼板基层及预埋管线，同时与墙之间应留出 30mm 的缝隙，表面应平整，当房间面积超过 $100m^2$ 或长边大于 15m 时应在木格栅中预留伸缩缝，宽度为 30～50mm。在龙骨上铺设防潮膜，防潮膜接头应重叠 200mm，四边往上弯。隐蔽验收合格后进入下道工序。

5）铺设基层板：根据木龙骨基架模数和房间的情况，将木夹板下好料将木夹板牢固钉在木龙骨基架上，钉法采用直钉和斜钉混用，直钉钉帽不得突出板面。采用整张板时，应在板上开槽，槽的深度为板厚的 1/3，方向与格栅垂直，间距 200mm 左右。木夹板应错缝安装，每块木夹板接缝处应预留 3～5mm 间隙，同时木夹板长边方向与实木地板长边方向垂直，木夹板短边方向接缝与木龙骨基架预留伸缩缝错开。自检合格后进入下道工序。

6）铺实竹地板（素板）：从墙的一边开始铺钉企口竹、木地板，靠墙的一块离开墙面 10mm 左右，以后逐块排紧。不符合模数的板块，其不足部分在现场根据实际尺寸将板块切割后镶补，并应用胶黏剂加强固定。铺设竹、木地板应从房间内退着往外铺设。竹、木地板面层接头应按设计要求留置。当房间面积超过 $100m^2$ 或长边大于 15m 时应在竹、木地板中预留伸缩缝，宽度为 30～50mm，安装专用压条，位置按设计要求或与地板长边平行。

7）刨平磨光：需要刨平磨光的地板应先粗刨后细刨，地板面层在刨平工序所刨去的厚度不宜大于 1.5mm，并应不显刨痕；面层平整后用砂带机磨光，手工磨光要求两遍，第一遍用 3 号粗砂纸磨光，第二遍用 0～1 号细砂纸磨光。

8）铺实竹地板（漆板）。

① 从靠门边的墙面开始铺设，用木楔定位，伸缩缝留足 5～10mm。应在地板宽度方向、靠墙边处用：

a. 收边压条去掉局部泡沫垫，在地面和地板背面分别粘好收边压条，使用收边压条在墙边固定地板。

b. 用 5～2cm 三合板，局部用防水胶粘接固定地面。

c. 四周用压缩弹簧或聚苯板塞紧定位保证，四周有适当的压紧力。

② 地板槽口对墙，纵成榫接成排，随装随锤紧，务必第一排拉线找直，因墙不一定是直线，此时再调整木楔厚度尺寸。整个铺设时，榫槽处均不施胶粘接，完全靠榫槽企口啮合，榫槽加工公差要紧密，配合严密。最后一排地板不能窄于 5cm 宽度。其不足部分在现场根据实际尺寸将板块切割后镶补，并应用胶黏剂加强固定。若施工中发现某处缝隙过大，可用专用拉紧板钩抽紧。

③ 竹地板面层接头应按设计要求留置。当房间面积超过 100m² 或长边大于 15m 时应在竹、木地板中预留伸缩缝，宽度为 30～50mm，安装专用压条，位置按设计要求或与地板长边平行。

9）卫生间、厨房与地板连接处建议加防水胶隔离处理。

10）在施工过程中，若遇到管道、柱脚等情况，应适当地进行开孔切割、施胶安装，还要保持适当的间隙。

11）竹地板铺设完成后，经自检合格后进行收边压条及踢脚线安装。

4.8.3 质量标准

1. 主控项目

1）竹地板面层所采用的材料，其技术等级及资质要求应符合设计要求。木格栅（木龙骨基架）、垫木及胶合板等必须做防腐、防蛀处理。

检验方法：观察检查和检查材质合格证明文件及检测报告。

2）木格栅（木龙骨基架及基层板）安装应牢固、平直。

检验方法：观察、脚踩检查。

3）竹地板面层铺设应牢固；黏结无空鼓。

检验方法：观察、脚踩或用小锤轻击检查。

2. 一般项目

1）竹地板品种及规格应符合设计要求，板面无翘曲。

检验方法：观察、用 2m 靠尺和楔形塞尺检查。

2）面层缝隙应均匀、接头位置错开、表面洁净。

检验方法：观察检查。

3）踢脚线表面应光滑，接缝严密，高度一致。

检验方法：观察和钢尺检查。

4）竹地板面层的允许偏差和检验方法应符合表 4.5 的规定。

表 4.5　竹地板面层的允许偏差和检验方法

序号	项目	允许偏差（mm）				检验方法
		实木地板面层			实木复合地板、中密度（强化）复合地板面层、竹地板面层	
		松木地板	硬木地板	拼花地板		
1	板面缝隙宽度	1.0	0.5	0.2	0.5	用钢尺检查
2	表面平整度	3.0	2.0	2.0	2.0	用 2m 靠尺和楔形塞尺检查
3	踢脚线上口平齐	3.0	3.0	3.0	3.0	拉 5m 通线，不足 5m 拉通线和用钢尺检查
4	板面拼缝平直	3.0	3.0	3.0	3.0	
5	相邻板材高差	0.5	0.5	0.5	0.5	用钢尺和楔形塞尺检查
6	踢脚线与面层的接缝	1.0				用楔形塞尺检查

3．成品保护

1）施工时应注意对定位定标高的标准杆、尺、线的保护，不得触动、移位。

2）对所覆盖的隐蔽工程要有可靠的保护措施。不得因铺设竹、木地板面层造成漏水、堵塞、破坏或降低等级。

3）竹地板面层完工后应进行遮盖和拦挡，避免受到破坏。

4）后续工程在竹地板面层上施工时，必须进行遮盖、支垫，严禁直接在实木地板上动火、焊接、和灰、支铁梯、搭脚手架等。

5）铺面层板应在建筑装饰基本完工后开始。

4．应注意的质量、环境和职业健康安全问题

（1）应注意的质量问题

1）反弹、脚感太软，其主要原因如下：

① 木龙骨基架间距过大。

② 地面不平，地板下有空隙。

③ 木龙骨基架未固定牢，有空隙。

④ 地板及地板长度接头没有在龙骨上固接。

2）行走有声响，其主要原因如下：

① 木龙骨基架固定不牢固，基层板与木龙骨基架间连接不牢固，面层与基层板连接不牢固，钉子太软，握钉力不够。

② 地板的平整度不够，格栅或基层板有凸起的部位。

③ 地板的含水率过大，铺设后变形。

④ 地板标槽间隙公差过大（应不大于 0.3mm）。

⑤ 地板铺完，没有养护，立刻使用及地板维护不当，扭曲变形。

3）板面不洁净，其主要原因如下：

① 地面铺设完后未做有效的成品保护，受到外界污染。

② 地面潮，水泥潮气与木材抽提物发生化学反应，地面水汽、铁质材料与木材接触，出现黑变、发霉等现象。

（2）应注意的环境问题

1）施工所用机械的噪声等应符合环保要求。

2）注意胶黏剂和人造板材等材料有害物质含量。

3）胶黏剂、稀释剂和溶剂等使用后应及时封闭存放，有毒有害材料废料（胶黏剂、防火、防腐涂料等）和其他废料应分开清理。

（3）应注意的职业健康安全问题

1）电气装置应符合施工用电安全管理规定。

2）易燃材料远离施工场所，设专人看管，施工现场严禁明火，并应配备一定的消防器材。

3）防止机械伤人。

5　质量记录

1）材质合格证明文件及检测报告。

2）胶黏剂、胶合板等有害物质检测记录和复试报告。

3）隐蔽工程验收记录。

4）木材防火、防白蚁、防腐处理记录。

5）检验批验收记录。

6）竹地板面层分项工程质量验收评定记录。

小　　结

建筑楼地面工程包含地面与楼面，由基层和面层两部分构成。

楼地面基层是指面层下的构造层，包括填充层、隔离层、找平层、垫层等。楼地面面层又以板块楼地面工程为主。板块楼地面工程以地砖及锦砖面层、大理石及花岗石面层、条石及块石面层、活动地板面层等较为常见。

由于楼地面工程种类较多，其施工工艺各有特点，学习中应善于总结，重点掌握常见地面的施工技术要点以及质量验收标准中的主控项目及一般项目。

思 考 题

4.1 试述大理石、花岗石地面面层施工方法及质量保证措施。

4.2 简述塑料地板面层的施工方法。

4.3 试述木地板面层施工方法及质量保证措施。

4.4 试述地毯地面面层施工方法及质量保证措施。

4.5 试述大理石、花岗石地面面层施工应注意的质量问题。

4.6 试述木地板地面面层施工应注意的质量问题。

4.7 试述地毯地面面层施工应注意的质量问题。

单元 5 饰面工程

学习目标 ☞　　　1. 通过对不同饰面材料施工工艺的重点介绍，使学生能够对其施工过程有一个全面的认识。

　　　2. 通过对施工工艺的深刻理解，使学生学会为达到施工质量要求正确选择材料和组织施工的方法，培养学生解决现场施工常见工程质量问题的能力。

　　　3. 在掌握施工工艺的基础上，领会工程质量验收标准。

学习重点 ☞

　　1. 饰面砖、木饰面、石材饰面的施工工艺。

　　2. 饰面砖、木饰面、石材饰面的质量验收。

最新相关规范与标准 ☞　　《建筑装饰装修工程质量验收规范》（GB 50210—2001）

导入案例（案例式） ☞　　饰面石材施工现场

任务5.1 外墙贴面砖

5.1.1 施工准备

1. 材料

1）面砖：应采用合格品，其表面应光洁、方正、平整、质地坚硬、品种规格、尺寸、色泽、图案及各项技术性能指标必须符合设计要求。并应有产品质量合格证明和近期质量检测报告。

2）水泥：32.5 或 42.5 普通硅酸盐水泥及白水泥，并符合设计和规范质量标准的要求。应有出厂合格证及复验合格试单，出厂日期超过三个月而且水泥结有小块的不得使用。

3）沙子：中沙，含泥量不大于 3%，颗粒坚硬、干净、过筛。

4）石灰膏：用块状生石灰淋制，必须用孔径不大于 3mm×3mm 的筛网过滤，并贮存在沉淀池中熟化，常温下一般不少于 15d；用于罩面灰，熟化时间不应小于 30d。使用时，石灰膏内不得有未熟化的颗粒和其他杂质。

2. 主要机具

砂浆搅拌机、切割机、云石机、手电钻、冲击电钻、橡皮锤、铁铲、灰桶、铁抹子、靠尺、塞尺、拖线板、水平尺等。

3. 作业条件

1）搭设了外脚手架（高层多采用吊篮或可移动的吊脚手架），选用双脚手架或桥架子。其横竖杆及拉杆等离开墙面和门窗口角 150～200mm，架子步高符合安全操作规程。架子搭好后已经过验收。

2）主体结构已施工完，并通过验收。

3）预留孔洞、排水管等处理完毕，门窗框扇已安装完，且门窗框与洞口缝隙已堵塞严实，并设置成品保护措施。

4）挑选面砖，已分类存放备用。

5）已放大样并做出粘贴面砖样板墙，经质量监理部门鉴定合格，经设计及业主共同认可，施工工艺及操作要点已向操作者交底，可进行大面积施工。

5.1.2 操作工艺

1. 施工程序

基层处理、抹底子灰→排砖、弹线分格→选砖、浸砖→镶贴面砖→擦缝。

2. 操作要点

（1）基层处理

1）光滑的基层表面已凿毛，其深度为 0.5～1.5cm，间距 3cm 左右。基层表面残存的灰浆、尘土、油渍等已清洗干净。

2）基层表面明显凹凸处，应事先用 1∶3 水泥砂浆找平或剔平。不同材料的基层表面相接处，已先铺钉金属网。

3）为使基层能与找平层黏结牢固，已在抹找平层前先洒聚合水泥浆（108 胶∶水＝1∶4 的胶水拌水泥）处理。

4）基层加气混凝土，清洁基层表面后已刷 108 胶水溶液一遍，并满钉镀锌机织钢丝网（孔径 32mm×32mm，丝径 0.7mm，φ6 扒钉，钉距纵横不大于 600mm），再抹 1∶1∶4 水泥混合砂浆黏结层及 1∶2.5 水泥砂浆找平层。

（2）排砖、弹线分格

对于外墙面砖应根据设计图纸尺寸，进行排砖分格并要绘制大样图，一般要求水平缝应与窗台等齐平；竖向要求阳角及窗口处都是整砖，分格按整块分均，并根据已确定的缝大小做分格条和划出皮数杆。对窗心墙、墙垛等处理要事先测好中心线、水平分格线，阴阳角垂直线。

根据砖排列方法和砖缝大小不同划分，常见的几种排砖法有错缝、通缝、竖通缝、横通缝。

阳角处的面砖应是整砖，且正立面整砖。

突出墙面的部位，如窗台、腰线阳角及滴水线等部位粘贴面砖时，除滴水线度符合设计要求外，应采取顶面砖压立面砖的做法，防止向内渗水，引起空鼓，同时还应采取立面中最下一批立面砖下口应低于底面砖 4～6mm 的做法，使其起到滴水线（槽）的作用，防止尿檐引起的污染。

（3）选砖、浸砖

镶贴前预先挑选颜色、规格一致的砖，然后浸泡 2h 以上，取出阴干备用。

（4）做灰饼

用面转做灰饼，找出墙面、柱面、门窗套等横竖标准，阳角处要双面排直，灰饼间距不应大于 1.5m。

（5）镶贴

粘贴时，在面砖背面满铺黏结砂浆。粘贴后，用小铲柄轻轻敲击，使之与基层粘牢，随时用靠尺找平找方。贴完一皮后须将砖上口灰刮平，每日下班前必须清理干净。

（6）分格条处理

分格条在使用前应用水浸泡，以防胀缩变形。在粘贴面砖次日（或当日）取出，起条应轻巧，避免碰动面砖。在完成一个流水段后，用 1∶1 水泥细砂浆勾缝，凹进深度为 3mm。

（7）细部处理

在与抹灰交接的门窗套、窗心墙、柱子等处，应先抹好底子灰，然后镶贴面砖。罩面灰可在面砖镶贴后进行。面砖与抹灰交接处做法可按设计要求处理。

（8）勾缝

墙面釉面砖用白色水泥浆擦缝，用布将缝内的素浆擦匀。

（9）擦洗

勾缝后用抹布将砖面擦净。如砖面污染严重，可用稀盐酸洗后用清水冲洗干净。整个工程完工后，应加强养护。

夏期镶贴室外饰面板（砖）应防止曝晒；冬期施工，砂浆使用温度不低于 5℃，砂浆硬化前，应采用取防冻措施，外墙贴面砖构造做法如图 5.1 所示。

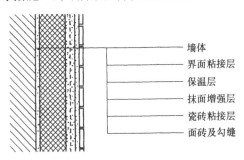

墙体
界面粘接层
保温层
抹面增强层
瓷砖粘接层
面砖及勾缝

图 5.1 外墙贴面砖构造做法

5.1.3 质量标准

1. 主控项目

1）饰面砖的品种、规格、颜色和性能应符合设计要求。

检验方法：观察；检查产品合格证书、进场验收记录，性能检测报告和复验报告。

2）饰面砖粘贴工程的找平、防水、黏结和勾缝材料及施工方法应符合设计要求及国家现行产品标准和工程技术标准的规定。

检验方法：检查产品合格证书、复验报告和隐蔽工程验收记录。

3）饰面砖粘贴必须牢固。

检验方法：检查样板件黏结强度检测报告和施工记录。

4）满粘法施工的饰面砖工程应无空鼓、裂缝。

检验方法：观察；用小锤轻击检查。

2. 一般项目

1）饰面砖表面应平整、洁净、色泽一致，无裂痕和缺损。

检验方法：观察。

2）阴阳角处搭接方式、非整砖使用部位应符合设计要求。

检验方法：观察。

3）墙面突出物周围的饰面砖套割吻合，边缘应整齐。墙裙、贴脸突出墙面的厚度应一致。

检验方法：观察；尺量检查。

4）饰面砖接缝应平直、光滑，填嵌应连续、密实；宽度和深度应符合设计要求。

检验方法：观察；尺量检查。

5）有排水要求的部位应做滴水线（槽）。滴水线（槽）应顺直，流水坡向应正确，坡度应符合设计要求。

检验方法：观察；用水平尺检查。

6）外墙饰面砖粘贴的允许偏差和检验方法应符合表 5.1 的规定。

表 5.1　外墙饰面砖粘贴的允许偏差和检验方法

项目	允许偏差（mm）	检验方法
	外墙面砖	
立面垂直度	3	用 2m 垂直检测尺检查
表面平整度	4	用 2m 靠尺和塞尺检查
阴阳角方正	3	用直角检测尺检查
接缝直线度	3	拉 5m 线，不足 5m 拉通线，用钢直尺检查
接缝高低差	1	用钢直尺和塞尺检查
接缝宽度	1	用钢直尺检查

3. 成品保护

1）提前做好水、电、通风、设备安装作业工作，以防止损坏墙面砖。

2）拆脚手架时，要注意不要碰坏墙面。

3）防止污染，残留在门窗框上的水泥砂浆应及时清理干净，门窗口处应设防护措施，铝合金门窗框塑料膜保护好。

4）各抹灰层在凝固前，应有防风、防晒、防水冲和振动的措施，以保证各层黏结牢固及有足够的强度。

5）防止水泥浆，石灰浆、涂料、颜料、油漆等液体污染饰面砖墙面，也要教育施工人员注意不要在已做好的饰面砖墙面上乱写乱画或脚蹬、手摸等，以免造成污染墙面。

4. 应注意的质量、环境和职业健康安全问题

（1）应注意的质量问题

1）防止脱落、空鼓和裂缝。施工时，基层必须清理干净，表面修补平整，墙面洒水湿透。釉面砖使用前，必须用水浸泡不少于 2h，取出晾干，方可粘贴。釉面砖黏结砂浆过厚或过薄均易产生空鼓，厚度一般控制在 7～10mm。必要时掺入水泥质量 3% 的108 胶，提高黏结砂浆的和易性和保水性；黏结釉面砖时用灰匙木柄轻轻敲击砖面，使其与底层黏结密实牢固，黏结不密实时，应取下重贴。冬期施工时，应做好防冻保暖措施，以确保砂浆不受冻。

2）防止接缝不平直，缝宽不均匀。施工前认真挑选釉面砖，剔出有缺陷的釉面砖。同一面墙上应用同一尺寸釉面砖，以做到接缝均匀一致。粘贴前做好规矩，用釉面砖贴灰饼，划出标准，阳角处要两面抹直。每贴好一行釉面砖，应及时用靠尺板横、竖向靠直，偏差处用灰匙木柄轻轻敲平，及时校正横、竖缝平直。

3）勾缝或擦缝后，应及时用抹布或棉纱擦净面砖表面砂浆、涂料等。

4）夏期镶贴外墙面饰面砖时，应搭设通风凉棚防止曝晒及采取其他可靠有效的措施。

5）冬期施工时，砂浆使用温度不得低于 5℃，砂浆硬化前应采取防冻保暖措施。用冻结法砌筑的墙，应待解冻后再行抹灰。

（2）应注意的环境问题

1）施工现场应做到活完脚下清。清扫时应洒水湿润，避免扬尘。废料、垃圾及时清理干净，装袋运至指定堆放地点。

2）面砖裁切和使用其他噪声较大的机具时，应尽量采用湿切法，防止噪声污染、扰民。

3）废弃物应按环保要求分类堆放并及时消纳。

（3）应注意的职业健康安全问题

1）脚手架必须按有关要求搭设牢固。

2）垂直运输工具如吊篮、外用电梯等，必须在安装后经有关部门检查坚定合格后才能启用。

3）电器机具必须设置安全防护装置，电动机具应定期检验、保养。

4）进入现场必须戴安全帽，高空作业必须系安全带；二层以上外脚手架必须设置安全网。

5）交叉作业通道应搭设护棚。洞口、电梯井、楼梯间未安栏杆处等危险口，必须设置盖板、围栏、安全网等。

6）作业时，不得从高处往下乱扔东西，脚手架上不得集中堆放材料；操作用工具应搁置稳当，以防坠下伤人。

5. 质量记录

1）水泥的出厂合格证及复试报告。

2）面砖的产品质量合格证、性能及环保检测报告进场检验记录。

3）面砖黏结强度检测报告。

4）基层处理施工隐检记录。

5）检验批质量验收记录。

6）分项工程质量验收记录。

任务5.2 内墙贴面砖

5.2.1 施工准备

1. 材料

1）面砖：面砖应采用合格品，其表面应光洁、方正、平整、质地坚硬、品种规格、尺寸、色泽、图案及各项性能指标必须符合设计要求。并应有产品质量合格证明和近期质量检测报告。

2）水泥：32.5 或 42.5 普通硅酸盐或矿渣硅酸水泥及 32.5 以上的白水泥，并符合设计和规范质量标准的要求。应有出厂合格证及复验合格试单，出厂日期超过三个月而且水泥结有小块的不得使用。

3）砂子：中砂，含泥量不大于 3%，颗粒坚硬、干净、过筛。

4）石灰膏：用块状生石灰淋制，必须用孔径不大于 3mm×3mm 的筛网过滤，并贮存在沉淀池中熟化，常温下一般不少于 15d；用于罩面灰，熟化时间不应小于 30d。使用时，石灰膏内不得有未熟化的颗粒和其他杂质。

2. 主要机具

砂浆搅拌机、切割机、云石机、手电钻、冲击电钻、橡皮锤、铁铲、灰桶、铁抹子、靠尺、塞尺、托线板、水平尺等。

3. 作业条件

1）墙顶抹灰完毕，已做好墙面防水层、保护层和底面防水层、混凝土垫层。

2）已完成了内隔墙，水电管线已安装，堵实抹平脚手眼和管洞等。

3）门、窗扇，已按设计及规范要求堵塞门窗框与洞口缝隙。铝合金门窗框已做好保护（一般采用塑料薄膜保护）。

4）脸盆架、镜钩、管卡、水箱等已埋设好防腐木砖，位置要准确。

5）弹出墙面上＋50cm 水平基准线。

6）搭设双排脚手架或搭高马凳，横竖杆或马凳端头应离开窗口角和墙面 150～200mm 距离，架子步高和马凳高、长度应符合使用要求。

5.2.2 操作工艺

1. 施工程序

1）施工流程：基层处理、抹底子灰→排砖弹线→选砖、浸砖→镶砖釉面砖→擦缝

→清理。

2）镶贴顺序：先墙面，后地面。墙面由下往上分层粘贴，先粘墙面砖，后粘阴角及阳角，其次粘压顶，最后粘底座阴角。

2. 操作要点

（1）基层处理

1）光滑的基层表面已凿毛，其深度为 0.5mm～1.5cm，间距 3cm 左右。基层表面残存的灰浆、灰尘、油渍等已清洗干净。

2）基层表面明显凹凸处，应事先用 1:3 水泥砂浆找平或剔平。不同材料的基层表面相接处，已先铺钉金属网。

3）为使基层与找平层粘贴牢固，已在抹找平层前先洒聚合水泥浆（108 胶:水＝1:4 的胶水拌水泥）处理。

4）基层加气混凝土，清洁基层表面后已刷 108 胶水溶液一遍，并满钉锌机织钢丝网（孔径 32mm×32mm，丝径 0.7mm，φ6 扒钉，钉距纵横不大于 600mm），再抹1:1:4 水泥混合砂浆黏结层及 1:2.5 水泥砂浆找平层。

（2）预排

饰面砖镶贴前应预排。预排要注意同一墙面的横竖排列，均不得有一行以上的非整砖。非整砖行应排在次要部位或阴角处，排砖时可用调整砖缝宽度的方法解决。在管线、灯具、卫生设备支承等部位，应用整砖套割吻合，不得用非整砖拼凑镶贴，以保证饰面的美观。

釉面砖的排列方法有"直线"排列和"错缝"排列两种。

（3）弹线

依照室内标准水平线，找出地面标高，按贴砖的面积，计算纵横的皮数，用水平尺找平，并弹出釉面砖的水平和垂直控制线。如用阴阳三角镶边时，则将镶边位置预先分配好。横向不足整块的部分，留在最下一皮于地面连接处。

（4）做灰饼、标志

为了控制整个镶贴釉面砖表面平整度，正式镶贴前，在墙上粘废釉面砖作为标志块，上下用托线板挂直，作为粘贴厚度的依据，横镶每隔 15m 左右做一个标志块，用拉线或靠尺校正平整度。在门洞口或阳角处，如有阴三角镶过时，则应将尺寸留出先铺贴一侧的墙面，并用托线板校正靠直。如无镶边，应双面挂直。

（5）浸砖和湿润墙面

釉面砖粘贴前应放入清水中浸泡 2h 以上，然后取出晾干，至手按砖背无水迹时方可粘贴。

（6）镶贴釉面砖

1）配制粘贴砂浆。水泥砂浆：以配比为 1:2（体积比）水泥砂浆为宜。

水泥石灰砂浆：在 1:2（体积比）的水泥砂浆中加入少量石灰膏，以增加黏结砂浆的保水性和易性。

聚合物水泥砂浆：在 1:2（体积比）的水泥砂浆中掺入约为水泥量 2%～3%的 108

胶（108 胶掺量不可盲目增大，否则会降低粘贴层的强度），以使砂浆有较好的和易性和保水性。

2）大面镶粘。在釉面砖背面满抹灰浆，四周刮成斜面，厚度 5mm 左右，注意边角满浆。贴于墙面的釉面砖就位后应用力按压，并用灰铲木柄轻击砖面，使釉面砖紧密粘于墙面。

铺贴完整行的釉面砖后，再用长靠尺横向校正一次。对高于标志块的应轻轻敲击，使其平整；若低于标志（即亏灰）时，应取下釉面砖，重新抹满刀灰铺贴，不得在砖口处塞灰，否则会产生空鼓。然后依次按以上方法往上铺贴。

3）细部处理。在有洗脸盆、镜箱、肥皂盒等的墙面，应按脸盆下水管部位分中，往两边排砖。肥皂盒可按预定尺寸和砖数排砖。

（7）勾缝

墙面釉面砖用白色水泥浆擦缝，用布将缝内的素浆擦匀。

（8）擦洗

勾缝后用抹布将砖面擦净。如砖面污染严重，可用稀盐酸清洗后用清水冲洗干净。

5.2.3 质量标准

1. 主控项目

1）饰面砖的品种、规格、颜色和性能应符合设计要求。

检验方法：观察；检查产品合格证书、进场验收记录、性能检测报告和复验报告。

2）饰面砖粘贴工程的找平、防水、黏结和勾缝材料及施工方法应符合设计要求及国家现行产品标准和工程技术标准的规定。

检验方法：检查产品合格证书、复验报告和隐蔽工程验收记录。

3）饰面砖粘贴必须牢固。

检验方法：检查样板黏结强度检测报告和施工记录。

4）满粘法施工的饰面砖工程应无空鼓、裂缝。

检验方法：观察；用小锤轻击检查。

2. 一般项目

1）饰面砖表面应平整、洁净、色泽一致，无裂痕和缺损。

检验方法：观察。

2）阴阳角处搭接方式、非整砖使用部位应符合设计要求。

检验方法：观察。

3）墙面突出物周围的饰面砖套割吻合，边缘应整齐。墙裙、贴脸突出墙面的厚度应一致。

检验方法：观察；尺量检查。

4）饰面砖接缝应平直、光滑、填嵌应连续、密实；宽度和深度应符合设计要求。

检验方法：观察；尺量检查。

5）饰面砖粘贴的允许偏差和检验方法应符合表 5.2 的规定。

表 5.2　内墙饰面砖粘贴的允许偏差和检验方法

项目	允许偏差（mm）	检验方法
	内墙面砖	
立面垂直度	2	用 2m 垂直检测尺检查
表面平整度	3	用 2m 靠尺和塞尺检查
阴阳角方正	3	用直角检测尺检查
接缝直线度	2	拉 5m 线，不足 5m 拉通线，用钢直尺检查
接缝高低差	0.5	用钢直尺和塞尺检查
接缝宽度	1	用钢直尺检查

3. 成品保护

1）拆脚手架时，要注意不要碰坏墙面。

2）残留在门窗框上的水泥砂浆应及时清理干净，门窗口出应设防护措施，铝合金门窗框应用塑料膜保护好，防止污染。

3）提前做好水、电、通风、设备安装作业工作，以防止损坏墙面砖。

4）各抹灰层在凝固前，应有防风、防晒、防水冲和振动的措施，以保证各层黏结牢固及有足够的强度。

5）防止水泥浆、石灰浆、涂料、颜料、油漆等液体污染饰面砖墙面，也要教育施工人员注意不要在已做好的饰面砖墙面上乱写乱画或脚蹬、手摸等，以免造成污染墙面。

4. 应注意的质量、环境和职业健康安全问题

（1）应注意的质量问题

1）施工前认真挑选釉面砖，剔出有缺陷的釉面砖。同一面墙上应用同一尺寸釉面砖，以做到接缝均匀一致。

2）基层必须清理干净，表面修补平整，墙面洒水湿透。

3）粘贴前做好规矩，用釉面砖贴灰饼，划出标准，阳角处要两面抹直。

4）釉面砖使用前，必须用水浸泡不少于 2h，取出晾干，方可粘贴。

5）釉面砖黏结砂浆过厚或过薄均易产生空鼓，厚度一般控制在 7～10mm。必要时掺入水泥质量 3% 的 108 胶，提高黏结砂浆的和易性和保水性；黏结釉面砖时用灰匙木柄轻轻敲击砖面，使其与底层黏结密实牢固，黏结不密实时，应取下重贴。冬期施工时，应做好防冻保暖措施，以确保砂浆不受冻。

6）每贴好一行釉面砖，应及时用靠尺板横、竖向靠直，偏差处用灰匙木柄轻轻敲平，及时校正横、竖缝平直。

7）勾缝或擦缝后，应及时用抹布或棉纱面砖表面砂浆，涂料等。

（2）应注意的环境问题

1）施工现场应做到活完脚下清。清扫时应洒水湿润，避免扬尘。废料、垃圾及时清理干净，装袋运至制定堆放地点。

2）面砖裁切和使用其他噪声较大的机具时，应尽量采用湿切法，防止噪声污染、扰民。

3）废弃物应按环保要求分类堆放并及时消纳。

（3）应注意的职业健康安全问题

1）移动式操作平台应按相应规定进行设计，台面满铺木板，四周按临边作业要求设防护栏杆、并安登高爬梯。

2）凳上操作时，单凳只准站一人、双凳间距不超过 2m，准站二人，脚手上下不准放灰桶。

3）梯子不得缺档，不得垫高，横档间距以 30cm 为易，梯子底部绑防滑垫；人字梯两梯交角为 60°为易，两梯间要拉牢。

4）电器机具必须专人负责，电动据必须有安全可靠的接地装置，电器机具必须设置安全防护装置。

5）电动机具应按期检查、保养。

6）现场临时用电线，不允许架设在钢管脚手土。

5. 质量记录

1）水泥的出厂合格证及复试报告。

2）面砖的产品质量合格证、性能及环保检测报告进场检验记录。

3）基层处理施工隐检记录。

4）检验批质量验收记录。

5）分项工程质量验收记录。

任务5.3 墙面贴陶瓷锦砖

5.3.1 施工准备

1. 材料

1）陶瓷锦砖，应表面平整，颜色一致，每张长宽规格一致，尺寸正确，边棱整齐。锦砖脱纸时间不得大于 40min。

2）水泥。强度等级为 32.5 的普通硅酸盐水泥和白色硅酸盐水泥，其水泥强度、水泥安定性、凝结时间取样复验应合格，无结块现象。

3）石灰膏。合格品，应熟化 15～20d，无杂质。

4）砂。中砂或粗砂，含泥量应不大于 3%，过筛；细砂（用于干缝洒灰润湿法），含泥量应小于 3%，过窗纱筛。

2. 主要机具

砂浆搅拌机、手提石材切割机、灰匙、木抹子、托线板、钢开刀、小木锤、喷壶、墨斗线、水平尺、方尺、橡皮刮板等。

3. 作业条件

1）主体结构施工已完，并通过了验收。

2）墙面基层已清理干净，脚手眼已堵好。

3）墙面预留孔及排水管已处理完毕，门窗框已固定好，框与洞口周边缝隙用聚氨酯泡沫堵塞好。门窗框扇贴好了保护膜。

4）双排脚手架已搭设，并已检查验收。

5.3.2 操作工艺

1. 操作程序

基层处理→找平层抹灰→弹水平及竖向分格缝→陶瓷锦砖括浆→铺贴陶瓷锦砖→拍板赶缝→湿纸→揭纸→检查调整→擦缝→清洗→喷水养护。

2. 操作要点

（1）基层处理

1）砖墙面。抹底子灰前将墙面清扫干净，检查处理好窗台和窗套、腰线等损坏和松动部位，浇水湿润墙面。

2）混凝土墙面。将墙面的松散混凝土、砂浆杂物清除干净，凸起部位应凿平。光滑墙面要用打毛机进行毛化处理。墙面浇水润湿后，用 1∶1 水泥砂浆（内掺水泥重量 3%～5%的 108 胶）刮 2～3mm 厚腻子灰一遍，或甩水泥细砂砂浆，以增加黏结力。

（2）找平层抹灰

1）砖墙面。墙面湿水后，用 1∶3 水泥砂浆（体积比）分层打底作找平层，厚度 12～15mm，按冲筋抹平。随后用木抹子搓毛，干燥天气应洒水养护。如为加气混凝土块，抹底层砂浆前墙面应洒水刷一道界面处理剂，随刷随抹。

2）混凝土面。在墙面洒水刷一道界面处理剂，分层抹 1∶2.5 水泥砂浆（体积比）找平层，厚度为 10～12mm，平冲筋面。如厚度超过 12mm，应采取钉网格加强措施分层抹压，表面要搓毛并洒水养护。

（3）弹线

弹线之前应进行选砖、排砖（排版）。分格必须依照建筑施工图横竖装饰线，在门窗洞、窗台、挑檐、腰线等部位进行全面安排。分格之横缝应与窗台、门窗相平，竖向分格线要求在阳台及窗口边都为整联排列。弹线应在找平层完成并经检查达到合格标准后进行，先按排砖大样，弹出墙面阳角垂线与镶贴上口水平线（两条基线），再按每联锦砖一道弹出水平分格线；按每联或 2～3 联锦砖一道弹出垂直分格线。

（4）粘贴

粘贴陶瓷锦砖时，一般自上而下进行。在抹黏结层之前，应在湿润的找平层上刷素水泥浆一遍，抹 3mm 厚 1∶1∶2 纸筋石灰膏水泥混合浆黏结层。待黏结层用手按压无坑印即在其上弹线分格。同时，将每联陶瓷锦砖铺在木板上（底面朝上），用湿棉纱将锦砖黏结面擦拭干净，再用小刷蘸清水刷一道，随即在锦砖粘贴面刮一层 2mm 厚的水泥浆，边刮边用铁抹子向下挤压，并轻敲木板振捣，使水泥浆充盈拼缝内，排出气泡。水泥浆的水灰比应控制在 0.3～0.35 之间。然后，在黏结层上刷水、润湿，将锦砖按线、靠尺粘贴在墙面上，并用木锤轻轻拍敲按压，使其粘牢。

（5）揭纸、调整

锦砖应按缝对齐，联与联之间的距离应与每联排缝一致，再将硬木板放在已贴好的锦砖纸面上，用小木锤敲击硬木板，逐联满敲一遍，保证贴面平整。待黏结层开始凝固（一般 1～2h）即可在锦砖护面纸上用软毛刷刷水浸润。护面纸吸水泡开后便可揭纸。揭纸应先试揭。揭纸应仔细按顺序用力向下揭，切忌往外猛揭。

揭纸后如有个别小块粒掉下应立即补上。如果发现"跳块"或"瞎缝"，应及时用钢刀拨开复位，使缝隙横平、竖直，填缝后，再垫木拍板将砖面拍实一遍，以增加黏结。此项工作须在水泥初凝前做完。

（6）擦缝、清洗

擦缝应先用橡皮刮板，用与镶贴时同品种、同颜色、同稠度的素水泥浆在锦砖上满刮一遍，个别部位尚须用棉纱头蘸浆嵌补。擦缝后素浆严重污染了锦砖表面，必须及时清理清洗。清洗墙面应在锦砖黏结层和勾缝砂浆终凝后进行。

5.3.3 质量标准

1. 主控项目

1）锦砖的品种、规格、颜色和性能应符合设计要求。

检验方法：观察；检查产品合格证书、进场验收记录、性能检测报告和复验报告。

2）锦砖粘贴工程的找平、防水、黏结和勾缝材料及施工方法应符合设计要求及国家现行产品标准和工程技术标准的规定。

检验方法：检查产品合格证书、复验报告和隐蔽工程验收记录。

3）锦砖粘贴必须牢固。

检验方法：检查样板件黏结强度检测报告和施工记录。

4）满粘法施工的锦砖工程应无空鼓、裂缝。

检验方法：观察；用小锤轻击检查。

2. 一般项目

1）锦砖表面应平整、洁净，色泽一致，无裂痕和缺损。

检验方法：观察。

2）阴阳角处搭接方式、非整砖使用部位应符合设计要求。

检验方法：观察。

3）墙面突出物周围的锦砖应整砖套割吻合，边缘应整齐。墙裙、贴脸突出墙面的厚度应一致。

检验方法：观察；尺量检查。

4）锦砖接缝应平直、光滑，填嵌应连续、密实，宽度和深度应符合设计要求。

检验方法：观察；尺量检查。

5）有排水要求的部位应做滴水线（槽）。滴水线（槽）应顺直，流水坡向应正确，坡度应符合设计要求。

检验方法：观察；用水平尺检查。

6）外墙锦砖粘贴的允许偏差和检验方法应符合表 5.3 的规定。

表 5.3 外墙锦砖粘贴的允许偏差和检验方法

项目	允许偏差（mm）外墙面砖	检验方法
立面垂直度	3	用 2m 垂直检测尺检查
表面平整度	4	用 2m 靠尺和塞尺检查
阴阳角方正	3	用直角检测尺检查
接缝直线度	3	拉 5m 线，不足 5m 拉通线，用钢直尺检查
接缝高低差	1	用钢直尺和塞尺检查
接缝宽度	1	用钢直尺检查

3. 成品保护

1）排水管应先安装好，以防损坏墙面。

2）门窗框扇应包塑料膜。铝合金门窗的保护膜要保存好。

3）操作人员不得在门窗洞口进出，更不得在门窗洞口传送物料，以防损坏门窗。

4）各抹灰层和饰面层凝固前，应有防曝晒、防水冲、防振动等措施。

5）拆除脚手架时，防止碰损墙面。

6）屋面施工应有防止物料污染墙面的措施；严禁从室内向外倾倒垃圾。

4. 应注意的质量、环境和职业健康安全问题

（1）应注意的质量问题

1）锦砖进场后应开箱检查，会同监理方进行质量和数量验收。

2）锦砖施工必须排版，并绘制施工大样图。按图选好砖，裁好分格缝锦砖条，编上号，便于粘贴时对号入座。

3）按施工大样图，对窗间墙、墙垛等处先测好中心线，水平线和阴阳角垂直线，贴好灰饼。防止窗口、窗台、腰线、墙垛、阳台等部位发生分格缝不匀或阴阳角不够整片等现象。

4）镶贴水泥砂浆中，应掺入水泥质量 3%～5%的 108 胶，以改善砂浆和易性和保水性延缓凝固时间，增加黏结强度，便于操作。

5）粘贴窗上口滴水线时，不得妨碍窗扇的启闭。窗台板必须低于窗框，便于排水。

6）分格条的大缝应用 1∶1 水泥细砂浆勾缝。

7）用 10%稀盐酸溶液清洗饰面后，应随即用清水将盐酸溶液冲洗干净，使表面洁净发亮。

8）抗震缝、伸缩缝、沉降缝等部位的饰面应按设计规定处理。

（2）应注意的环境问题

1）施工现场应做到活完脚下清。清扫时应洒水湿润，避免扬尘。废料、垃圾及时清理干净，装袋运至指定堆放地点。

2）施工区操作人员应做好封闭，采取必要措施降低噪声污染扰民。

3）废弃物应按环保要求分类堆放并及时消纳。

（3）应注意的职业健康安全问题

1）脚手架搭设后，必须经安检员验收合格后才能使用。每天上班前，应检查脚手架的牢固程度。

2）采用吊篮施工，其吊具及悬挑结构，必须经安检人员检查验收合格后才能使用。使用前，应检查各个机件的安全度，以消除隐患。

3）安全网应按安全规范设置，挂网应牢固。

4）操作人员入现场应戴安全帽。高空作业，必须系安全带，不得在高空乱扔物料。

5）楼梯间、电梯井、通道口和预留口应搭设护栏。

6）现场禁止吸烟。

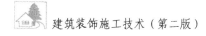

7）电动机具应持证使用。

5. 质量记录

1）水泥的出厂合格证及复试报告。

2）陶瓷锦砖的出厂合格证及吸水率、冻融试验报告和进厂检验报告。

3）界面剂的产品质量合格证、性能检测报告和环保检测报告。

4）基层处理施工隐检记录。

5）陶瓷锦砖粘贴强度检测（拉拔试验）报告。

6）检验批质量验收记录。

7）分项工程质量验收记录。

任务5.4　金属饰面板

5.4.1　施工标准

1. 主料

板材的品种、规格、颜色以及防火、防腐处理应符合设计要求，应具有产品出厂合格证和材料检测报告。

2. 辅料

1）龙骨：应根据设计要求确定龙骨的材质、规格、型号。龙骨应具有产品出厂合格证和材料检验报告，有复试要求的材料，还应具有复试报告。膨胀螺栓、铁垫板、垫圈、螺栓、各附件、配件的质量符合设计要求。

2）嵌缝材料：嵌缝材料的种类应符合设计要求，必须具有产品合格证和材料检测报告，同时其技术性能应符合现行国家标准的规定。并应有相容性试验报告。

3. 主要机具

折板机、剪板机、刨槽机、手电钻、切割机、冲击钻、电焊机、圆形锯、直线锯。

4. 作业条件

1）主体结构施工验收合格，门、窗框已安装完成，各种专业管线已安装完成，基层处理完成并通过隐蔽验收。

2）饰面板及骨架材料已进场，经检验其质量、规格、品种、数量、力学性能和物理性能符合设计要求和国家现行有关标准。

3）其他配套材料进场，并经检验复试合格。

4）施工所需的脚手架已经搭设完，垂直运输设备已安装好，符合使用要求和安全规定，并经检验合格。

5）水平标高控制点（线）测设完毕，经预检合格办理完交接手续。

6）现场材料库房及加工场地准备好，板材加工平台及加工机械设备已安装调试完毕。

7）熟悉施工图纸及设计说明，根据现场施工条件进行必要的测量放线，对各个标高、各种洞口的尺寸、位置进行校核。

8）施工前按照大样图进行样板间（段）施工。样板间（段）经设计、监理、建设单位检验合格并签认。对操作人员进行安全技术交底。

5.4.2 操作工艺

1. 施工工艺流程

放线→饰面板加工→埋件安装→骨架安装→骨架防腐→保温、吸音层安装→金属饰面板安装→板缝打胶→板面清洁。

2. 操作方法

（1）放线

根据设计图和建筑物轴线、水平标高控制线，弹垂直线、水平线、标高控制线。然后根据深化设计的排版、骨架大样图测设墙、柱面上的饰面板安装位置线、顶棚标高线、门洞口尺寸线、龙骨安装位置线。

（2）饰面板加工

根据设计图纸和深化设计排版图的要求，对板材进行加工，并根据需求进行固定边角、安装插挂件或安装加强肋。

（3）埋件安装

1）混凝土墙、柱上埋件安装：按已测量弹好的墙、柱面板安装面层线和排版图尺寸，在混凝土墙上的相应位置处，用冲击钻钻孔，安放膨胀螺栓，固定角钢连接件。

2）一般结构墙上埋件安装：基体为陶粒砖墙或其他二次结构墙时，如墙面有预埋钢筋，则用 $\phi 10$ 钢筋通长横向布置，与预埋钢筋焊接成一体，作为竖向龙骨的连接件。如墙面无预埋钢筋，将陶粒砖剔开一个洞，用 C20 混凝土将预埋钢板浇筑埋入，作为竖向龙骨的连接件。混凝土达到一定强度后，在预埋钢板上焊角钢连接件。

（4）骨架安装

墙、柱面骨架安装：将竖向龙骨置于埋好的墙面连接件中，根据饰面板块厚度和弹好的成活面层控制线调整位置，并用 2m 拖线板靠吊垂直后，用螺栓固定。在竖向龙骨安装检验完毕后，按板块高度尺寸安装水平龙骨，并与竖向龙骨焊成同一平面。

（5）骨架防腐

金属骨架均应有防腐涂层，所有焊接和防腐涂层被破坏部位应涂刷两道防锈漆，并办理隐蔽工程验收，经监理单位检验验收签认后，方可进行下道工序。

（6）金属饰面板安装

墙、柱面饰面板安装前，操作人员应戴干净手套防止污染板面和划伤手臂。安装时应先下后上，从一端向另一端，逐步进行。具体施工如下：

1）按排版图划出龙骨上插件的安装位置，用自攻螺钉将插挂件固定于龙骨上，并确保龙骨与版上插挂件的位置吻合，固定牢固。

2）龙骨插件安装完毕后，全面检验固定的牢固性及龙骨整体垂直度、平整度。并检验、修补防腐，对金属件及破损的防腐涂层补刷防锈漆。

3）金属饰面板安装过程中，板块缝之间塞填同等厚度的铝垫片保证缝隙宽度均匀一致。并应采用边安装、边调整垂直度、水平度、接缝宽度和临板高低差，以保证整体施工质量。

4）对于小面积的金属饰面板墙面可采取胶粘法施工，胶粘法施工时可采用木质骨架。先在木骨架固定一层细木工板，以保证墙面的平整度与刚度，然后用建筑胶直接将金属饰面板粘贴在细木工板上。粘贴时建筑胶直接将金属饰面板粘贴在细木工板上。建筑胶应涂抹均匀，使饰面板黏结牢固。

（7）板缝打胶

金属饰面板全部装完后，在板缝内填塞泡沫棒，胶缝两边粘好胶纸，然后用硅酮耐候密封胶封闭。

（8）板面清洁

在拆架子之前将保护膜撕掉，用脱胶剂清除胶痕并用中性清洗剂清洁板面。

5.4.3 质量标准

1. 主控项目

1）金属饰面板的品种、规格、颜色、应符合设计要求，木龙骨的燃烧性能等级应符合设计要求。

检验方法：观察；检查产品合格证书、进场验收记录和性能检测报告。

2）金属饰面板孔、槽数量、位置和尺寸符合设计要求。

检验方法：检查进场验收记录和施工记录。

3）金属饰面板安装工程预埋件或后置埋件、连接件的数量、规格、位置、连接方法和防腐处理必须符合设计要求。安装必须牢固。后置埋件的现场拉拔检测值必须符合设计要求。

检验方法：手扳检查；检查进场验收记录、现场拉拔检测报告、隐蔽工程验收记录和施工记录。

2. 一般项目

1）金属饰面板应平整、洁净、色泽一致，无划痕。

检验方法：观察。

2）金属饰面板嵌缝应密实、平直，宽度和深度应符合设计要求，嵌缝材料应色泽一致。

检验方法：观察；尺量检查。

3）金属饰面板上的孔洞套割吻合、边缘整齐。

检验方法：观察。

4）金属饰面安装的允许偏差和检验方法见表 5.4。

表 5.4　金属饰面安装的允许偏差和检验方法

项目	允许偏差（mm）	检验方法
立面垂直度	2.0	用 2m 垂直检测尺检查
表面平整度	3.0	用 2m 靠尺和塞尺检查

续表

项目	允许偏差（mm）	检验方法
阴阳角方正	3.0	用直角检测尺检查
接缝直线度	1.0	拉 5m 线，不足 5m 拉通线，用钢直尺检查
墙裙、勒脚上口直线度	2.0	拉 5m 线，不足 5m 拉通线，用钢直尺检查
接缝高低差	1.0	用钢板尺和塞尺检查
接缝宽度	1.0	用钢直尺检查

3. 成品保护

1）金属饰面板、骨架及其材料入场后，应存入库房内码防整齐，上面不得放置重物。露天存放应进行苫盖。保证各种材料不变形、不受潮、不生锈、不被污染、不脱色、不掉漆。

2）施工当中注意保护金属饰面板板面，防止意外碰撞、划伤、污染，通道部分的板面应及时用纤维板附贴进行防护（高度 2m），板外 0.5～1m 处设置护栏，并设专人保护。

3）金属饰面板安装区域有焊接作业时，需将板面进行有效覆盖。

4）加工、安装过程中，铝板保护膜如有脱落要及时补贴。加工操作台上需铺一层软垫，防止划伤金属饰面板。

5）金属饰面板安装施工时，对已施工完毕的地、顶、门窗等应进行保护，防止污染、损坏。

6）饰面板必须在墙柱内各专业管线安装完成，试水、保温等全部验收合格后再进行安装。

7）安装饰面板时，作业人员宜戴干净线手套，以防污染板面或板边划伤手。

4. 应注意的质量、环境和职业健康安全问题

（1）应注意的质量问题

1）在安装骨架连接件时，应做到定位准确、固定牢固，避免因骨架安装不平直、固定不牢固、引起板面不平整、接缝不齐平等问题。

2）嵌缝前应注意板缝清理干净，并保证干燥。板缝较深时应填充发泡材料棒（条），然后注胶，防止因板缝不洁净造成嵌缝胶开裂、雨水渗漏。

3）嵌注耐候密封胶时，注胶应连续、均匀、饱满，注胶完后应使用工具将胶表面刮平、刮光滑。避免出现胶缝不平直、不光滑、不密实现象。

4）金属饰面板排版分格布置时，应根据深化设计规格尺寸并与现场实际尺寸相符合，兼顾门、窗、设备、箱盒的位置，避免出现阴阳板、分格不均等现象，影响金属饰面板整体观感效果。

（2）应注意的环境问题

1）施工用的各种材料应符合现行国家标准《民用建筑工程室内环境污染控制规

范》（GB 50325—2010）的规定。工程中所有使用的胶黏剂、防腐涂料等，均应有环保检测报告。

2）施工现场必须做到活完脚下清。清扫时应洒水湿润，避免杨尘。废料及垃圾应及时清理分类装袋，集中堆放，定期消纳。

3）金属板切割和使用噪声打的机具时，应尽量进行围挡封闭，防止噪声污染、扰民。

（3）应注意的职业健康安全问题

1）施工中使用的电动工具及电气设备，均应符合国家现行标准的要求。

2）脚手架的搭设，应符合现行国家标准的要求。

3）施工中使用的工具（高梯、条凳等）、机具应符合相关规定要求，利于操作，确保安全。

4）电、气焊等特殊工种操作人员应持证上岗。并严格执行用火管理制度，预防各类火灾隐患。

5）大风、大雨等恶劣天气时，不得进行室外作业。

6）施工垃圾应装袋清运，严禁从架子上往下抛撒。

7）进入施工现场应戴安全帽，高空作业应系安全带。

8）金属饰面板加工安装用各种电动机具应先检查，并试运转合格后才能使用，操作人员必须持证上岗。

5. 质量记录

1）金属饰面板、骨架、连接件、嵌缝胶等材料的产品质量合格证、性能检测报告和进场检验记录。胶黏剂、嵌缝胶的环保检测和相容性试验报告。

2）骨架的隐检记录。

3）后置埋件现场拉拔检测报告。

4）检验批质量验收报告。

5）分项工程质量验收记录。

任务5.5 大理石、花岗石湿作业

5.5.1 施工准备

1. 材料

1）水泥：硅酸盐水泥、普通硅酸盐水泥或矿渣硅酸盐水泥其强度等级不低于32.5，严禁不同品种、不同强度等级的水泥混用。水泥进场有产品合格证和出厂检验报告，进场后应进行取样复试。当对水泥质量有怀疑或水泥出厂超过 3 个月时，在使用前应进行复试，并按复试结果使用。

2）白水泥：白色硅酸盐水泥强度等级不小于 32.5，其质量应符合现行国家标准的规定。

3）砂子：宜采用平均粒径为 0.35～0.5mm 的中砂，含泥量不大于 3%，使用前过筛，筛后保持洁净。

4）石材：石材的材质、品种、规格、颜色及花纹应符合设计要求。并应符合国家现行标准的规定，应有出厂合格证和性能检测报告。

天然大理石和花岗石的放射性指标限量应符合现行国家标准《民用建筑工程室内环境污染控制规范》（GB 50325—2010）的规定。

5）辅料：熟石膏、铜丝；与大理石或花岗石颜色接近的矿物颜米；胶黏剂和填塞饰面板缝隙的专用嵌缝棒（条），石材防护剂、石材胶黏剂。防腐涂料应有出厂合格证和使用说明，并应符合环保要求。各种胶应进行相容性试验。

2. 主要机具

石材切割机、砂轮切割机、云石机、磨光机、角磨机、冲击钻、电焊机、注胶枪、吸盘、射钉抢、铁抹子、钢尺、靠尺、方尺、塞尺、托线板、水平尺等。

3. 作业条件

1）主体结构施工完成并经检验合格，结构基层已经处理完成并验收合格。

2）石材已经进场，其质量、规格、品种、数量、力学性能和物理性能符合设计要求和国家现行标准，石材表面应涂刷防护剂。

3）其他配套材料已进场，并经检验复试合格。

4）墙、柱面上的各种专业管线、设备、预留预埋件已安装完成，经检验合格，并办理交接手续。

5）门、窗已安装完，各处水平标高控制线测设完毕，并预检合格。

6）施工所需的脚手架已经搭设完，垂直运输设备已安装好，符合使用要求和安全规定，并经检验合格。

7）施工现场所需的临时用水、用电、各种工、机具准备就绪。

8）熟悉施工图纸及设计说明，根据现场施工条件进行必要的测量放线，对各个标高、各种洞口的尺寸、位置进行校核。

9）施工前按大样图进行样板间（段）施工。样板间（段）经设计、监理、建设单位检验合格并签认。对操作人员进行安全、技术交底。

5.5.2 操作工艺

1. 施工工艺流程

弹线→试排试拼块材→石材钻孔、剔卧铜丝→穿铜丝→石材表面处理→绑焊钢筋网→安装石材板块→分层灌浆→擦缝、清理打蜡。

2. 工艺操作方法

（1）弹线

先将石材饰面的墙、柱面和门窗套从上至下找垂直弹线。并应考虑石材厚度、灌注砂浆的空隙和钢筋网所占的尺寸。找好垂直后，先在地、顶面上弹出石材安装外廓尺寸线（柱面和门窗套等同）。此线即为控制石材安装时外表面基准线。

（2）试排试拼块材

将石材摆放在光线好的平整地面上，调整石材的颜色、纹理，并注意同一立面不得有一排以上的非整块石材，且应将非整块石材放在较隐蔽的部位。然后在石材背面按两个排列方向统一编号，并按编号码放整齐。

（3）石材钻孔、剔卧铜丝

将已编好号的饰面板放在操作支架上，用钻在板材上、下两个侧边上钻孔。通常每个侧边打两个孔，当板材宽度较大时，应增加孔数，孔间距应不大于 600mm。钻孔后用云石机在板背面的垂直钻孔方向上切一道槽，并切透孔壁，与钻孔形成象鼻眼，以备埋卧铜丝。当饰面板规格较大，施工中下端不好绑铜丝时，可在未镶贴饰面板的一侧，用云石机在板上、下各开一槽，槽长约 30～40mm，槽深约 12mm 与饰面板背面打通。在板厚方向竖槽一般居中，亦可偏外，但不得损坏石材饰面和不造成石材表面泛碱，将铜丝卧入槽内，与钢筋网固定。

（4）穿铜丝

将直径不小于 1mm 的铜丝剪成长 200m 左右的段，铜丝一端从板后的槽孔穿进孔内，铜丝打回头后用胶黏剂固定牢固，另一端从板后的槽孔穿出，弯曲卧入槽内。铜丝穿好后石材板的上、下侧边不得有铜丝突出，以便和相邻石板接缝严密。

（5）石材表面处理

用石材防护剂对石材除正面外的五个面进行防止泛碱的防护处理，石材正面涂刷防污剂。

（6）绑焊钢筋网

墙（柱）面上，竖向钢筋与预埋筋焊牢（混凝土基层可用膨胀螺栓代替预埋筋），横向钢筋与竖筋绑扎牢固。横、竖筋的规格、布置间距应符合设计要求，并与石材板块规格相适宜，一般宜采用不小于 $\phi6$ 的钢筋。最下一道横筋宜设在地面以上 100mm 处，用于绑扎第一层板材的下端固定铜丝，第二道横筋绑在比石板上口低 20～30mm 处，以便绑扎第一层板材上口的固定铜丝。再向上即可按石材板块规格均匀布置。

（7）安装石材板块

按编号将石板就位，把石板下口铜丝绑扎在钢筋网上。然后把石板竖起立正，绑扎石板上口的铜丝，并用木楔垫稳。石材与基层墙柱面间的灌浆缝一般为 30～50mm。用检测尺进行检查，调整木楔，使石材表面平整、立面垂直，接缝均匀顺直。最后逐块从一个方向依次向另一个方向进行。第一层全部安装完毕后，检查垂直、水平、表面平整、阴阳角方正、上口平直，缝隙宽窄一致、均匀顺直，确认符合要求后，将石板临时粘贴固定。

（8）分层灌浆

将拌制好的 1∶2.5 水泥砂浆，倒入石材与基层墙柱面间的灌浆缝内，边灌边用钢筋棍插捣密实，并用橡皮锤轻轻敲击石板面，使砂浆内的气体排出。第一次浇高度一般为 150mm，但不得超过石板高度的 1/3。第一次灌入砂浆初凝（一般为 1～2h）后，应再进行一遍检查，检查合格后进行第二次灌浆。第二次灌浆高度一般 200～300mm 为宜，砂浆初凝后进行第三次灌浆，第三次灌浆至低于板上口 50～70mm 处。

（9）擦缝、清理打蜡

全部石板安装完毕后，清除表面和板缝内的临时固定石膏及多余砂浆，用麻布将石材板面擦洗干净，然后按设计要求嵌缝材料的品种、颜色、形式进行嵌缝，边嵌边擦，使缝隙密实、宽窄一致、均匀顺直、干净整齐、颜色协调。最后将大理石、花岗石进行打蜡。

3. 季节性施工

1）雨期施工时，室外施工应采取有效的防雨措施。室外焊接、灌浆和嵌缝不得冒雨进行作业，应有防止暴晒和雨水冲刷的可靠措施，以确保施工质量。

2）冬期施工时，基层处理、石材表面处理、嵌缝和灌浆施工，环境温度不宜低于5℃。灌缝砂浆应采取保温措施，砂浆的入模温度不宜低于 5℃，砂浆硬化期不得受冻。作业环境气温低于 5℃时，砂浆内可掺入不放碱的防冻外加剂，其掺量由试验确定。室内施工时应供暖，采用热空气加速干燥时，应设通风排湿设备。并应设专人进行测温，保温养护期一般为 7～9d。

5.5.3　质量标准

1. 主控项目

1）石材饰面板的品种、规格、颜色、图案和性能必须符合设计要求和国家环保规定，用于室内的石材，应进行放射性能指标复试。

检验方法：观察；检验产品合格证书、进场验收记录和性能检测报告。

2）石材饰面板孔、槽的数量、位置和尺寸应符合设计要求。

检验方法：检验进场验收记录和施工记录。

3）石材饰面板安装工程的预埋件（或后置埋件）和连接件的数量、规格、位置、连接方法和防腐处理必须符合设计要求。后置埋件的现场拉拔强度必须符合设计要求。饰面板安装必须牢固。

检验方法：手扳检查；检查进场验收记录、现场拉拔检测报告、隐蔽工程验收记录和施工记录。

4）石材面板的接缝、嵌缝做法应符合设计要求。

检验方法：观察；

5）石材饰面板的排列应符合设计要求，应尽量使饰面板排列合理、整齐、美观，非整块宜排在不明显处。

检验方法：观察。

2. 一般项目

1）石材饰面板表面平整、洁净、色泽一致，无裂痕和缺损。石材表面应无泛碱等污染。

检验方法：观察。

2）石材饰面板嵌缝应密实、平直、宽度和深度应符合设计要求，嵌填材料色泽应一致。

检验方法：观察；尺量检查。

3）石材饰面板上的孔洞应套割吻合，边缘应整齐。

检验方法：观察。

4）石材饰面板应进行防碱背涂处理。石材与基体间的灌注材料应饱满、密实。

检验方法：用小锤轻击检查、检查施工记录。

5）石材饰面板安装的允许偏差和检验方法见表 5.5。

表 5.5　室内、外墙面石材湿贴允许偏差和检验方法

项目	允许偏差（mm）		检验方法
	光面	粗面	
立面垂直度	2.0	3.0	用 2m 垂直检测尺检查
表面平整度	2.0	3.0	用 2m 靠尺和塞尺检查
阴阳角方正	2.0	4.0	用直角检测尺检查
接缝平直度	2.0	4.0	拉 5m 线，不足 5m 拉通线，用钢直尺检查
墙裙上口平直	2.0	3.0	拉 5m 线，不足 5m 拉通线，用钢直尺检查
接缝高低	0.5	3.0	用钢板短尺和塞尺检查
接缝宽度偏差	1.0	2.0	用钢直尺检查

3. 成品保护

1）石材进场后，应放在专用场地，不得污染。石材现场打孔开槽时，工作场所及工作台应干净整洁，避免加工中划伤石材表面。

2）石材安装过程中，应注意保护与石材交界的门窗框、玻璃和金属饰面板。宜在门窗框、玻璃和金属饰面板上粘贴保护膜，防止污染、损坏。

3）石材安装区域有交叉作业时，应按安装好的墙面板材进行完全覆盖保护。进行焊接作业时，应将电火花溅及范围内进行全面保护，防止烧伤石材表面。

4）合理安排施工工序，避免工序倒置。应在专业设备、管线安装完成后再做石材，防止损坏、污染石材饰面板。

5）翻、拆脚手架和向架子上运料时，严禁碰撞已施工完的石材饰面板。

6）石材饰面板安装完成后，容易碰触到的口、角部分，应使用木板钉成护角保护，并悬挂警示标志。其他工种作业时，注意不得划伤石材表面和碰坏石材。

7）饰面板表面需打蜡上光时，涂擦应注意防止利器划伤石材表面，不得用油彩涂抹表面。

4. 应注意的质量、环境和职业健康安全问题

（1）应注意的质量问题

1）安装前应对石材板进行严格挑选，认真在光亮处进行试拼并编号。施工中严格按线、按编号安装，并注意调整安装方向，确保板与板之间上、下、左、右纹理通顺，颜色协调一致。

2）灌浆时应严格控制砂浆稠度，稠度过大，砂浆流动性不好，易造成灌浆不实；稠度过小，易形成板缝漏浆，致使水分蒸发后砂浆内产生空隙而造成空鼓；灌浆后及时养护，避免脱水，以防止石材面层空鼓。

3）施工时严格按工艺要求操作，分次灌浆，不得一次灌得过高，操作时不得磕碰石板、木楔子。灌浆在凝结前，应防止风干、曝晒、水冲、撞击和振动，避免发生板面位移或错动，出现接缝不平、不直，板面高低差过大等问题。

4）施工中应根据不同镶贴部位选择石材。质地、色调相对差或层理较多的板块，应剔除不用或用于不明显处，避免影响观感效果。

5）镶贴墙、柱面时，应待承重结构沉降稳定后进行，并应在顶部和底部留出适当空隙或在板块之间留出一定缝隙。避免因结构沉降变形，饰面石板承重而造成折断、开裂。

6）石材运输、保管过程中，浅色石材不宜用草绳、草帘等捆扎，以免遇水或雨淋后污染变色。搬运过程中应避免磕碰划伤损坏石材边楞和表面，尤其要防止酸碱类化学物品及有色液体等溅洒到石材表面上，一旦被污染，应及时擦洗干净。安装过程中，尽量避免砂浆污染石材，砂浆弄到石材上后应及时擦净。安装完成后应做好成品保护，做成品保护时不宜使用带色粘贴纸来保护表面，以免污染板面。

7）室外大面积镶贴石材饰面板，必须设置变形缝拉开板缝，不得密缝镶贴，防止

由于热胀冷缩造成块材脱落。

8）石材背面的防护剂涂刷应均匀，不得漏刷，防止灌浆后表面泛碱。

（2）应注意的环境问题

1）施工现场应做到活完脚下清。清扫时应洒水湿润，避免扬尘。废料及垃圾及时清理干净，装袋运至指定堆放地点。

2）石材裁切和使用其他噪声较大的机具时，应尽量采用湿切法，防止噪声污染、扰民。

3）废弃物应按环保要求分类堆放并及时消纳。

4）切割石材产生的废水，经沉淀池沉淀后才可以排出。

（3）应注意的职业健康安全问题

1）施工中使用的电动工具及电气设备，均应符合国家现行标准的规定。

2）脚手架的搭设、拆除、施工过程中的翻板，必须由持证专业人员操作。脚手架搭设应牢固，经验收合格后才能使用。脚手架搭设、活动脚手架固定均应符合安全标准。脚手架上堆料应码放整齐，不得集中堆放，操作人员不得集中作业，物料工具要放置稳定，防止物体坠落伤人，放置物料重量不得超过脚手架的规定荷载。脚手板应固定牢固。不得由探头板。外脚手架必须满挂安全网，各操作层应设防护栏。出入口应搭设护头棚。

3）施工中使用的各种工具（高梯、条凳等）、机具应符合相关规定要求，利于操作，确保安全。

4）电、气焊等特殊工种作业人员应持证上岗，配备劳动保护用品。并严格执行用火管理制度，预防火灾隐患。

5）大风、大雨等恶劣天气时，不得进行室外作业。

6）施工垃圾应袋装清运，严禁从架子上往下抛撒。

7）进入施工现场应戴安全帽，高空作业时应系安全带。

8）使用手持电动工具时应戴绝缘手套，并配有漏电保护装置。夜间施工时移动照明应采用36V低压设备，电源线必须使用橡胶护套电缆。

9）石材切割、钻孔时，操作人员应佩戴护目镜、口罩。

5. 质量记录

1）水泥的出厂合格证及复试报告。

2）石材及配套材料的产品质量合格证、性能及环保检测报告和进场检验记录。用于室内的花岗石放射性复试报告。

3）后置埋件的拉拔试验记录。

4）钢筋网安装隐检记录。

5）室外粘贴法施工时，应有黏结强度检测（拉拔试验）报告。

6）检验批质量验收记录。

7）分项工程质量验收记录。

任务5.6 大理石、花岗石干挂

5.6.1 施工准备

1. 材料

（1）石材

石材的材质、品种、规格、颜色及花纹应符合设计要求。并应符合国家现行标准。

（2）辅料

型钢骨架、金属挂件、不锈钢挂件、膨胀螺栓、金属连接件、不锈钢连接挂件以及配套的垫板、垫圈、螺母以及与骨架固定的各种所需配件，其材质、品种、规格、质量应符合要求。石材防护剂、石材胶黏剂、耐候密封胶、防水胶、嵌缝胶、嵌逢胶条、防腐涂料应有出厂合格证和说明，并应符合环保要求。各种胶应进行相容性试验。

2. 主要机具

石材切割机、砂轮切割机、云石机、磨光机、角磨机、冲击钻、台钻、电焊机、射钉枪、注胶枪、吸盘、钢尺、靠尺、方尺、塞尺、托线板、水平尺等、

3. 作业条件

1）主体结构施工完成并经检验合格，结构基层已经处理完成并验收合格。

2）石材已经进场，其质量、规格、品种、数量、力学性能和物理性能符合设计要求和国家现行标准，石材表面应涂刷防护剂。

3）其他配套材料已进场，并经检验复试合格。

4）墙、柱面上的各种专业管线、设备、预留预埋件已安装完成，经检验合格，并办理交接手续。

5）门、窗已安装完，各处水平标高控制线测设完毕，并预检合格。

6）施工所需的脚手架已经搭设完，垂直运输设备已安装好，符合使用要求和安全规定，并经检验合格。

7）施工现场所需的临时用水、用电、各种工、机具准备就绪。

8）熟悉施工图纸及设计说明，根据现场施工条件进行必要的测量放线，对各个标高、各种洞口的尺寸、位置进行校核。

9）施工前按大样图进行样板间（段）施工。样板间（段）经设计、监理、建设单位检验合格并签认。对操作人员进行安全、技术交底。

5.6.2 操作工艺

1. 施工工艺流程

石材表面处理→石材安装前准备→测量放线基层处理→主龙骨安装→次龙骨安装→石材安装→石材板缝处理→表面清洗。

2. 工艺操作方法

（1）石材表面处理

石材表面应干燥，一般含水率应不大于 8%，按防护剂使用说明对石材表面进行防护处理。操作时将石材板的正面朝下平放于两根方木上，用羊毛刷蘸防护剂，均匀涂刷于石材板的背面和四个边的小面，涂刷必须到位，不得漏刷。待第一道涂刷完 24h 后，刷第二道防护剂。第二道刷完 24h 后，将石材板翻成正面朝上，涂刷正面，方法与要求和背面涂刷相同。

（2）石材安装前准备

先对石材板进行挑选，使同一立面或相临两立面的石材板色泽、花纹一致，挑出色差、纹路相差较大的不用或用于不明显部位。石材板选好进行钻孔、开槽，为保证孔槽的位置准确、垂直，应制作一个定型托架，将石材板放在托架上作业。钻孔时应使钻头于钻孔面垂直，开槽时应使切割片与开槽垂直，确保成孔、槽后准确无误。孔、槽的形状尺寸应按设计要求确定。

（3）测量放线及基层处理

对安装石材的结构表面进行清理。然后吊直、套方、找规矩，弹出垂直线、水平线、标高控制线。根据深化设计的排版、骨架大样图弹出骨架和石材板块的安装位置线，并确定出固定连接件的膨胀螺栓安装位置。核对预埋件的位置和分布是否满足安装要求。

（4）干挂石材安装（图 5.2 和图 5.3）

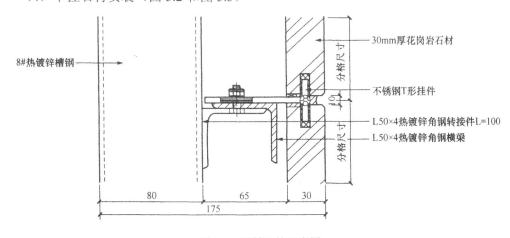

图 5.2 石材干挂示意图

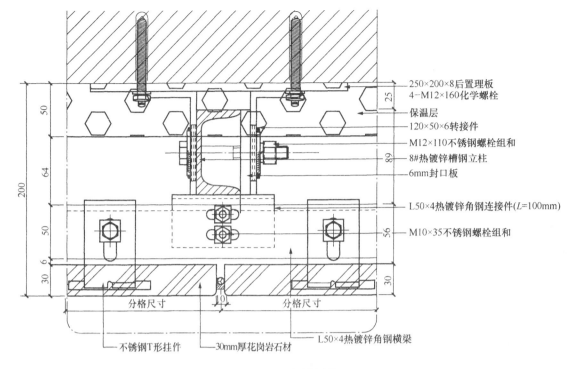

图 5.3 石材干挂横剖图

1）主龙骨安装：主龙骨一般采用竖向安装。材质、规格、型号按设计要求选用。安装时先按主龙骨安装位置线，在结构墙体上用膨胀螺栓或化学锚栓固定角码，通常角码在主龙骨两侧面对面设置。然后将主龙骨卡入角码之间，采用贴角焊与角码焊接牢固。焊接处应刷防锈漆。主龙骨安装时应先临时固定，然后拉通线进行调整，待调平、调正、调垂直后再进行固定或焊接。

2）次龙骨安装：次龙骨的材质、规格、型号、布置间距及与主龙骨的连接方式按设计要求确定。沿高度方向固定在每一道石材的水平接缝处，次龙骨与主龙骨的连接一般采用焊接，也可用螺栓连接。焊缝防腐处理同主龙骨。

3）石材安装：石材与次龙骨的连接采用 T 形不锈钢专用连接件。不锈钢专用连接件与石材侧边安装槽缝之间，灌注石材胶。连接件的间距宜不大于 600mm。安装时应边安装、边进行调整，保证接缝均匀顺直，表面平整。

（5）石材板缝处理

打胶前应在板缝两边的石材上粘贴美纹纸，以防污染石材，美纹纸的边缘要贴齐、贴严，将缝内杂物清理干净，并在缝隙内填入泡沫填充（棒）条，填充的泡沫（棒）条固定好，最后用胶枪把嵌缝胶打入缝内，待胶凝固后撕去美纹纸。打胶成活后一般低于石材表面 5mm，呈半圆凹状。嵌缝胶的品种、型号、颜色应按设计要求选用并做相容性试验。在底层石板缝打胶时，注意不要堵塞排水管。

（6）清洗

采用柔软的布或棉丝擦拭，对于有胶或其他黏结牢固的污物，可用开刀轻轻铲除，再用专用清洁剂清除干净，必要时进行罩面剂的涂刷以提高观感质量。

5.6.3 质量标准

1. 主控项目

1）石材饰面板的品种、规格、颜色和性能应符合设计要求和国家环保规定。

检验方法：观察；检验产品合格证书、性能检测报告。

2）石材饰面板孔、槽的数量、位置和尺寸应符合设计要求。

检验方法：检验进场验收记录或施工记录。

3）石材饰面板安装工程的预埋件（或后置埋件）和连接件的数量、规格、位置、连接方法和防腐处理必须符合设计要求。后置埋件的现场拉拔强度必须符合设计要求。饰面板安装必须牢固。

检验方法：手扳检查；检查进场验收记录、现场拉拔检测报告、隐蔽工程验收记录和施工记录。

4）石材面板的接缝、嵌缝做法应符合设计要求。

检验方法：观察。

5）石材饰面板的排列应符合设计要求，应尽量使饰面板排列合理、整齐、美观，非整块宜排在不明显处。

检验方法：观察。

2. 一般项目

1）石材饰面板表面平整、洁净、色泽一致，无裂痕和缺损。石材表面应无泛碱等污染。

检验方法：观察。

2）石材饰面板嵌缝应密实、平直、宽度和深度应符合设计要求，嵌填材料色泽应一致。

检验方法：观察。

3）石材饰面板上的孔洞应套割吻合，边缘应整齐。

检验方法：观察。

4）室外石材饰面板安装坡向应正确，滴水线顺直，并应符合设计要求。

检验方法：观察；用水平尺检验。

5）石材饰面板安装的允许偏差和检验方法见表 5.6。

表 5.6 室内、外墙面干挂石材允许偏差和检验方法

项目	允许偏差（mm）		检验方法
	光 面	粗 面	
立面垂直度	2.0	3.0	用 2m 垂直检测尺检查
表面平整度	2.0	3.0	用 2m 靠尺和塞尺检查

项目	允许偏差（mm）		检验方法
	光 面	粗 面	
阴阳角方正	2.0	4.0	用直角检测尺检查
接缝平直度	2.0	4.0	拉 5m 线，不足 5m 拉通线，用钢直尺检查
墙裙上口平直	2.0	3.0	拉 5m 线，不足 5m 拉通线，用钢直尺检查
接缝高低	0.5	3.0	用钢板短尺和塞尺检查
接缝宽度偏差	1.0	2.0	用钢直尺检查

3. 成品保护

1）石材进场后，应放在专用场地，不得污染。在石材现场钻孔开槽时，工作场所及工作台应干净整洁，避免加工中划伤石材表面。

2）施工过程中应注意保护石材表面，防止意外碰撞、划伤、污染。

3）石材安装过程中，应注意保护与石材交界的门窗框、玻璃和金属饰面板。宜在门窗框、玻璃和金属饰面板上粘贴保护膜，防止污染、损坏。

4）石材安装区域有交叉作业时，应对安装好的墙面板材进行完全覆盖保护。进行焊接作业时，应将电火花溅及范围内进行全面保护，防止烧伤石材表面。

5）翻、拆脚手架和向架子上运料时，严禁碰撞已施工完的石材饰面板。

6）石材饰面板安装完成后，容易碰触到的口、角部分，应使用木板钉成护角保护，并悬挂警示标志。其他工种作业时，注意不得划伤石材表面和碰坏石材。

7）石材表面刷防护剂时，在防护剂未干透前，不得在作业面附近进行杨尘较多的作业。

8）饰面板表面需打蜡上光时，涂擦应防止利器划伤石材表面，不得用油彩涂抹表面。

4. 应注意的质量、环境和职业健康安全问题

（1）应注意的质量问题

1）石材进场应严格按合同和质量标准进行验收。安装前应试拼，搭配颜色，调整花纹，使板与板之间上下左右文理通顺，颜色协调，板缝顺直均匀，并逐块编号，然后对号入座进行安装。避免出现石材面板表面色差较大问题。

2）施工中应注意门、窗口的周边、凹凸变化的节点处、不同材料的交接处、伸缩缝、披水坡、窗台、挑檐以及石材与墙面交接处，应严格按设计要求进行处理。设计无要求时，也应按工艺要求做防止雨水灌入的处理，并认真进行检验验收。将缝隙封闭严密，以防出现渗漏，污染石材，影响施工质量和观感效果。

3）应注意所使用的各种胶和石材的相容性，并选用优质胶。石材板块的接缝处，嵌缝应严密，有裂缝、缺棱掉角等缺陷的石材应剔除不用。防止腐蚀性气体和湿气浸入，引起紧固件锈蚀，板面污染、裂缝等现象。

4）表面清理应自上而下，认真清洗，尤其是胶痕、污渍应用中性清洗剂清洗，避免出现墙面发花、斜视有胶痕等问题。

（2）应注意的环境问题

1）施工用的各种材料应符合现行国家标准《民用建筑工程室内环境污染控制规范》（GB 50325—2010）的规定。工程中所有使用的石材、胶黏剂、防腐涂料等，均应有环保检测报告。

2）施工现场必须做到活完脚下清。清扫时应洒水湿润，避免扬尘。废料及垃圾应及时清理分类装袋，集中堆放，定期消纳。

3）石材切割和使用噪声大的机具时，应尽量进行围栏封闭，防止噪声污染、扰民。

4）切割石材产生的废水，经沉淀池沉淀后才可以排出。

（3）应注意的职业健康安全问题

1）施工中使用的电动工具及电气设备，均应符合国家现行标准的规定。

2）脚手架的搭设、拆除、施工过程中的翻板，必须由持证专业人员操作，脚手架搭设应牢固，经验收合格后才能使用。脚手架搭设、活动脚手架固定均应符合安全标准。脚手架上堆料应码放整齐，不得集中堆放，操作人员不得集中作业，物料工具要放置稳定，防止物体坠落伤人，放置物料重量不得超过脚手架的规定荷载。脚手扳应固定牢固。不得由探头板。外脚手架必须满挂安全网，各操作层应设防护栏。出入口应搭设护头棚。

3）施工中使用的各种工具（高梯、条凳等）、机具应符合相关规定要求，利于操作，确保安全。

4）电、气焊等特殊工种作业人员应持证上岗，配备劳动保护用品。并严格执行用火管理制度，预防火灾隐患。

5）大风、大雨等恶劣天气时，不得进行室外作业。

6）施工垃圾应袋装清运，严禁从架子上往下抛撒。

7）进入施工现场应戴安全帽，高空作业时应系安全带。

8）使用手持电动工具时应戴绝缘手套，并配有漏电保护装置。夜间施工时移动照明应采用 36V 低压设备，电源线应使用橡胶护套电缆。

9）石材切割、钻孔时，操作人员应戴护目镜、口罩。

5. 质量记录

1）石材、牢固件、连接件等各种材料的产品质量合格证、性能及环保检测报告和进场检验记录。胶黏剂的相容性试验报告。用于室内的花岗石放射性复试报告。

2）后置埋件的拉拔试验记录。

3）骨架的安装隐检记录。

4）石材饰面做幕墙时，还应有抗风压和淋水试验报告以及石材的冻融性试验记录。

5）检验批质量验收记录。

6）分项工程质量验收记录。

小　结

饰面板施工包括饰面板安装工程和饰面砖镶贴工程两种施工工艺，学习中应注意饰面板镶贴工程和饰面板安装工程的适用条件。

饰面板工程的质量检查应从原材料质量（品种、规格、图案、性能、室内用花岗岩的放射性、外墙瓷砖的吸水率、寒冷地区外墙瓷砖的抗冻性、粘贴用水泥的凝结时间及安定性和抗压强度）、施工工艺、施工质量等几个方面进行控制。

外墙粘贴饰面砖必须保证粘贴牢固，采用满粘法。安装饰面板时应保证后置埋件的现场拉拔强度满足设计要求。

思　考　题

5.1　试述内外墙砖面层施工方法及质量保证措施。

5.2　试述陶瓷锦砖（马赛克）面层施工方法及质量保证措施。

5.3　试述石材面层施工方法及质量保证措施。

5.4　试述金属面层施工方法及质量保证措施。

5.5　试述木质面层施工方法及质量保证措施。

单元 6 轻质隔墙工程

学习目标 ☞

    1. 通过不同类型隔墙工程工序的重点介绍，使学生能够对其完整施工过程有一个全面的认识。

    2. 通过对隔墙工程工艺的深刻理解，使学生学会正确选择材料和施工工艺，并能合理地组织施工，以达到保证工程质量的目的，培养学生解决现场施工常见工程质量问题的能力。

    3. 在掌握施工工艺的基础上领会工程质量验收标准。

学习重点 ☞

    1. 轻钢龙骨纸面石膏板隔墙安装工艺及质量验收。

    2. 板材幕墙的制作与安装及质量验收。

最新相关规范与标准 ☞

《建筑装饰装修工程质量验收规范》（GB 50210—2001）

导入案例（案例式） ☞

轻钢龙骨纸面石膏板隔墙施工现场

任务6.1 板材隔墙

6.1.1 施工准备

1. 材料

（1）板材

隔墙用板材品种、规格、颜色、性能应按设计规定备料。

（2）水泥

强度等级为 32.5 或 42.5 的普通硅酸盐水泥，未过期，无受潮结块的现象。有产品质量合格证及试验报告。

（3）石膏

建筑石膏或高强度石膏，应有产品质量合格证。

（4）胶黏剂

胶黏剂的品种及质量要求应符合设计规定。

（5）紧固件

圆钉、膨胀螺栓、镀锌铁丝等应使用合格产品。

2. 主要机具

手电钻、小型电焊机、云石切割机、老虎钳、螺丝刀、气动钳、手锯、钢尺、靠尺、腻子刀。

3. 作业条件

1）主体结构已完工，并已通过验收合格。

2）吊顶及墙面已粗装饰。

3）管线已全部安装完毕，水管已试压。

4）材料已进场，并已验收，均符合设计要求。

6.1.2 操作工艺

板材隔墙安装，因板材本身较厚，通常采用单板。如需双层时，中间作空气层，可在空腔内填轻质材料，如图 6.1 和图 6.2 所示。

1. 泰柏板操作工艺

泰柏板施工顺序：墙位放线→装钢筋码、箍码→立门框→安装泰柏板→两板竖向连接→安装加强角网→安装电气盒→嵌缝→隔墙抹灰。

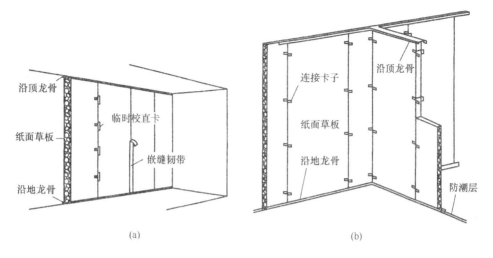

(a)   (b)

图 6.1 板材隔墙安装示意

图 6.2 板材隔墙下楔法填缝

1）墙位放线。按建筑设计图，定隔墙位置。在主体结构楼地面、顶面和墙面，弹出水平中心线和竖向中心线，并弹出边线（双面）如墙面已抹灰，应切割剔去抹灰层。

2）量准房间净高、净宽和门口的宽、高（外包），将隔墙板材平摆在楼地面上进行预拼装排列，定出板材安装尺寸，弹线，按线切割。

3）泰柏板隔墙与主体墙体连接。在主体结构墙面中心线和边线上，每隔 500mm 钻 $\phi6$ 孔，压片，一侧用长度 350～400mm $\phi6$ 钢筋码，钻孔打入墙体内，泰柏板靠钢筋就位后，将另一侧 $\phi6$ 钢筋码，以同样方法固定，夹紧泰柏板，两侧钢筋码与泰柏板横筋绑扎。

4）泰柏板隔墙与顶、楼地面结构的连接方法：在隔墙顶和底中心线上钻孔用膨胀螺栓固定 U 码，U 码与泰柏板连接。

5）泰柏板板与板立连接处，在拼缝两侧用箍码将之字条同横向钢丝连接。

6）泰柏板与墙、顶、底拐角处，应设置加强角网，每边搭接不少于 100mm（网用胶黏剂点粘），埋入抹灰砂浆内。

7）接线盒处应尽量减少钢丝网的切割。

8）嵌缝。泰柏板之间立缝，可用重量水泥：108 胶：水为 100：80～100：适量的水的水泥素浆胶黏剂涂抹嵌缝。

9）最后，泰柏板隔墙板两侧面抹灰。先在隔墙上用 1：2.5 水泥砂浆打底，要求全部覆盖钢丝网，表面平整，抹实；48h 后用 1：3 的水泥砂浆罩面，压光。抹灰层总厚度 20mm。先抹隔墙的一面，48h 后再抹另一面，抹灰层完工后，3d 内不得受任何撞击。

2. 石膏板复合板(单板)操作工艺

施工顺序：墙位放线→墙基施工→安装定位架→复合板安装并立门窗口→墙底缝隙填塞→嵌缝。

1）墙位放线。按建筑图在楼地面、墙顶和主体结构墙面弹出定位中线和边线，并弹出门窗口线。

2）墙基施工前，楼地面应进行毛化处理，并用水湿润，现浇墙基混凝土。

3）量准隔墙净空高度、宽度及门窗口尺寸，在地面上进行预排。

4）设有门窗的隔墙，应先安装窗口上、下和门上的短板，再顺序安装门窗口两侧的隔墙板。最后剩余墙宽不足整板时，则按实际墙宽补板。

5）复合板安装时，在板的顶面、侧面和板与板之间，均匀涂抹一层胶黏剂，然后上、下顶紧，侧面要严，缝内胶黏剂要饱满。板下所塞木楔，一般不撤除，但不得露出墙外。

6）第一块复合板安装好后，要检查其垂直度，继续安装时，必须上、下、横靠检查尺，并与板面找平。当板面不平时，就及时纠正。

7）复合板与两端主体结构连接要牢固。

8）嵌缝。

复合板的缝隙应用水泥素浆胶黏剂嵌缝。

3. 石膏空心条板安装操作工艺

施工顺序：墙位放线→立墙板→墙底缝隙塞混凝土→嵌缝。

1）墙位放线。按建筑设计图，在楼地面和主体结构墙上及楼板底层弹出隔墙定位中心线和边线，并弹出门窗口线。

2）从门口通天框开始进行墙板安装，安装前在板的顶面和侧面刷涂水泥素浆胶黏剂，然后推紧侧面，在顶牢顶面，板下侧各 1/3 处垫木楔，并用靠尺检查垂直、平整度。

3）板缝用石膏腻子处理，嵌缝前先刷水湿润，再嵌抹腻子。

4）踢脚线施工时，用 108 胶水泥浆刷至脚线部位，初凝后用水泥砂浆抹实压光。

5）饰面可根据设计要求，做成喷涂油漆或贴墙纸等饰面层。

6.1.3 质量标准

1. 主控项目

1）隔墙板材的品种、规格、性能、颜色应符合设计要求。有隔声、隔热、阻燃、防潮等特殊要求的工程,板材应有相应性能等级的检测报告。

检验方法:观察;检查产品合格证书、进场验收记录和性能检测报告。

2)安装隔墙板材所需预埋件、连接件的位置、数量及连接方法应符合设计要求。

检验方法:观察;尺量检查;检查隐蔽工程验收记录。

3)隔墙板材安装必须牢固。现制钢丝网水泥隔墙与周边墙体的连接方法应符合设计要求并应连接牢固。

检验方法:观察;手扳检查。

4)隔墙板材所用接缝材料的品种及接缝方法应符合设计要求。

检验方法:观察;检查产品合格证书和施工记录。

2. 一般项目

1)隔墙板材安装应垂直、平整、位置正确,板材不应有裂缝或缺损。

检验方法:观察;尺量检查。

2)板材隔墙表面应平整光滑、色泽一致、洁净,接缝应均匀、顺直。

检验方法:观察;手摸检查。

3)隔墙上的孔洞、槽、盒应位置正确、套割方正、边缘整齐。

检验方法:观察。

4)板材隔墙安装的允许偏差和检验方法应符合表 6.1 的规定。

表 6.1　板材隔墙安装的允许偏差和检验方法

项次	项目	允许偏差(mm)				检验方法
		复合轻质墙板		石膏空心板	钢丝水泥板	
		金属夹心板	其他复合板			
1	立面垂直度	2	3	3	3	用 2m 垂直检测尺检查
2	表面平整度	2	3	3	3	用 2m 靠尺和塞尺检查
3	阴阳角方正	3	3	3	4	用直角检测尺检查
4	接缝高低差	1	2	2	3	用钢直尺和塞直尺检查

3. 成品保护

1)搬运板材时,应轻拿轻放,不得损害板材边角。

2)板材产品不得露天堆存,不得雨淋、受潮、人踩、物压。

3)板材隔墙施工时,不得损坏其他成品。

4)物料不得从窗口内搬进搬出,以防损坏窗框。

5)板材通过楼梯、走道和门口,不得损坏踏步棱角、走道墙面和门框。

6)使用胶黏剂时,不得沾污地面和墙面。

4. 应注意的质量、环境和职业健康安全问题

（1）应注意的质量问题

1）板材隔墙使用的板材应符合防火要求。

2）墙位放线应清晰、位置应准确、隔墙上下基层应平整，牢固。

3）板材隔墙安装拼接应符合设计和产品构造要求。

4）安装板材隔墙时，宜使用简易支架。

5）安装板材隔墙所用的金属件应进行防腐处理。木楔应作防腐、防潮处理。

6）在板材隔墙上开槽，打孔应用云石机切割或用电钻钻孔，不得直接剔凿和用力敲击。

7）板材隔墙的踢脚线部位应作防潮处理。

（2）应注意的环境问题

1）现场搅拌水泥砂浆时，宜采用喷水降尘措施，设置排水沟和沉淀池，废水必须经沉淀后排放。

2）在运输和施工过程中有遗撒时，应及时清理落地灰，做到活完料净脚下清。

3）裁切板材产生的碎料和施工垃圾应装袋清运，统一消纳。

4）在城区或靠近居民生活区施工时，对施工噪声要有控制措施，夜间运输车辆不得鸣笛，减少噪声扰民。

5）所用材料应符合现行国家标准《民用建筑工程室内环境污染控制规范》（GB 50325—2010）的规定。

（3）应注意的职业健康安全问题

1）机电设备安装人员，应经安全、技术培训，经考核合格发证，持证上岗。无证工人不准安装机电设备。

2）操作人员进入现场应戴安全帽，不准吸烟。

3）安装搭设的脚手架或高凳，应经专业安全监察员检查合格后方可使用。

4）下班时，应切断电源，电开关应装箱上锁。

5. 质量记录

1）所使用的隔墙板材的产品合格证、性能检测报告。

2）水泥出厂合格证，性能检测报告及水泥凝结时间和安定性复试报告。

3）隔墙板植筋的隐蔽工程检查记录。

4）检验批质量验收记录。

5）分项工程质量验收记录。

任务 6.2 活动隔墙

6.2.1 施工准备

1. 材料

1）活动隔墙板、品种、规格应符合设计要求（现场制作或外加工）。隔墙板的木材含水率不大于 12%，人造板的甲醛含量应符合国家规定。

2）其他材料及五金件。

上槛（轻型槽钢）、木楞、吊杆、导轨、吊轮、吊装架、回转轴及圆钉、木螺钉、合页等应符合设计要求。

2. 主要机具

冲击钻、电焊机、磨光机、电刨、电锯、螺丝刀、锤子、手锯、手刨、三角尺、线坠、钢尺等。

3. 作业条件

1）主体结构工程已完工，并已通过验收。

2）室内地面完工。

3）室内墙面已弹好+50cm 水平基准线。

4）室内顶棚标高已确定，但不宜先施工顶棚。

5）按设计规定隔墙的位置，在墙体砌筑时，预埋防腐木砖，非砖砌体墙安装好加强龙骨，现浇钢筋混凝土楼板的锚件（预埋钢筋或铁板）已预埋，其间距符合设计要求。

6）材料已进场，并已验收，质量合格。

6.2.2 操作工艺

活动隔墙的施工顺序：制作木隔墙扇（工厂加工）→弹隔墙定位线→安装沿顶上槛、钉靠墙立筋→安装吊杆、导轨、吊轮、安装架等→安装活动隔墙扇→饰面，其构造示意图如图 6.3 所示。

（1）木隔墙扇制作

木隔墙扇，一般由工厂按设计施工图加工制作。其制作工艺与木门相同。制作扇数，加工厂派人到现场量尺确定。为防止木隔墙扇干裂、变形，加工好的隔扇应刷一道封闭底漆。

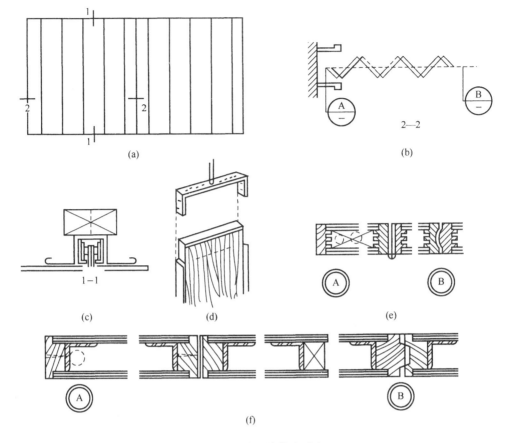

图 6.3 活动隔墙构造示意

（2）弹隔墙定位线

根据设计图先在房间的地面上弹出活动隔墙的位置线，随即把位置线引至两侧结构墙面和楼板底。弹线时先弹出中心线，后接立筋或上槛料截面尺寸，弹出边线，弹线应清晰，位置应准确。

（3）固定上槛和立筋

如现浇钢筋混凝土楼板和墙体施工时已预埋铁件（或木砖），则上槛（槽钢）就位，根据墨线将上槛与预埋铁件连接牢固。如结构施工时没有预埋铁件，楼板底沿中心线钻膨胀螺栓孔，结构墙面钻孔打木楔。上槛两端抵紧结构墙后用膨胀螺栓与顶部楼板连接，并注意调直、调平。靠结构墙的立筋上下端，应紧抵上下槛，再与结构墙上的木砖（木楔）钉牢。

（4）安装导轨

1）在上槛上按吊杆设计间距，从上槛槽钢上钻吊轨螺栓孔。

2）导轨（一般采用轻钢成品）调直、调平后，按设计间距在导轨上焊接吊轨螺栓。其吊杆中心位置，应与上槛钻孔位置上下对应，不得错位。

3）导轨就位用吊轨螺栓与上槛螺栓孔眼对准，扭紧螺帽。吊轨螺栓可装上、下螺帽，便于调整导轨的水平度，保证导轨水平、顺直。

（5）安装回转螺轴、隔墙扇。

（6）吊轮由导轨、包橡胶轴承轮、回转螺轴、门吊铁组成。

门吊铁用木螺丝钉固在活动隔墙扇的门上梃顶面上。安装时，先在扇的门上梃顶面划出中心点，固定时要确保门吊铁上的回转螺轴对准中心点，且垂直于顶面，这样，在推拉门隔扇时，才能使隔扇在合页的牵动下，绕着回转螺轴，一边旋转一边沿着轨道中心轴线平行滑动。

（7）回转螺轴安装

可在靠结构墙 1/2 隔扇附近留一个豁口，由此处将装有吊装架的隔墙扇逐块装入导轨中，并推拉至指定位置。

（8）隔扇连接

每对相邻隔扇用三副合页连接。连接好的活动隔扇在推拉时，总能使每一片隔扇保持与地面垂直，这样才能折叠自如。如活动隔墙在拉开隔扇时不平，产生翘曲或折叠时也不平服，推拉时很吃力，此时，就必须返工重装。

（9）隔墙扇饰面

当隔墙扇的芯板在工厂尚未安装时，此项工序，应由工厂按设计图在现场完成。活动隔墙扇安装后的油漆，也可由现场完成。

6.2.3　质量标准

1. 主控项目

1）活动隔墙所用墙板、配件等材料的品种、规格、性能和木材的含水率应符合设计要求。有阻燃、防潮等特性要求的工程，材料应有相应性能等级的检测报告。

检验方法：观察；检查产品合格证书、进场验收记录、性能检测报告和复验报告。

2）活动隔墙轨道必须与基体结构连接牢固，并应位置正确。

检验方法：尺量检查；手扳检查。

3）活动隔墙用于组装、推拉和制动的构配件必须安装牢固、位置正确，推拉必须安全、平稳、灵活。

检验方法：观察。

2. 一般项目

1）活动隔墙表面应色泽一致、平整光滑、洁净，线条应顺直、清晰。

检验方法：观察；手摸检查。

2）活动隔墙上的孔洞、槽、盒应位置正确、套割吻合、边缘整齐。

检验方法：观察；尺量检查。

3）活动隔墙推拉应无噪声。

检验方法：推拉检查。

4）活动隔墙安装的允许偏差和检查方法应符合表 6.2 的规定。

表 6.2　活动隔墙安装的允许偏差和检验方法

项次	项目	允许偏差（mm）	检验方法
1	立面垂直度	3	用 2m 垂直检测尺检查
2	表面平整度	2	用 2m 靠尺和塞尺检查
3	接缝直线度	3	拉 5m 线，不足 5m 拉通线，用钢直尺检查
4	接缝高低差	2	用钢直尺和塞尺检查
5	接缝宽度	2	用钢直尺检查

3. 成品保护

1）活动隔墙作业中，不得损坏和污染室内其他成品或半成品。

2）隔墙扇在搬运中，应轻拉轻放，不得野蛮作业。

3）隔墙扇应堆放在室内，码放时，其下应垫垫木，垫木面要摆平，码放应平整，以防隔扇翘曲变形。

4）隔墙扇安装后，要有专人覆盖保护，以防后继施工人员损坏或污染隔墙扇。

4. 应注意的质量、环境和职业健康安全问题

（1）应注意的质量问题

1）靠结构墙面的立筋，在立筋距地面 150mm 处应设置 60mm 长的橡胶门档，使隔墙扇与立筋相碰时得到缓冲而不致损坏隔墙扇边框。

2）楼板底上槛和导轨吊杆的连接点，应在同一垂直线上且应重合；用吊杆螺栓调整导轨的水平度，并应反复校中、校平，以确保安装质量。

3）吊轮安装架的回转轴，必须与隔墙扇上梃的中心点垂直且应重合。隔墙扇上梃的中心点距上梃两端应等距离，距两侧的距离也必须相符，以确保回转轴归中，使隔墙扇使用折叠自如。

（2）应注意的环境问题

1）施工现场清理打扫时必须洒水，防止扬尘，垃圾废料及时清理干净，装袋清运，不得随意抛撒。

2）使用的胶结及饰面材料，应符合国家有关装饰装修材料有害物质限量标准的规定。切割材料时应在封闭空间和在规定的作业时间内施工，减少噪声污染。

3）施工现场保持良好通风。

（3）应注意的职业健康安全问题

1）安装人员必须戴安全帽。

2）活动隔墙安装中，应搭设脚手架。脚手架搭好后，应经专职安全员检查合格后方可使用。

3）脚手板严禁铺设探头板。

4）安装上槛时，楼板底钻膨胀螺栓孔的掌钻工应戴防护目镜，以防灰尘落入眼

睛内。

　　5）安装人员应背工具袋，以防工具下落伤人。

5. 质量记录

　　1）各种材料出厂合格证、性能检测报告和进场检验记录。

　　2）预埋件、框、骨架安装、防腐等的隐蔽工程检查记录。

　　3）框、骨架、隔扇、轨道、导轨等安装的预检记录。

　　4）检验批质量验收记录。

　　5）分项工程质量验收记录。

任务6.3 玻璃板隔墙

6.3.1 施工准备

1. 材料

（1）主材

玻璃的品种、规格、性能、图案颜色应符合设计要求。玻璃板隔墙应使用安全玻璃（如钢化玻璃、夹胶玻璃等），并有出厂合格证及性能检测报告。

（2）金属材料

铝合金型材、不锈钢板、型钢（角钢、槽钢等）及轻型薄壁槽钢、支撑吊架等金属材料和配套材料，应符合设计要求，并有出厂合格证。

（3）辅助材料

膨胀螺栓、玻璃支撑垫块、橡胶配件、金属配件、结构密封胶、玻璃胶、嵌缝条等应有出厂合格证，结构密封胶、玻璃胶应有环保检测报告。

2. 主要机具

电焊机、电锤、电钻、切割机、玻璃吸盘、线锯、手锤、注胶枪、水平尺、钢尺、靠尺、线坠等。

3. 作业条件

1）主体结构工程施工完，并经验收合格。

2）施工场地清理完，施工区域内无影响正常施工安装的障碍物。

3）预埋件安装完，若有漏埋部位应根据实际需要补装预埋件。

4）弹好标高控制线、隔墙安装的定位控制线，并经验收合格。

5）安装需用的脚手架搭设完，并经检查符合安全要求。

6）所需材料和配件、机具均已进场并检验合格。

7）现场材料存放和加工场地准备完，加工平台、各种现场加工机械设备安装调试完毕。

6.3.2 操作工艺

铝合金玻璃隔墙构造如图6.4所示。

1. 施工工艺流程

弹线定位→框材下料→安装框架、边框→安装玻璃→边框装饰→嵌缝打胶→清洁。

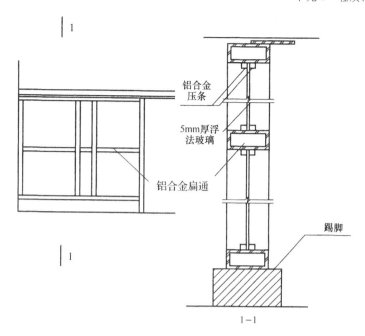

图 6.4　铝合金玻璃隔墙构造

2. 操作方法

（1）弹线定位

根据隔墙安装定位控制线，先在地面上弹出隔墙的位置线，再用垂直线法在墙、柱上弹出位置及高度线和沿顶位置线。

（2）框材下料

有框玻璃隔墙型材下料时，应先复核现场实际尺寸，有水平横挡时，每个竖框均应以底边为准，在竖框上划出横档位置线和连接部位的安装尺寸线，以保证连接件安装位置准确和横挡在同一水平线上。

（3）安装框架、边框

1）一般从隔墙框架的一端开始安装，先将靠墙的竖向型材与角铝固定，再将横向型材通过角铝件与竖向型材连接。铝合金框架与墙、地面固定可通过铁件来完成。

2）当玻璃板隔断的框为型钢外包饰面板时，将边框型钢（角钢或薄壁槽钢）按已弹好的位置线进行试安装，检查无误后与预埋铁件或金属膨胀螺栓焊接牢固，再将框内分格型材与边框焊接。型钢材料在安装前应做好防腐处理，焊接后经检查合格，补做防腐。

3）当面积较大的玻璃隔墙采用吊挂式安装时，应先在建筑结构梁或板下做出吊挂玻璃的支撑架，并安好吊挂玻璃的夹具及上框。

（4）安装玻璃

1）玻璃就位：边框安装好后，先将槽口清理干净，并垫好防振橡胶垫块。安装时，两侧人员同时用玻璃吸盘把玻璃吸牢，抬起玻璃，先将玻璃竖着插入上框槽口内，然后轻轻垂直落下，放入下框槽口内。如果是吊挂式安装，在将玻璃送入上框时，还应将玻璃放入夹具内。

2）调整玻璃位置：先将靠墙（或柱）的玻璃就位，使其插入贴墙（柱）的边框槽口内，然后安装中间部位的玻璃。两块玻璃之间应按设计要求留缝。如果采用吊挂式安装，应逐块将玻璃夹紧、夹牢。对于有框玻璃隔墙，一般采用压条或槽口条在玻璃两侧压住玻璃，并用螺钉固定或卡在框架上。

（5）边框装饰

无竖框玻璃隔墙的边框一般情况下均嵌入墙、柱面和地面的饰面内，需按设计要求的节点做法精细施工。边框不嵌入墙、柱或地面时，则按设计要求对边框进行装饰。

（6）嵌缝打胶

玻璃全部就位后，校正平整度、垂直度，用嵌条嵌入槽口内定位，然后打硅酮结构胶或玻璃胶。胶缝宽度应一致，表面平整，并清除溢到玻璃表面的残胶，玻璃板之间的缝隙注胶时，可以采用两面同时注胶的方式。

（7）清洁

玻璃板隔墙安装后，应将玻璃面和边框的胶迹、污痕等清洗干净。

6.3.3 质量标准

1. 主控项目

1）所用材料的品种、规格、性能、图案和颜色应符合设计要求。玻璃板隔墙应使用安全玻璃。

检验方法：观察；检查产品合格证书、进场验收记录和性能检测报告。

2）玻璃板隔墙的安装方法应符合设计要求。

检验方法：观察。

3）玻璃板隔墙的安装必须牢固。玻璃板隔墙胶垫的安装应正确。

检验方法：观察；手推检查；检查施工记录。

4）预埋件、连接件或镶嵌玻璃的金属槽口埋入部分应进行防腐处理。

检验方法：观察；尺量检查；检查隐蔽工程验收记录。

2. 一般项目

1）玻璃板墙表面应色泽一致、平整洁净、清晰美观。

检验方法：观察。

2）玻璃板隔墙接缝应横平竖直，玻璃无裂痕、缺损和划痕。

检验方法：观察。

3）玻璃板隔墙嵌缝应密实平整、均匀顺直、深浅一致、无气泡。

检验方法：观察。

4）玻璃板隔墙安装的允许偏差和检验方法见表6.3。

表 6.3　玻璃板隔墙安装的允许偏差和检验方法

项目	允许偏差（mm）	检验方法
立面垂直度	2	用 2m 垂直检测尺检查
阴阳角方正	2	用直角检测尺检查
接缝直线度	2	拉 5m 线，不足 5m 拉通线，用钢直尺检查
接缝高低关	2	用钢直尺和塞尺检查
接缝宽度	1	用钢直尺检查

3. 成品保护

1）玻璃板隔墙安装后，应做出醒目标志，防止碰撞损坏。

2）边框应粘贴保护膜或用其他方法保护，防止边框损坏或污染。

3）通道部位的玻璃板隔墙，应设硬性围挡隔离，并设专人看管，防止人员及物品碰撞隔墙。

4）玻璃运输采用专用工具，夹层玻璃应注意不要损坏保护膜，防止夹胶层被有机溶剂污染。

5）玻璃板隔墙的边框、骨架进行焊接作业时，应对周围所有已成活的面层进行遮挡保护。

4. 应注意的质量、环境和职业健康安全问题

（1）应注意的质量问题

1）弹线定位时应检查房间的方正、墙面的垂直度、地面的平整度及标高。玻璃板隔墙的节点做法应充分考虑墙面、吊顶、地面的饰面做法和厚度，以保证玻璃板隔墙安装后的观感质量和方正。

2）框架安装前，应检查交界周边结构的垂直度和平整度，偏差较大时，应进行修补。框架应与结构连接牢固，四周与墙体接缝用发泡胶或其他弹性密封材料填充密实，确保不透气。

3）采用吊挂式安装时，应对夹具逐个进行反复检查和调整，确保每个夹具的压持力一致，避免夹具松滑、玻璃倾斜，造成吊挂玻璃缝不一致。

4）玻璃板隔墙打胶时，应由专业打胶人员进行操作，并严格要求，避免胶缝宽度不一致、不平滑。

5）玻璃加工前，应按现场量测的实际尺寸，考虑留缝、安装及加垫等因素的影响后，计算出玻璃的尺寸。安装时检查每块玻璃的尺寸和玻璃边的直线度，边缘不直时，先磨边修整后再安装，安装过程中应将各块玻璃缝隙调整为一样宽，避免玻璃之间缝隙不一致。

（2）应注意的环境问题

1）施工用的各种材料应符合现行国家标准《民用建筑工程室内环境污染控制规

范》（GB 50325—2010）的规定。

2）施工现场清理打扫时，必须洒水湿润，废料及垃圾及时清理干净，装袋运至指定堆放地点。

3）切割材料时（钢材、铝合金等），应在封闭的空间施工，应有降低噪声措施和管理制度，并进行噪声值检测。

4）废弃的玻璃胶、结构胶及空胶桶应集中回收，不得随意丢弃。

5）废弃和破碎的玻璃，必须集中回收，严禁散落在现场。

6）油漆、稀料、胶类的储存和使用都要采取措施，防止跑、冒、滴、漏，污染环境。

（3）应注意的职业健康安全问题

1）施工现场临时用电及机械操作应符合国家现行标准的规定。

2）搬运玻璃应戴手套或用布、纸垫等柔软物将手及身体裸露部分与玻璃边缘隔开，散装玻璃必须采用专用运输工具（架）运输。施工现场的玻璃应直立存放并采取措施防止倾倒。

3）玻璃在安装和搬运过程中，避免碰撞到人体。在竖起玻璃时，人员不得站在玻璃倒向的下方，确保安装工人的安全。大块玻璃存放时，下部应采用木方垫平，斜放85°靠实。

4）小型电动工具必须安装漏电保护装置，并经试运转合格后方可使用。

5）电气设备应有接地、接零保护，电动工具移动时必须先断电再移动。使用完毕和下班时，必须拉闸断电。

6）使用手持玻璃吸盘或玻璃吸盘机前，应检查吸附重量和吸附时间，并对操作工人进行详细的交底。

7）玻璃安装完后，在人的视线高度位置贴上醒目的标识。

5. 质量记录

1）各种材料出厂合格证、性能检测报告、复试报告记录。
2）预埋件、玻璃框骨架安装、防腐等的隐蔽工程验收记录。
3）检验批质量验收记录。
4）分项工程质量验收记录。

任务 6.4 轻钢龙骨石膏板隔墙

6.4.1 施工准备

1. 材料

1）隔墙用的龙骨、配件、墙面板等材料，应符合设计要求，应有出厂质量合格证明书。

2）腻子、接缝带、穿孔纸带和玻璃纤维接缝带，应使用合格产品。

2. 主要机具

拉铆枪、电动自攻钻、无齿锯或电动剪、手电钻及山花钻头、快装钳、板锯、腻子刀、铁抹子、扳手、卷尺、阴角抹子等。

3. 作业条件

1）主体结构施工完毕，并已通过验收。

2）室内地面、墙面、顶棚粗装修已完成。

3）管线已安装，水管已试压。

4）施工图规定的材料，已全部进场，并已验收合格。

6.4.2 操作工艺

轻钢龙骨隔墙的施工顺序：隔墙定位放线→安装轻钢龙骨骨架→铺钉饰面板→嵌缝。

（1）隔墙定位放线

根据建筑设计图，在室内楼地面上弹出隔墙中心线和边线，并引测至两主体结构墙面和楼板底面，同时弹出门窗洞口线。

（2）安装沿地横龙骨（下槛）

用射钉进行固定，或先钻孔，并用膨胀螺栓进行连接固定。安装时应按中心线和边线安装，两端顶至结构墙（柱）面，最后的固定点距结构立面应不大于 100mm；射钉或膨胀螺栓的间距应不大于 800mm。安装时，应保证龙骨的水平度和顺直度。

（3）安装沿顶横龙骨（上槛）

沿顶龙骨的安装与沿地龙相同。

（4）安装沿墙（柱）竖龙骨

隔墙骨架的边框竖向龙骨与建筑结构墙体的固定连接与沿顶沿地龙骨的安装做法相同。

（5）安装竖龙骨

1）以 C 形竖龙骨上的穿线孔为依据，首先确定龙骨上下两端的方向，尽量使穿线孔对齐。竖龙骨的长度尺寸，应按现场实测尺寸为准。前提是保证竖龙骨能够在沿地、沿顶龙骨的槽口内滑动。

2）轻钢墙体竖龙骨安装时的间距，要按罩面板的实际宽度尺寸和墙体结构设计而定。

3）竖龙骨安装就位后，应保证垂直。门窗洞口应采取双排竖龙骨加强固定。当设计要求为钢性连接时，竖龙骨与沿地沿顶龙骨的固定，应用自攻螺钉或轴芯铆钉进行连接。

（6）安装通贯龙骨、横撑

1）当隔墙采用通贯系列龙骨时，竖龙骨安装后装设通贯龙骨，在水平方向从各条竖龙骨的贯通孔中穿过。在竖龙骨的开口面用支撑卡作稳定并锁闭此处的敞口。对非支撑卡系列的竖龙骨，通贯龙骨的稳定可在竖龙骨非开口面采用角托，以轴芯铆钉或自攻螺钉将角托与竖龙骨连接并托住通贯龙骨。

2）横撑龙骨与竖龙骨的连接，主要采用角托，在竖龙骨背面以轴芯铆钉或自攻螺钉进行固定，也可在竖龙骨开口面以卡托相连接。

3）隔墙骨架的重要部位或罩面板材横向接缝处和非通贯龙骨系列产品，应加横撑龙骨。

（7）门窗口等节点处骨架安装

对于隔墙骨架的特别部位，可使用附加龙骨或扣盒子加强龙骨，应按设计图安装固定。装饰性木质门框，一般用自攻螺钉与洞口处竖龙骨固定，门框横梁与横龙骨以同样的方法连接。

（8）纸面石膏板的铺钉（图6.5）

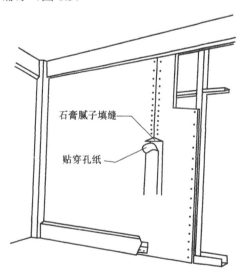

石膏腻子填缝

贴穿孔纸

图6.5　轻钢龙骨纸面石膏板隔墙接缝处理

1）板块一般竖向铺装，曲面隔墙可采用横向铺板。石膏板的装订应从板的中央向板的四周顺序进行。中间部分自攻螺钉的钉距应不大于 300mm，板块周边自攻螺钉钉距不大于 200mm，螺钉距板边缘的距离应为 10～15mm。自攻螺钉头略埋入板面，但不得损坏板材的护面纸。

2）隔墙端部的石膏板与相接的墙（柱）面，应留有 3mm 的间隙，先注入嵌缝膏后再铺板挤密嵌缝膏。

3）安装防火墙石膏板时，石膏板不得固定在沿地、沿顶龙骨上，应另设横龙骨加以固定。

（9）嵌缝

清除缝内杂物，嵌填腻子，待腻子初凝时（大约 30～40min），再刮一层较稀的腻子，厚度 1mm，随即贴穿孔纸带，纸带贴好后放置一段时间，待水分蒸发后，在纸带上再刮一层腻子，将纸带压住，同时把接缝板找平。

6.4.3　质量标准

1. 主控项目

1）骨架隔墙所用的龙骨、配件、墙面板、填充材料及嵌缝材料的品种、规格、性能和木材的含水率应符合设计要求。有隔声、隔热、阻燃、防潮等特殊要求的工程，材料应有相应性能等级的检测报告。

检验方法：观察；检查产品合格证明书、进场验收记录、性能检测报告和复验报告。

2）安装的骨架隔墙工程边框龙骨必须与基体结构连接牢固，并应平整、垂直、位置正确。

检验方法：手扳检查；尺量检查；检查隐蔽工程验收记录。

3）安装骨架隔墙中龙骨间距和构造连接方法应符合设计要求。骨架内设备管线的安装、门窗洞口等部位加强龙骨应安装牢固，位置正确，填充材料的设置应符合设计要求。

检验方法：检查隐蔽工程验收记录。

4）骨架隔墙的墙面板应安装牢固，无脱层、翘曲、折裂及缺损。

检验方法：观察；手扳检查。

5）墙面板所用接缝材料的接缝方法应符合设计要求。

检验方法：观察。

2. 一般项目

1）骨架隔墙表面应平整光滑、色泽一致、洁净、无裂缝，接缝应均匀、顺直。

检验方法：观察；手摸检查。

2）骨架隔墙上的孔洞、槽、盒应位置正确、套割吻合、边缘整齐。

检验方法：观察。

3）骨架隔墙内的填充材料应干燥，填充应密实、均匀、无下坠。

检验方法：轻敲检查；检查隐蔽工程验收记录。

4）骨架隔墙安装的允许偏差和检验方法应符合表 6.4 的规定。

表 6.4　骨架隔墙安装的允许偏差和检验方法

项次	项目	允许偏差（mm）		检验方法
		纸面石膏板	人造木板、水泥纤维板	
1	立面垂直度	3	4	用 2m 垂直检测尺检查
2	表面平整度	3	3	用 2m 靠尺和塞尺检查
3	阴阳角方正	3	3	用直角检测尺检查
4	接缝直线度	—	3	拉 5m 线，不足 5m 拉通线，用钢直尺检查
5	压条直线度	—	3	拉 5m 线，不足 5m 拉通线，用钢直尺检查
6	接缝高低差	1	1	用钢直尺和塞尺检查

3. 成品保护

1）轻钢骨架隔墙施工中，各专业之间要做好密切配合，预留、预埋的位置正确，不错不漏，一次成活，墙内电管及设备施工不得使龙骨错位或损伤。

2）轻钢龙骨和石膏板运输、存放、使用中应严格管理，确保不变形、不受潮、不污染，无损坏。

3）施工完的隔墙要加强保护，避免碰撞，保持墙面不受损坏和污染。

4）安装水、电管线和设备时，固定件不准直接设在龙骨上，应按设计要求进行加强。

4. 应注意的质量、环境和职业健康安全问题

（1）应注意的质量的问题

1）通贯龙骨（横撑）必须与竖龙骨中孔保持在同一水平线上，并牢牢卡紧，不得松动，才能将竖龙骨撑牢，使整片隔墙骨架有足够刚度和强度。

2）把罩面板接缝与门口立缝错开半块板的尺寸，可避免门口上角出现裂缝。

3）两侧的石膏板应错缝排列，石膏板与龙骨应采用十字头自攻螺钉固定，螺丝长度一层石膏板用 25mm，两层石膏板用 35mm。

4）与墙体、顶板接缝处应粘贴 50mm 宽玻璃纤维带再分层刮腻子，可避免出现裂缝。

（2）应注意的环境问题

1）切割龙骨、石膏板时应封闭，并尽量在白天作业，以减少噪声与扬尘污染。

2）做到工完场清，垃圾及时装袋清运，集中消纳。

3）材料应符合现行国家标准《民用建筑工程室内环境污染控制规范》（GB 50325—2010）的规定。

（3）应注意的职业健康安全问题

1）机电设备应由持证机电工安装。

2）进入现场应戴安全帽，不准在操作现场吸烟。

3）搭设的脚手架或高凳，应检查合格后才能使用。

4）下班时，注意切断电源，电开关应装箱上锁。

5. 质量记录

1）轻钢龙骨、连接件出厂合格证、性能检测报告。

2）石膏板出厂合格证、性能检测报告。

3）轻钢骨架安装隐蔽工程检查记录。

4）检验批质量验收记录。

5）分项工程质量验收记录。

小　　结

　　轻质隔墙是分隔建筑物内部空间的非承重构件，一般要求自重轻、墙体薄、隔声性能好。按现行国家标准《建筑装饰装修工程质量验收规范》（GB 50210—2001）的规定，隔墙工程划归为板材隔墙、骨架隔墙、活动隔墙和玻璃隔墙等四种类型。

　　轻质隔墙所用材料的品种、规格及构造做法应符合设计要求，安装前应按品种、规格、颜色等进行分类选配。由于轻质隔墙的种类繁多，其施工工艺各有特点，学习中应注意加以比较和区分；在掌握各轻质隔墙构造做法的基础上，应重点掌握各类轻质隔墙的施工技术要点、质量验收标准中的主控项目及一般项目。

思　考　题

6.1　轻质隔墙工程施工中应注意哪些重要事项及规定？

6.2　简述轻钢龙骨隔墙的施工工艺流程。

6.3　简述平板玻璃隔墙的玻璃安装要点。

6.4　轻质隔墙工程应对哪些隐蔽工程项目进行验收？

6.5　简述板材隔墙工程质量检验中一般项目的检验标准及方法。

单元 7 涂料工程

学习目标 ☞	1. 掌握涂料饰面工程施工对基层表面处理的要求。
	2. 掌握内墙、外墙涂料的施工要领，判断施工过程中出现的质量问题。
	3. 在掌握施工工艺的基础上领会工程质量验收标准。
学习重点 ☞	1. 内墙、外墙涂料施工的施工工艺。
	2. 木质表面、金属表面涂饰施工工程的质量验收。
最新相关规范与标准 ☞	《建筑装饰装修工程质量验收规范》（GB 50210—2001）
导入案例（案例式） ☞	涂料施工现场

涂饰工程所选用的建筑涂料，其各项性能应符合下述产品标准的技术指标。

《合成树脂乳液砂壁状建筑涂料》	JG/T 24
《合成树脂乳液外墙涂料》	GB/T 9755
《合成树脂乳液内墙涂料》	GB/T 9756
《溶剂型外墙涂料》	GB/T 9757
《复层建筑涂料》	GB/T 9779
《外墙无机建筑涂料》	JG/T 25
《饰面型防火涂料通用技术标准》	GB 12441
《水泥地板用漆》	HG/T 2004
《水溶性内墙涂料》	JC/T 423
《多彩内墙涂料》	JG/T 003
《聚氨酯清漆》	HG 2454
《聚氨酯磁漆》	HG/T 2660

1. 各分项工程的检验批规定划分

1）室外涂饰工程每一栋楼的同类涂料涂饰的墙面每 500～1000m² 应划分为一个检验批，不足 500 m² 也应划分为一个检验批。

2）室内涂饰工程同类涂料涂饰墙面每 50 间（大面积房间和走廊按涂饰面积 30m² 为一间）应划分为一个检验批，不足 50 间也应划分为一个检验批。

2. 检查数量

1）室外涂饰工程每 100 m² 应至少检查一处，每处不得小于 10m²。

2）室内涂饰工程每个检验应至少抽查 10%，并不得少于 3 间；不足 3 间时应全数检查。

3. 涂饰工程的基层处理

1）新建筑物的混凝土或抹灰层基层在涂饰涂料前应涂刷抗碱封闭底漆。

2）旧墙面在涂饰涂料前应清除疏松的旧装修层，并涂刷界面剂。

3）混凝土或抹灰基层涂刷溶剂型涂料时，含水率不得大于 8%；涂刷乳液型涂料时，含水率不得大于 10%。木材基层的含水率不得大于 12%。

4）基层腻子应平整、坚实、牢固，无粉化、起皮和裂缝；内墙腻子的黏结强度应符合《建筑室内用腻子》（JG/T 298－2010）的规定。

5）厨房、卫生间墙面必须使用耐水腻子。

6）水性涂料涂饰工程施工的环境温度应在 5～35℃之间。

7）涂饰工程应在涂层养护期满后进行质量验收。

任务 7.1 混凝土及抹灰面乳液涂料

7.1.1 施工准备

1. 材料

1）涂料：丙烯酸合成树脂乳液涂料、抗碱封闭底漆。其品种、颜色应符合设计要求，并应有产品合格证和检测报告。

2）辅料：成品腻子粉、石膏、界面剂应有产品合格证。厨房、厕所、浴室必须使用耐水腻子。

2. 主要机具

涂料搅拌器、喷枪、气泵、胶皮刮板、钢片刮板、腻子托板、排笔、刷子、砂纸、靠尺、线坠。

3. 作业条件

1）各种孔洞修补及抹灰作业全部完成，验收合格。

2）门窗玻璃安装、管道设备试压及防水工程完毕并验收合格。

3）基层应干燥，含水率不大于 10%。

4）施工环境清洁、通风、无尘埃，作业面环境温度应在 5～35℃。

5）施工前先做样板，经设计、监理、建设单位及有关质量部门验收合格后，再大面积施工。

6）对操作人员进行安全技术交底。

7.1.2 操作工艺

1. 工艺流程

基层处理→刷底漆→刮腻子→刷涂料。

2. 操作方法

（1）基层处理

将基层起皮松动处清除干净，用聚合物水泥砂浆补抹后，将残留灰渣铲除扫净，基层处理相关工具如图 7.1 所示。

（2）刷底漆

新建筑物的混凝土或抹灰基层在涂饰前应涂刷抗碱封闭底漆，改造工程在涂饰涂料前应清除疏松的旧装饰层，并涂刷界面剂。

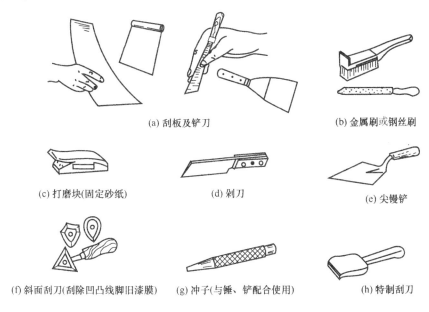

(a) 刮板及铲刀　　　　　　　　　　(b) 金属刷或钢丝刷

(c) 打磨块(固定砂纸)　　　(d) 剁刀　　　　　(e) 尖镘铲

(f) 斜面刮刀(刮除凹凸线脚旧漆膜)　(g) 冲子(与锤、铲配合使用)　(h) 特制刮刀

图 7.1　涂料工程基层处理相关工具

（3）刮腻子

刮腻子的遍数可由墙面平整程度决定，一般情况为三遍。第一遍用胶皮刮板横向满刮，一刮板接一刮板，接头不得留槎，每一刮板最后收头要干净利索。干燥后用砂纸打磨，将浮腻子及斑迹磨光，再将墙面清扫干净。第二遍仍用胶皮刮板纵向满刮，方法同第一遍。第三遍用胶皮刮板找补腻子或用钢片刮板满刮腻子，腻子应刮的尽量薄，将墙面刮平、刮光。干燥后用细砂纸磨平、磨光，不得遗漏或将腻子磨穿。

（4）刷涂料

1）涂刷方法。

① 刷涂法：先将基层清扫干净，涂料用排笔涂刷。涂料使用前应搅拌均匀，适当加水稀释，防止头遍漆刷不开。干燥后复补腻子，用砂纸磨光，清扫干净。

② 滚涂法：将蘸取涂料的毛辊先按"W"方式运动将涂料大致涂在基层上，然后用不蘸涂料的毛辊紧贴基层上下、左右来回滚动，使涂料在基层上均匀展开。最后用蘸取涂料的毛辊按一定方向满滚一遍，阴角及上下口处则宜采用排笔刷涂找齐。

③ 喷涂法：喷枪压力宜控制在 0.4～0.8MPa 范围内。喷涂时，喷枪与墙面应保持垂直，距离宜在 500mm 左右，匀速平行移动，重叠宽度宜控制在喷涂宽度的 1/3，涂料喷涂喷枪类型如图 7.2 所示。

2）刷第一遍涂料：涂刷顺序是先刷顶棚后刷墙面，墙面是先上后下，先左后右操作。

3）刷第二遍涂料：操作方法同第一遍，使用前充分搅拌，如不很稠，不宜加水，以防透底。漆膜干燥后，用细砂纸将墙面小疙瘩和排笔毛打磨掉，磨光滑后清扫干净。

4）刷第三遍涂料：做法同第二遍。由于漆膜干燥较快，涂刷时应从一头开始，逐渐刷向另一头。涂刷要上下顺刷，互相衔接，后一排笔紧接前一排笔，大面积施工时应几人配合一次完成，避免出现干燥后再接槎。

(a) 吸出式喷枪　　　(b) 对嘴式喷枪　　　(c) 流出式喷枪

图 7.2　涂料喷涂喷枪类型

7.1.3　质量标准

1. 主控项目

1）涂料的品种、型号和性能应符合设计要求。

检验方法：检查产品合格证书、性能检测报告和进场验收记录。

2）涂料的颜色、图案需符合设计要求。

检验方法：观察。

3）涂料的涂刷应均匀、黏结牢固，不得漏涂、透底、起皮和掉粉。

检验方法：观察、手摸检查。

4）基层处理应符合现行国家标准《建筑装饰装修工程质量验收规范》（GB 50210—2001）相关规定。

检验方法：观察、手摸检查、检查施工记录。

2. 一般项目

1）薄涂料的涂饰质量和检验方法应符合表 7.1 的规定。

表 7.1　薄涂料的涂饰质量和检验方法

项次	项目	普通涂饰	高级涂饰	检验方法
1	颜 色	均匀一致	均匀一致	观察
2	泛碱、咬色	允许少量轻微	不允许	
3	流坠、疙瘩	允许少量轻微	不允许	
4	砂眼、刷纹	允许少量轻微砂眼，刷纹通顺	无砂眼，无刷纹	
5	装饰线、分色线直线度允许偏差（mm）	2	1	拉 5m 线，不足 5m 拉通线，用钢直尺检查

2）厚涂料的涂饰质量和检验方法应符合表 7.2 的规定。

表 7.2　厚涂料的涂饰质量和检验方法

项次	项目	普通涂饰	高级涂饰	检验方法
1	颜色	均匀一致	均匀一致	
2	泛碱、咬色	允许少量轻微	不允许	观察
3	点状分布	—	疏密均匀	

3）复层涂料的涂饰质量和检验方法应符合表 7.3 的规定。

表 7.3　复层涂料的涂饰质量和检验方法

项次	项目	质量要求	检验方法
1	颜色	均匀一致	
2	泛碱、咬色	不允许	观察
3	喷点疏密程度	均匀，不允许连片	

4）涂层与其他装修材料和设备衔接处应吻合，界面应清晰。

检验方法：观察。

3. 成品保护

1）涂刷前清理好周围环境，防止尘土飞扬，影响涂饰质量。

2）涂刷前，应对室内外门窗、玻璃、水暖管线、电气开关盒、插座和灯座及其他设备不刷浆的部位、已完成的墙或地面面层等处采取可靠遮盖保护措施，防止造成污染。

3）为减少污染，应事先将门窗四周用排笔刷好后，再进行大面积施涂。

4）移动涂料桶等施工工具时，严禁在地面上拖拉。拆架子或移动高凳应注意保护好已涂刷的墙面。

4. 应注意的质量、环境和职业健康安全问题

（1）应注意的质量问题

1）刷涂料时应注意不漏刷，并保持涂料的稠度，不可加水过多，防止因涂料膜薄造成透底。

2）涂刷时应上下顺刷，后一排笔紧接前一排笔，不可使间隔时间拖长，大面积涂刷时，应配足人员，互相衔接，防止涂饰面接槎明显。

3）涂料稠度应适中，排笔蘸涂料量应适当，防止刷纹过大。

4）施工前应认真划好分色线，沿线粘贴美纹纸。涂刷时用力均匀，起落要轻，不能越线，避免涂饰面分色线不整齐。

5）涂刷带颜色的涂料时，保证独立面每遍用同一批涂料，一次用完，确保颜色一致。

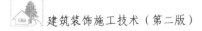

6）涂刷前应做好基层清理，有油污处应清理干净，含水率不得大于 10%，防止起皮、开裂等现象。

（2）应注意的环境问题

1）涂料施工时尽可能采用涂刷方法，避免喷涂对周围环境造成污染。

2）室内乳液涂料有害物质含量，应符合现行国家标准的规定。

3）用剩的涂料应及时入桶盖严。空容器、废棉纱、旧排笔等应集中处理，统一消纳。

4）禁止在室内现场用有机溶剂清洗施工用具。

（3）应注意的职业健康安全问题

1）作业高度超过 2m 时应按规定搭设脚手架，施工中使用的人字梯、条凳、架子等应符合规定要求，确保安全，方便操作。

2）施工现场应保持适当通风，狭窄隐蔽的工作面应安置通风设备。施工时，喷涂操作人员如感到头疼、心悸、恶心时，应立即停止作业，到户外呼吸新鲜空气。

3）夜间施工时，移动照明应采用 36V 低压设备。

4）采用喷涂作业方法时，操作人员应配备口罩、护目镜、手套、呼吸保护器等防护工具。

5）现场应设置涂料库，做到干燥、通风。

6）喷涂时，如发现喷枪出漆不匀，严禁对着人检查。一般应在施工前用水代替进行检查，无问题后再正式喷涂。

5. 质量记录

1）涂料产品合格证、性能检测报告和有害物质含量检测报告。

2）检验批质量验收记录。

3）分项工程质量验收记录。

任务 *7.2* 混凝土及抹灰面溶剂型涂料

7.2.1　施工准备

1. 材料

1）涂料：各色溶剂型涂料（丙烯酸酯涂料、聚氨酯丙烯酸涂料、有机硅丙烯酸涂料、醇酸树脂漆等）。

2）辅料：大白粉、石膏粉、光油、成品腻子粉、涂料配套使用的稀释剂。

3）材料质量要求：涂料和辅料应有出厂合格证、质量保证书、性能检测报告、涂料有害物质含量检测报告。

2. 主要机具

喷枪、气泵、油漆桶、胶皮刮板、开刀、棕刷、调漆桶、排笔、棉丝、擦布、扫帚等。

3. 作业条件

1）设备管洞处理完毕，门窗玻璃安装工程施工完毕，并验收合格。

2）作业环境温度不低于 10℃，相对湿度不宜大于 60%。

3）基层干燥，含水率不大于 8%。

4）施工现场环境清洁、通风、无尘埃，有可靠的遮挡措施。

5）施工前做样板，经设计、监理、建设单位及有关质量部门验收合格后，再大面积施工。

6）对操作人员进行安全技术交底。

7.2.2　操作工艺

1. 施工工艺流程

基层处理→磨砂纸打平→涂底漆→满刮第一遍腻子、磨光→满刮第二遍腻子→弹分色线→涂刷第一遍涂料→复补腻子、修补磨光擦净→涂刷第二遍涂料→磨光→涂刷第三遍涂料。

2. 操作方法

（1）基层处理

清理松散物质、粉末、泥土等。旧漆膜用碱溶液或胶漆剂清除。灰尘污物用湿布擦除，油污等用溶剂或清洁剂去除。基层磕碰、麻面、缝隙等处用石膏腻子修补。

（2）磨砂纸打平

处理后的基层干燥后，用砂纸将残渣、斑迹、灰渣等杂物磨平、磨光。

（3）涂底漆

使用与面层匹配的底漆，采用滚涂、刷涂、喷涂等方法施工，深入渗透基层，形成牢固的基面。

（4）满刮第一遍腻子、磨光

操作时用胶皮刮板横向满刮，一刮板紧接一刮板，接头不得留槎，每刮一刮板最后收头时，要注意收的干净利落。干燥后用 1#砂纸打磨，将浮腻子、斑迹、刷纹磨平、磨光。

（5）满刮第二遍腻子

第二遍腻子用胶皮刮板竖向满刮，所用材料和方法同第一遍。干燥后用 1#砂纸磨平并清扫干净。

（6）弹分色线

如墙面有分色，应在涂刷前弹分色线，涂刷时先刷浅色涂料后再刷深色涂料。

（7）涂刷第一遍涂料

涂刷顺序应从上到下、从左到右。不应刮刷，以免涂刷过厚或漏刷；当为喷涂时，喷嘴距墙面一般为 400～600mm 左右，喷涂时喷嘴垂直于墙面与被涂墙面平行稳步移动。

（8）复补腻子、修补磨光擦净

第一遍涂料干燥后，个别缺陷或漏抹腻子处要复补腻子，干燥后磨砂纸，把小疙瘩、腻子斑迹磨平、磨光，然后清扫干净。

（9）涂刷第二遍涂料

涂刷及喷涂做法同第一遍涂料操作。

（10）磨光

第二遍涂料干燥后，个别缺陷或漏抹腻子处要复补腻子，干燥后磨砂纸，把小疙瘩、腻子斑迹磨平、磨光，然后清扫干净。

（11）涂刷第三遍涂料

此道工序为最后一遍罩面涂料，涂料稠度可稍大。但在涂刷时应多理多顺，使涂膜饱满，薄厚均匀一致，不流不坠。在大面积施工时，应几人同时配合，一次完成。

7.2.3 质量标准

1. 主控项目

1）涂料的品种、型号和性能应符合设计要求。

检验方法：检查产品合格证书、性能检测报告和进场验收记录。

2）涂饰工程的颜色、光泽、图案应符合设计要求。

检验方法：观察。

3）涂料涂饰工程应涂饰均匀、黏结牢固，不得漏涂、透底、起皮和返锈。

检验方法：观察、手摸检查。

4）基层处理应符合现行国家标准《建筑装饰装修工程质量验收规范》（GB 50210—2001）相关规定。

检验方法：观察、手摸检查、检查施工记录。

2．一般项目

1）色漆的涂饰质量和检验方法应符合表 7.4 的规定。

表 7.4　色漆的涂饰质量和检验方法

项目	普通涂饰	高级涂饰	检验方法
颜色	均匀一致	均匀一致	观察
光泽、光滑	光泽基本均匀、光滑、无挡手感	光泽均匀一致、光滑	观察、手摸检查
刷纹	刷纹通顺	无刷纹	观察
裹棱、流坠、皱皮	明显处不允许	不允许	观察
装饰线、分色线直线度允许偏差（mm）	2	1	拉 5m 线，不足 5m 拉通线，用钢直尺检查

2）涂层与其他装修材料和设备衔接处应吻合，界面应清晰。

检验方法：观察。

3．成品保护

1）涂刷前清理好周围环境，防止尘土飞扬，影响涂料质量。

2）做好对不同色调、不同界面的预先遮盖保护，以防施工中越界污染。

3）油性涂料完成后，要采取可靠保护措施，不得磕碰、污染涂膜。涂料未干之前，不得打扫地面、窗台等，防止灰尘污染面层涂膜。

4．应注意的质量、环境和职业健康安全问题

（1）应注意的质量问题

1）涂刷前的基层一定要充分干燥，含水率不得大于 8%。涂刷时底漆应涂刷均匀，避免封闭不严，防止因基层湿度过大和底漆封闭不严造成涂膜起泡。

2）涂刷前应按比例稀释油性涂料，涂刷时不要沾油太厚，做到多刷多理，使油性涂料充分均匀，防止因一次刷得太厚，造成涂料流坠。

3）涂刷油性涂料前，应做好涂料的过滤和沉淀，工作面清理干净无灰尘，油刷用稀释剂浸泡干净，无漆渣等杂质，防止造成漆面粗糙。

4）涂刷油性涂料时要掌握工作环境温度，气温不低于 10℃，涂刷要按流程操作，不可减免底漆涂刷层次，避免涂料表面光泽度差。

5）涂刷时要严格控制各层的干燥时间和程度，在第一遍漆未干透时不要刷第二

遍，防止下层漆中的溶剂挥发造成上层漆膜起皱。

（2）应注意的环境问题

1）涂料施工应尽可能采用涂刷方法，避免喷涂作业对周围环境的污染。

2）涂刷前，室内垃圾应装袋外运，过量灰尘应用吸尘器或洒水降尘的方法清除。

3）施工中所选用的材料，应符合现行国家标准的规定，完工后应对室内空气中甲醛及苯等有害物质的含量进行检测。

4）未用完的材料严禁与水、醇、酸、碱等接触，应及时封口，以防气味飘散增加空气中有害气体浓度；禁止在室内现场用有机溶剂清洗施工用具。

5）施工用过的棉丝、布团、涂料桶、剩余的涂料、稀释剂、固化剂等有毒、易燃物不得随地乱扔乱倒，应分别置放于密闭的容器中，及时妥善消纳。

（3）应注意的职业健康安全问题

1）严禁在施工现场吸烟及使用明火。

2）作业高度超过 2m 时应搭设脚手架，施工中使用的人字梯、条凳、架子等应符合规定要求，确保安全，方便操作。

3）施工现场应保持适当通风，狭窄隐蔽的工作面应安置通风设备。施工时，喷涂操作人员如感到头疼、心悸、恶心时，应立即停止作业到户外呼吸新鲜空气。

4）采用喷涂作业时，操作工应戴工作帽、手套、护目镜、口罩或呼吸保护器。

5）现场应设涂料库房，做到封闭、通风、干燥、远离火源，并配备消防器材，采取防静电措施。

6）涂料、稀释剂等易燃材料应盛入有盖的专用容器内，盖严或拧紧，不得放在敞口无盖或塑料容器内。

7）喷涂时，如发现喷枪出漆不匀，严禁对着人检查。一般应在施工前用水代替进行检查，无问题后再正式喷涂。

5. 质量记录

1）涂料产品合格证、性能检测报告和有害物质含量检测报告。

2）检验批质量验收记录。

3）分项工程质量验收记录。

任务 7.3 金属面施涂混色油漆

7.3.1 施工准备

1. 材料

（1）涂料

调合漆、清漆、醇酸清漆、醇酸磁漆、金属漆、硝基磁漆（带配套底漆）、防锈漆等。

（2）辅料

石膏、原子灰及各种配套稀释剂。

（3）材料质量要求

涂料和辅料应有出厂合格证、性能检测报告、有害物质含量检测报告。

2. 主要机具

气泵、喷枪、电动砂轮机、角磨机、油刷、油画笔、腻子板、钢刮板、橡皮刮板、砂纸、砂布、钢丝刷、铲刀、钢锉等。

3. 作业条件

1）抹灰、地面施工完毕，水暖、电气设备安装完毕，并验收合格。

2）施工时环境温度一般保持在 10~35℃，相对湿度不宜大于 60%。

3）施工环境清洁、通风、无尘。油漆施工时宜进行封闭或采取必要的防风措施，应避开大风、大雨、大雾天气。

4）施工前对金属面应认真检查，有变形不合格者，应及时修理或更换。

5）施工前应做样板，经设计、监理、建设单位及有关质量部门检验确定，然后再展开大面积施工。

6）对操作人员进行安全技术交底。

7.3.2 操作工艺

1. 工艺流程

基层处理→磷化、刷防锈漆→刮腻子→刷（喷）油漆。

2. 操作工艺

（1）基层处理

基层处理包括清扫、砂磨、脱脂、除锈。

1）清扫：首先将金属面上浮土、灰浆等清除干净。

2）砂磨：基层表面上的焊疤、铁刺、棱角、颗粒等均要进行细致的砂磨处理。

3）脱脂：用有机溶剂、碱液清除基层表面的油脂、污渍等。经脱脂后的基层表面必须擦净晾干，以免影响涂刷质量。

4）除锈：可采用物理、化学两种方式进行。

① 物理方式通常采用机械清除、手工清除、喷砂清除等。

② 化学方式常用酸性溶液浸泡或刷洗基层表面，将锈清除干净后，用流动水冲洗基层表面，擦净晾干。

（2）刷防锈漆

基层表面处理完后，可直接刷防锈漆。已刷防锈漆但出现锈斑的金属面，需用铲刀铲除底层防锈漆，用钢丝刷和砂布彻底打磨干净，补刷一道防锈漆。

（3）刮腻子

防锈漆干透后，将金属面的砂眼、凹坑、缺棱、拼缝等处，用腻子刮平整。待腻子干透后，用 1#砂纸打磨，磨完砂纸后用湿布将面上的粉末擦净晾干。然后在基层表面上满刮一遍腻子，要求刮的薄，收的干净，均匀、平整、无飞刺。待腻子干透后再用 1#砂纸打磨，注意保护棱角，要求达到表面光滑，线角平直，整齐一致。

（4）刷（喷）油漆

涂刷方法有刷涂和喷涂两种。

1）刷涂：

① 油漆的颜色应符合样板色泽。刷油漆时应遵循先上后下、先左后右、先外后内、先小面后大面、先四周后中间原则，并注意分色清晰整齐，厚薄均匀一致。

② 补腻子、磨砂纸：待油漆干透后，对底腻子收缩凹陷或残缺处，再用腻子补刮一次。待腻子干透，用 1#砂纸打磨，磨好后用湿布将磨下的粉末擦净晾干。

③ 刷第二道油漆：操作方法同第一道油漆。第二道油漆刷完晾干后，用 1#砂纸或旧砂纸轻磨一遍，注意保护棱角，不要把油漆磨穿。磨好后用湿布将磨下的粉末擦净晾干。

④ 刷面漆：最后一道面漆稠度应稍大，涂刷时要多刷多理，刷油饱满、不流不附、光亮均匀、色泽一致。

2）喷涂：喷涂遍数同刷涂。采用压枪法喷涂，按不同油漆的配比进行稀释，使其稠度满足喷涂要求，其操作方法如下：

① 先沿喷涂面两侧边缘纵向喷涂一遍，然后从喷涂面的左上角向右水平横向喷涂，喷至右端后，再从右向左水平横向喷涂。后一枪喷的涂层，应压住前一枪所喷涂层的一半，以使涂层厚度均匀。

② 喷嘴要与喷涂面垂直，喷枪移动时必须走直线，移动速度要均匀，每次喷涂长度在 1.5m 左右为宜，接头处喷涂要轻飘，以使颜色深浅一致。

7.3.3　质量标准

1. 主控项目

1）所选用涂料和材料的品种、型号、性能应符合设计要求。

检验方法：检查产品合格证书、性能检测报告和进场验收记录。

2）涂料做法及颜色、光泽、图案等饰涂效果应符合设计及选定的样板要求。

检验方法：观察。

3）涂饰应均匀、黏结牢固，不得有漏刷、透底、起皮、反锈和斑迹。

检验方法：观察、手摸检查。

4）基层处理的质量应符合现行国家标准《建筑装饰装修工程质量验收规范》（GB 50210— 2001）相关规定。

2. 一般项目

1）涂层与其他装修材料和设备衔接处应吻合，界面应清晰。

检验方法：观察。

2）金属面涂刷混色油漆的涂饰质量和检验方法见表 7.5。

表 7.5　金属面混色油漆的涂饰质量和检验方法

项目	普通油漆	高级油漆	检验方法
颜色	均匀一致	均匀一致	观察
光泽、光滑	光泽基本均匀、漆面无挡手感	光泽均匀一致、漆面光滑	观察、手摸
刷纹	刷纹通顺	无刷纹	观察、手摸
裹棱、流坠、皱皮	明显处不允许	不允许	观察
装饰线、分色线直顺度允许偏差（mm）	2	1	拉 5m 线，不足 5m 拉通线，用钢直尺检查

注：涂刷无色漆，不检查光泽。

3. 成品保护

1）涂刷前应将作业场所清扫干净，防止灰尘飞扬，影响油漆质量。

2）涂刷作业前，做好对不同色调、不同界面及五金配件等的遮盖保护，以防油漆越界污染。

3）涂刷门窗油漆时，应将门窗扇固定，防止门窗与框相合，粘坏漆膜。

4）涂刷作业时，细部、五金件、不同颜色交界处要小心仔细，一旦出现越界污染，必须及时处理。

5）涂刷完成后，应派专人负责看管或采取有效的保护措施，防止成品破坏。

4. 应注意的质量、环境和职业健康安全问题

（1）应注意的质量问题

1）施工现场应保持清洁、通风良好，不得尘土飞扬。涂料使用前应过滤杂质，打磨作业时应仔细，保证平整光滑，避免成活的涂料表面粗糙。

2）调配涂料时，应注意产品的配套性，严格掌握涂料浓度，不得过稀或过稠，添加固化剂、催干剂和稀释剂的比例应适当，以防刷（喷）后出现皱纹、橘皮、流坠。

3）刷（喷）油漆时，每道不宜太厚太重，应严格控制时间间隔。喷涂时应控制好喷枪压力和喷涂距离，避免造成橘皮、流坠、裹棱等问题

4）涂刷油漆时，应注意门窗的上下冒头、靠合页的小面和门窗框、压条的端部要涂刷到位。门窗安装前和纱门、纱窗绷纱前，应先把油漆刷好，避免安装、绷纱后油工无法作业，造成漏刷。

5）金属基层表面应在涂刷前认真进行除锈、涂刷防锈涂层，以防造成反锈。

6）涂刷油漆前应对合页槽、上下冒头、框件接头、钉孔、拼缝以及边棱伤痕等处，认真进行砂磨、补腻子和砂纸打磨，防止出现不平、不光、疤痕等缺陷。

7）涂刷油漆时，刷毛应用烯料泡软后使用，宜用羊毛板刷，不宜用棕刷，避免因刷毛太硬、油漆太稠造成表面明显刷纹。

8）作业时，五金件、不同颜色分色线要仔细施工，并遮盖保护，避免造成分色线不清晰、不顺直和涂料越界污染现象。

9）雨季施工应控制作业现场的空气湿度，并用湿度计进行检测。当空气湿度超过规定要求时，可在油漆中加入适量的催干剂，防止油漆完工后出现漆膜泛白现象。

（2）应注意的环境问题

1）施工所用的各种原材料，必须符合现行国家标准中的有害物质限量标准，完工后应对室内空气中甲醛及苯等有害物质的含量进行检测。

2）施工前清除作业环境的过量灰尘时，应洒水降尘或使用吸尘器，施工过程中的垃圾应装袋清运，避免随意抛撒。

3）油漆施工时应尽可能采用涂刷方法，以减少对周围环境的污染。

4）未用完材料禁止与水、醇、酸、碱等接触，应及时封口，防止油漆气味飘散，禁止在现场室内用有机溶剂清洗施工用具。

5）用过的棉丝、涂料桶及残剩的油性涂料、烯料、固化剂等有毒、易燃物不得乱扔，应分别存放在有盖容器内并及时妥善消纳。

（3）应注意的职业健康安全问题

1）严禁在油漆施工现场吸烟和使用明火。

2）作业高度超过 2m 时应搭设脚手架，施工中使用的人字梯、高凳、架子等应符合相关规定要求，确保安全、方便操作。

3）施工现场应保持适当通风，狭窄隐蔽的工作面应安置通风设备。施工时，喷涂操作人员如感到头疼、心悸、恶心时，应立即停止作业到户外呼吸新鲜空气。

4）采用喷涂作业方法时，操作人员应戴口罩、工作帽、防护手套、护目镜、呼吸

保护器等防护设施。

5）涂刷外窗涂料时，严禁站或骑在窗槛上操作，应将安全带挂在牢靠的地方。

6）现场应设置油漆材料库房，做到封闭、干燥、阴凉、通风、远离火源。库房内应设有灭火器材并采取防静电措施。

7）油漆、稀释剂等易燃物品应盛入有盖容器内，并盖严拧紧，不得存放在无盖或敞口容器内。

8）喷涂时，如发现喷枪出漆不匀，严禁对着人检查。一般应在施工前用水代替进行检查，无问题后再正式喷涂。

5. 质量记录

1）涂料产品合格证、性能检测报告和有害物质含量检测报告。

2）检验批质量验收记录。

3）分项工程质量验收记录。

任务7.4 木饰面清色油漆

7.4.1 施工准备

1. 材料

（1）涂料

清漆（硝基清漆、醇酸清漆、聚酯清漆）、透明底漆、有色透明清漆等。

（2）辅料

着色剂（着色油、色精、色油）、透明腻子、大白粉、天那水或配套稀释剂、醇酸稀料、配套固化剂、催干剂等。

（3）材料质量要求

涂料和辅料应有出厂合格证、性能检测报告、有害物质含量检测报告。

2. 主要机具

喷枪、气泵、油刷、毛笔、小色碟、腻子板、腻子刀、木砂纸（120#）、水砂纸（360#）、擦布（白棉布）、棉丝。

3. 作业条件

1）抹灰、地面、木制工程已完成，水暖、电气和设备安装工程完成，并经验收合格。

2）施工时环境温度一般不应低于10℃，相对湿度不宜大于60%。

3）木材基层的含水率不大于12%。

4）施工环境清洁、通风、无尘埃。施工时如室内未封闭，应有防风措施。

5）大面积施工前先做样板，经设计、监理、建设单位及有关质量部门检验确定后，方可大面积施工。

6）对操作人员进行安全技术交底。

7.4.2 操作工艺

1. 工艺流程

基层处理→擦色→刷（喷）第一道底漆→补钉眼、打磨→刷（喷）第二道底漆→打磨→刷（喷）第一道面漆→打磨、修色→刷（喷）第二、第三道面漆。

2. 操作方法

（1）基层处理

对基层表面上的灰尘、油污、斑点、胶渍等应刮除干净（注意不要刮出毛刺）。然后用砂纸顺木纹方向来回打磨，磨至平整光滑（注意不得将基层表面磨穿）。然后将磨下的粉尘掸掉，用湿布擦净晾干。

（2）擦色

基层擦色分水色粉和油色粉，用干净的白棉布或白棉纱蘸色粉，擦涂于木质基层表面，使色粉深入到木纹棕眼内，用白布擦涂均匀，使木质基层染色一致，晾干后用木砂纸轻轻顺木纹打磨一遍，使棕眼内的颜色与棕棱上的颜色深浅明显不同，用湿布将磨下的粉尘擦净晾干。

（3）刷（喷）第一道底漆

刷漆时要求羊毛板刷不掉毛，刷油动作要敏捷利索，不漏刷，要顺木纹方向多刷多理、涂刷均匀一致、不流不坠。刷完后仔细检查一遍，有缺陷及时处理，干透后进行下道工序。

（4）补钉眼、打磨

把调配好的有色腻子刮入钉眼、裂纹内。待腻子干透后用 1#木砂纸顺木纹轻轻打磨一遍。用湿布将磨下的粉尘擦净晾干。

（5）刷·（喷）第二、第三道底漆

用羊毛板刷涂刷第二、第三道底漆，操作方法同第一道底漆。第二道刷完后 12h 即可涂刷下一道。此道工序可在底漆中加入着色剂进行修色。

（6）打磨

底漆干透后，用 400#水砂纸蘸清水打磨一遍，使木材表面无油漆流坠痕迹，木线顺直、清晰、无裹棱，手摸光滑平整、无凸点，然后用湿布擦净晾干。

（7）刷（喷）第一道面漆

涂刷时应从外至内，从左到右，从上至下，顺着木纹涂刷，宜薄不宜厚，施涂时要均匀，多理多刷，防止漏刷和流坠。

（8）打磨、修色

第一道面漆漆膜干透后，检查表面色泽，对颜色不一致处，用小毛笔蘸调好的油色进行修色。用 600#～800#水砂纸打磨一遍，使表面色泽一致、平整光滑。磨后用湿布擦净晾干。

（9）刷（喷）第二、第三道面漆

涂刷方法同第一道面漆；在第二道面漆没干透的情况下刷第三道面漆（此道面漆中可加入着色剂调色）。最后一道面漆稠度应稍大，涂刷时要多理多刷、刷油饱满、不流不坠、光亮均匀、色泽一致。

（10）喷涂

上述各道油漆在条件允许时，可采用喷涂工艺。

1）先沿喷涂面两侧边缘纵向喷涂一遍，然后从喷涂面的左上角向右水平横向喷涂，喷至右端后，再从右向左水平横向喷涂。后一枪的涂层应压住前一枪涂层的一半，以使涂层厚度均匀。

2）喷嘴要与涂面垂直，喷枪移动时需走直线，移动速度要均匀，每次喷涂长度在1.5m左右为宜，接头处喷涂需轻飘，以便颜色深浅一致。

7.4.3 质量标准

1. 主控项目

1）所选用涂料的品种、型号和性能应符合设计要求。

检验方法：检查产品合格证书、性能检测报告和进场验收记录。

2）涂料做法及颜色、光泽、图案等饰涂效果应符合设计及选定的样板要求。

检验方法：观察。

3）涂饰工程基层处理的质量应符合现行国家标准《建筑装饰装修工程质量验收规范》（GB 50210—2001）相关规定。

检验方法：观察、手摸检查、检查施工记录。

4）涂饰工程应涂饰均匀、黏结牢固，不得漏刷、透底、起皮和返锈。

检验方法：观察、手摸检查。

2. 一般项目

1）涂层与其他装修材料和设备衔接处应吻合，界面应清晰。

检验方法：观察。

2）清漆的涂饰质量和检验方法见表7.6。

表7.6 清漆的涂饰质量和检验方法

项目	普通涂饰	高级涂饰	检验方法
颜色	基本一致	均匀一致	观察
木纹	木纹清楚、棕眼刮平	木纹清楚、棕眼刮平	
光泽、光滑	光泽基本均匀、光滑、无挡手感	光泽均匀一致、光滑	观察、手摸检查
刷纹	无刷纹	无刷纹	观察
裹棱、流坠、皱皮	明显处不允许	不允许	

3. 成品保护

1）涂刷作业前，应做好对不同色调、不同界面以及五金配件等的遮盖保护，以防油漆越界污染。

2）涂刷门窗油漆时，应将门窗扇相对固定，防止门窗扇与框相合，粘坏漆膜。

3）涂料作业时，细部、五金件、不同颜色交界处要小心仔细，一旦出现越界污染，必须及时处理。

4）涂刷完成后，应派专人负责看管或采取有效的保护措施，防止成品破坏。

4. 应注意的质量、环境和职业健康安全问题

（1）应注意的质量问题

1）施工现场应保持清洁、通风良好，不得尘土飞扬。涂料作业中打磨应仔细，做到平整光滑，避免造成涂料表面粗糙。

2）调配涂料时，应注意产品的配套性，控制涂料浓度，不得过稀或过稠，添加固化剂和稀释剂的比例应适当，刷（喷）油漆时，每道不宜太厚太重，应严格掌握时间间隔。喷涂时应控制好喷枪压力和喷涂距离。避免造成橘皮、流坠、裹棱等现象。

3）批刮腻子时，动作要快，收净刮光，不留"野腻子"。对于油性腻子，不宜过多往复批刮，防止腻子中油分挤出不易干透，造成漆膜皱皮。

4）涂刷作业时，应先将门窗的上下冒头、靠合页的小面和饰面压条的端部涂刷到位，防止木工安装完后油工无法作业，造成漏刷。

5）涂刷油漆时，宜用羊毛板刷，不宜用棕刷，油漆不应太稠，避免出现明显刷纹。

6）雨季施工应控制作业现场的空气湿度，可用湿度计进行检测。当空气湿度过大时，应在油漆中加入催干剂，避免涂料完工后出现漆膜泛白。

（2）应注意的环境问题

1）油性涂料施工应尽量采用刷涂，以免喷涂对周围环境的污染。

2）施工前清理室内垃圾时，不得从窗口向室外随意抛撒，应装袋外运。清除过量灰尘时，应使用吸尘器或洒水降尘的办法。

3）施工所用的各种原材料，室内装饰装修材料应符合现行国家标准中的有害物质限量标准，完工后应对室内空气中甲醛及苯等有害物质的含量进行检测，室内环境应符合现行国家标准《民用建筑工程室内环境污染控制规范》（GB 50325—2010）的要求。

4）未用完材料严禁与水、醇、酸、碱等接触，应及时封口盖严，避免气味飘散增加室内空气中的油漆浓度，禁止在现场室内用有机溶液清洗施工用具。

5）施涂用过的棉丝、油桶及残剩的涂料、稀料、固化剂等有毒、易燃物不得乱扔，应分别存放在有盖容器内，及时妥善消纳。

（3）应注意的职业健康安全问题

1）严禁在油漆施工现场吸烟和使用明火。

2）作业高度超过 2m 时应搭设脚手架，施工使用的人字梯、高凳、架子等应符合规定，确保安全，方便操作。

3）施工现场应保持适当通风，狭窄隐蔽的工作面应安置通风设备。施工时，喷涂操作人员如感到头疼、心悸、恶心时，应立即停止作业到户外呼吸新鲜空气。

4）采用喷涂作业方法时，应配备口罩、工作帽、防护手套、护目镜、呼吸保护器等防护设施。

5）施工现场应设置涂料库，做到封闭、干燥、通风且远离火源，并配备灭火器材，采取防静电措施。

6）油性涂料、稀释剂等易燃物品应盛入有盖专用容器内，并盖严或拧紧桶盖，不得存放在无盖或敞口容器内。

7）喷涂时，如发现喷枪出漆不匀，严禁对着人检查。一般应在施工前用水代替进行检查，无问题后再正式喷涂。

5. 质量记录

1）涂料产品合格证、性能检测报告和有害物质含量检测报告。
2）检验批质量验收记录。
3）分项工程质量验收记录。

涂料主要分为水溶型涂料和溶剂型涂料两大类，分别用在不同的基层上产生各不相同的作用，但主要仍是保护基体及装饰建筑的作用。

目前国内的涂料品种较多，涂料除按"底涂层、中间涂层、面涂层"常规施工外，根据设计要求还可按装饰质感划分为薄质、砂壁状、复层等几种涂料，施工中可以根据涂料品种、工程质量标准增加面涂层次数。应掌握涂料对基层的要求及不同基体常见的处理方法，同时，由于涂料的品种繁多，其施工工艺也各有特点，学习中应加以比较和区分。

7.1　简述涂料的施工方法。
7.2　试述涂料对基层的要求。
7.3　简述涂饰工程木质基层的常见处理方法。
7.4　在混凝土基层涂料施涂前，基层的复查内容包括哪些？
7.5　简述油漆的施工工艺流程及各工序的操作要点。

单元 8 门窗工程

学习目标 ☞

    1. 通过对不同类型门窗安装工序的重点介绍, 使学生能够对其完整施工过程有一个全面的认识。

    2. 通过对门窗安装工艺的深刻理解, 使学生学会正确选择材料和施工工艺, 并能合理地组织施工, 以达到保证工程质量的目的, 培养学生解决现场施工常见工程质量问题的能力。

    3. 在掌握施工工艺的基础上领会工程质量验收标准。

学习重点 ☞

1. 装饰木门窗的制作与安装工艺及质量验收。

2. 铝合金门窗的制作与安装及质量验收。

3. 塑钢门窗的制作与安装及质量验收。

4. 全玻璃装饰门的安装及质量验收。

5. 自动门、卷帘门的安装。

最新相关规范与标准 ☞ 《建筑装饰装修工程质量验收规范》（GB 50210—2001）

导入案例（案例式） ☞ 门窗工程施工现场

门、窗是建筑物重要的组成部分，它除了起到采光、通风和交通等作用外，在严寒地区还必须能够隔热以防止热量流失。

　　门窗的种类形式很多，分类方法多种多样。依据门窗材质，大致可以分为以下几类：木门窗、钢门窗、塑钢门窗、铝合金门窗、玻璃钢门窗、不锈钢门窗、铁花门窗。近年来，人民生活水平不断提高，门窗及其衍生产品的种类也在不断增多，档次逐步上升，例如隔热断桥铝门窗、木铝复合门窗、铝木复合门窗、实木门窗、阳光房、玻璃幕墙、木质幕墙等；按门窗功能可分为：防盗门、自动门、旋转门；按开启方式分为：固定窗、上悬窗、中悬窗、下悬窗、立转窗、平开门窗、滑轮平开窗、滑轮窗、平开下悬门窗、推拉门窗、推拉平开窗、折叠门、地弹簧门、提升推拉门、推拉折叠门、转门，如图 8.1 和图 8.2 所示。

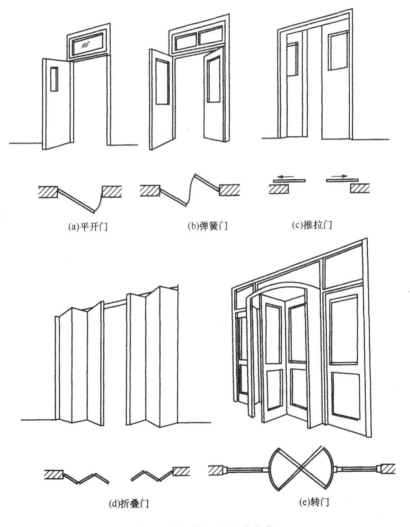

图 8.1　按门的开启方式分类

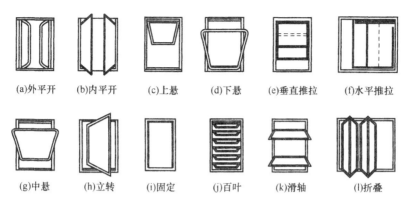

(a)外平开　(b)内平开　(c)上悬　(d)下悬　(e)垂直推拉　(f)水平推拉

(g)中悬　(h)立转　(i)固定　(j)百叶　(k)滑轴　(l)折叠

图 8.2　按窗的开启方式分类

任务 8.1 金属门窗安装

8.1.1 施工准备

1. 材料要求

1）钢门窗：钢门窗厂生产的合格的钢门窗，型号品种符合设计要求，如图 8.3 和图 8.4 所示。

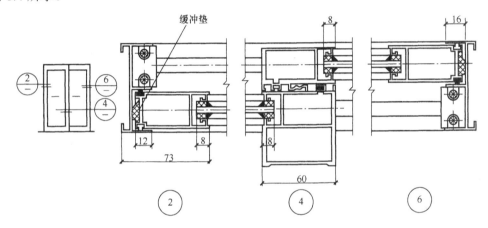

图 8.3 推拉铝合金门构造示意

2）水泥、砂：水泥 32.5 级以上，砂为中砂或粗砂。

3）玻璃、油灰：符合设计要求的玻璃。

4）焊条：符合要求的电焊条。

2. 主要机具

电钻、电焊机、手锤、螺丝刀、活扳手、钢卷尺、水平尺、线坠。

3. 作业条件

1）主体结构经有关质量部门验收合格，达到安装条件，工种之间已办好交接手续。

2）弹好室内＋50cm 水平线，并按建筑平面图所标尺寸弹好门窗中线。

3）检查钢筋混凝土过梁上连接固定钢门窗的预埋铁件、位置是否正确，对于预埋和位置不准的，按钢门窗安装要求补装齐全。

4）检查埋置钢门窗铁脚的预留孔洞是否正确，门窗洞口的高、宽尺寸是否合适。未留或留的不准的孔洞应校正后剔凿好，并将其清理干净。

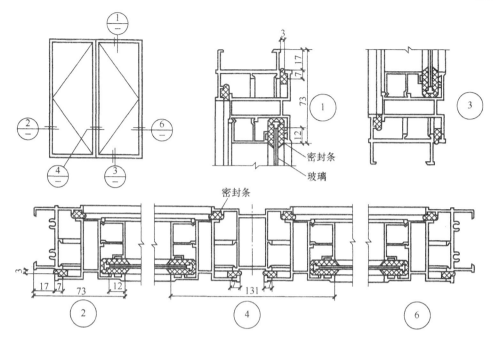

图 8.4 平开铝合金窗构造示意

5）对组合钢门窗，应先做试拼样板，经有关部门鉴定合格后，再大量组装。

8.1.2 操作工艺

1. 施工工艺流程

划线定位→钢门窗就位→钢门窗固定→五金配件安装。

2. 操作方法

（1）划线定位

1）图纸中门窗的安装位置、尺寸和标高，以门窗中线为准向两边量出门窗边线。

2）从各楼层室内＋50cm 水平线量出门窗的水平安装线。

3）依据门窗的边线和水平安装线做好各楼层门窗的安装标记。

（2）钢门窗就位

1）按图纸中要求的型号、规格及开启方向等，将所需要的钢门窗搬运到安装地点，并垫靠稳当。

2）将钢门窗立于图纸要求的安装位置，用木楔临时固定，将其铁脚插入预留孔中，然后根据门窗边线、水平线及距外墙皮的尺寸进行支垫，并用托线板吊垂直。

3）钢门窗就位时，应保证钢门窗上框距过梁有 20mm 缝隙，框左右缝宽一致，距外墙皮尺寸符合图纸要求。

（3）钢门窗固定

1）钢门窗就位后，校正其水平和正、侧面垂直，然后将上框铁脚与过梁预埋件焊牢，将框两侧铁脚插入预留孔内，用水把预留孔内湿润，用 1：2 较硬的水泥砂浆或 C20 细石混凝土将其填实后抹平。终凝前不得碰动框扇。

2）三天后取出四周木楔，用 1：2 水泥砂浆把框与墙之间的缝隙填实，与框同平面抹平。

（4）五金配件的安装

1）检查窗扇开启是否灵活，关闭是否严密，如有问题必须调整后再安装。

2）在开关零件的螺孔处配置合适的螺钉，将螺钉拧紧。

3）钢门锁的安装按说明书及施工图要求进行，安装后门锁应开关灵活。

8.1.3 质量标准

1. 主控项目

1）金属门窗品种、类型、规格、尺寸、性能、开启方向、安装位置、连接方式及门窗的型材壁厚应符合设计要求。防腐处理及嵌缝、密封处理应符合设计要求。

检查方法：观察；尺量检查；检查产品合格证书、性能检测报告、进场验收记录和复试报告；检查隐蔽工程验收记录。

2）金属门窗扇和副框的安装必须牢固。预埋件的数量、位置、埋设方式、与框的连接方式必须符合设计要求。

检验方法：手扳检查；检查隐蔽工程验收记录。

3）金属门窗扇必须安装牢固，并应开关灵活、关闭严密、无倒翘。推拉门窗扇必须有防脱落措施。

验收方法：观察；开启和关闭检查；手扳检查。

4）金属门窗配件的型号、规格、数量应符合设计要求，安装应牢固，位置应正确，功能应满足使用要求。

检验方法：观察；开启和关闭检查；手扳检查。

2. 一般项目

1）金属门窗表面应洁净、平整、光滑、色泽一致、无锈蚀。大面应无划痕、碰伤。漆膜或保护层应连续。

检验方法：观察。

2）铝合金门窗推拉门窗扇开关力应不大于 100N。

检验方法：用弹簧秤检查。

3）金属门窗框与墙体之间的缝隙应填嵌饱满，并采用密封胶。密封胶表面应光滑、顺直、无裂纹。

检验方法：观察；轻敲门窗框检查；检查隐蔽工程验收记录。

4）金属门窗扇的橡胶密封条或毛毡密封条应安装完好，不得脱槽。

验收方法：观察；开启和关闭检查。

5）有排水孔的金属门窗，排水孔应畅通，位置和数量应符合设计要求。

检验方法：观察。

6）钢门窗安装的留缝限值、允许偏差和检验方法应符合表 8.1 的规定。

表 8.1　钢门窗安装的留缝限值，允许偏差和检验方法

项次	项目		留缝限值 （mm）	允许偏差 （mm）	检验方法
1	门窗槽口宽度、高度	≤1500mm	—	2.5	用钢尺检查
		>1500 mm	—	3.5	
2	门窗槽口对角线长度差	≤2000 mm	—	5	用钢尺检查
		>2000 mm	—	6	
3	门窗框的正、侧面垂直		—	3	用 1m 垂直检测尺检查
4	门窗框的水平度		—	3	用 1m 垂直检测尺检查
5	门窗框标高		—	5	用钢尺检查
6	门窗竖向偏离中心		—	4	用钢尺检查
7	双层门窗内外框间距		—	5	用钢尺检查
8	门窗框、扇配合间距		≤2	—	用钢尺检查
9	无下框时门扇与地面间缝		4～8	—	用钢尺检查

3. 成品保护

1）金属门窗进场后，应按规格、型号分类垫高、垫平码放。立放角度不小于 70°，严禁与酸、碱、盐类物质接触，放置在通风、干燥的房间内，防止雨水侵入。

2）金属门窗运输时应轻拿轻放，并采取保护措施，避免挤压、磕碰，防止变形损坏。

3）抹灰时残留在门窗框和扇上的砂浆应及时清理干净。

4）严禁以门窗做脚手架固定点和架子的支点，禁止将架子拉、绑在门窗框和扇上，防止门窗移位变形。

5）严禁在金属门窗上连接接地线和在门窗框上引弧进行焊接作业，当连接件也预埋铁焊接时，门窗应采取保护措施，防止电焊火损坏门窗。

6）拆架子时，应注意保护门窗，若有开启的必须关好后，再落架子，防止撞坏门窗。

4. 应注意的质量环境后日职业健康安全问题

（1）应注意的质量问题

1）金属门窗在搬运、装卸时应轻抬、轻放；机械吊装用非金属绳索绑扎，选择平稳牢靠着力点，严禁框扇等局部受力；各包装件之间应加轻质衬垫，并用木板与车体隔开，绑扎固定牢靠，禁止松动运输，以防止门窗的翘曲、窜角、变形。

2）金属门窗安装前，洞口应弹线找规矩，安装时，同层应挂通线找水平，上下层应吊垂直线，防止上下门窗不顺直，左右门窗标高不一致。

3）金属门窗施工时应贴保护膜进行保护；铝合金门窗禁用水泥砂浆直接与门窗框接触，以防被污染、腐蚀。

4）金属窗框与墙体连接应采用质量合格的防水密封胶；推拉窗应设置排水孔；平开铝合金窗应按设计要求安装披水，以免因窗缝不严而渗水。

5）金属门窗安装时，中竖框与预埋件焊接或嵌固在预留孔中，应用水平尺找平，线坠吊正，严防中竖框向窗扇方向偏斜，造成框窗摩擦或相卡，而使门窗开关不灵活。

（2）应注意的环境问题

1）施工现场应做到活完脚下清，保持施工现场清洁、整齐、有序。

2）严格控制施工场地的噪声污染，装卸材料应做到轻拿轻放，对施工噪声应有管理制度。

3）严格控制固体废弃物的存放。施工垃圾应及时清理出场，不得随意丢弃。

4）各种胶的空桶应及时集中处理，剩余的密封胶，不用时应密封保存，不得长时间暴露污染环境。

5）室内门窗所材料应符合现行各家标准《民用建筑室内环境污染控制规范》（GB 50325—2010）的要求。

（3）应注意的职业健康安全问题

1）施工现场临时用电和施工操作应遵守国家现行标准的规定。

2）安装门、窗及安装玻璃时，严禁操作人员站在樘子、阳台栏板上操作。门、窗临时固定，封填材料未达到强度，严禁手拉门、窗进行攀登。

3）在高处外墙安装门、窗而无外脚手架时，应张挂安全网。无安全网时，操作人员应系好安全带，其保险钩应挂在操作人员上方的可靠物件上。

4）进行各项窗口作业时，操作人员的重心应位于室内，不得在窗口上站立，必要时系好安全带进行操作。

5）施工时，严禁从楼上向下抛撒物体。

6）施工现场未经批准不得动用明火。必须使用明火时，应及时清除周围及焊渣溅落的可燃物，并设专人监护。

7）点焊作业时，操作人员应戴手套和护目镜。

5. 质量记录

1）材料合格证、检验报告及进场检验记录（各种材料及配件均要做）。

2）外墙门窗抗风压性能、空气渗透性能和雨水渗漏性能的"三性"检验报告复试报告。

3）隐蔽工程检查记录（预埋件、固定件的安装稳固及门窗框的连接方式、防腐处理等）。

4）检验批质量验收记录。

5）分项工程质量验收记录。

任务8.2　塑料门窗安装

8.2.1　施工准备

1. 材料

1）安装的成品门窗框、扇纱扇和小五金其品种、规格、型号、质量和数量应符合设计要求。

2）安装材料：连接件、镀锌铁脚、$\phi 4mm \times 15mm$ 自攻螺栓、$\phi 8mm$ 尼龙胀管或膨胀螺栓、$\phi 5mm \times 30mm$ 螺丝、PE 发泡软料、乳胶密封胶、△型和〇型橡密封条、塑料垫片、玻璃压条、胶水、五金配件等材料质量应符合设计要求。

2. 主要机具

电锤、手枪钻、射钉枪、注膏枪、吊线坠、钢卷尺、锉刀、水平尺、靠尺、手锤等。

3. 作业条件

1）预留的门窗洞口周边，应抹 2～4mm 厚的 1：3 水泥砂浆，并用木抹子搓平、搓毛。

2）逐个检查已抹砂浆的预留洞口实际尺寸（包括应留的缝隙）与施工设计图核对，偏差处已及时整改。

3）准备简易脚手架及安全设施。

8.2.2　操作工艺

塑料门窗安装如图 8.5 所示。

1. 塑料门窗安装顺序

洞口周边抹水泥灰浆底糙→检查洞口安装尺寸（包括应留缝隙）→洞口弹门窗位置线→检查预埋件的位置和数量→框子安装连接铁件→立樘子、校正→连接铁件与墙体固定→框边填塞软质材料→注密封膏→验收密封膏注入质量→安装玻璃→安装小五金→清洁。

2. 弹门窗安装位置线

门窗洞口周边的底糙达到强度后，按施工设计图纸弹出门窗安装位置线，同时检查洞口内预埋件的位置和数量。如预埋件位置和数量不符合设计要求或没有预埋铁件或防腐木砖，则应在门窗安装线上弹出膨胀螺栓的钻孔位置。钻孔位置应与框子连接铁件位置相对应。

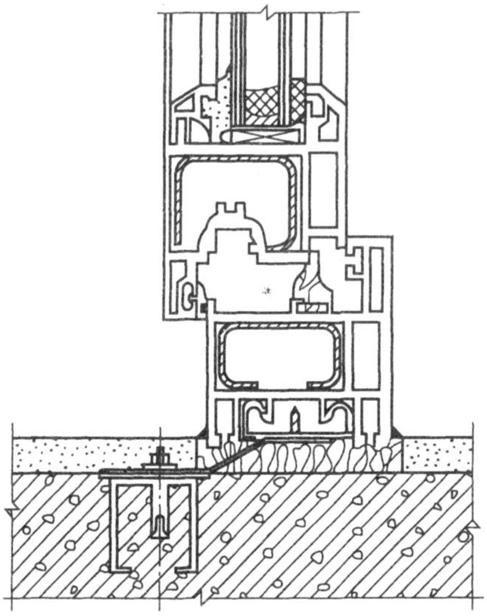

图 8.5 塑料门窗安装

3. 框子装连接铁件

框子连接铁件的安装位置是从门窗框宽和高度两端向内各标出 150mm，作为第一个连接件的安装点，中间安装点间距不大于 600mm。安装方法是：先把连接铁件与框子呈 45° 角放入框子背面燕尾槽口内，顺时针方向把连接件扳成直角，然后成孔旋进 ϕ4mm×15mm 自攻螺钉固定。严禁锤子敲打框子，以防损坏。

4. 立樘子

1）把门窗放进洞口安装线上就位，用对拔木楔临时固定。校正正、侧面垂直度、对角线和水平度合格后，将木楔固定牢靠。为防止门窗框受木楔挤压变形，木楔应塞在门窗角、中竖框、中横框等能受力的部位。框子固定后，应开启门窗扇，检查反复开关灵活度，如有问题应及时调整。

2）塑料门窗底、顶框连接件与洞口基体固定同边框固定方法。

3）用膨胀螺栓固定连接件。一只连接件不宜少于 2 个螺栓。如洞口是预埋木砖，则用两只螺钉将连接件固于木砖上。

5. 塞缝

门窗洞口面层粉刷前，除去安装时临时固定的木楔，在门窗周围缝隙内塞入发泡轻质材料（聚氨酯泡沫等），使之形成柔性连接，以适应热胀冷缩。从框底清理灰渣，嵌入密封膏，应填实均匀。连接件与墙面之间的空隙内，也需注满密封膏，其胶液应冒出连接件 1～2mm。严禁用水泥砂浆或麻刀灰填塞，以免门窗框架受震变形。

6. 安装小五金

塑料门窗安装小五金时，必须先在框架上钻孔，然后用自攻螺丝拧入，严禁直接锤击打入。

7. 安装玻璃

扇、框连在一起的半玻平开门，可在安装后直接装玻璃。对可拆卸的窗扇、可推拉窗扇，可先将玻璃装在扇上，再把扇装在框上。玻璃应由专业玻璃工操作。

8. 清洁

门窗洞口墙面面层粉刷时，应先在门窗框、扇上贴好防污纸防止水泥浆污染。局部受水泥浆污染的框扇，应即时用擦布抹拭干净。玻璃安装后，必须及时擦除玻璃上的胶液等污物，直至光洁明亮。

8.2.3 质量标准

1. 主控项目

1）塑料门窗的品种、类型、规格、尺寸、性能、开启方向、安装位置、连接方式及填嵌密封处理应符合设计要求。内衬增强型钢的壁厚及设置应符合国家现行产品标准的质量要求。

检验方法：观察；尺量检查；检查产品合格证书、性能检测报告、进场验收记录和复验报告；检查隐蔽工程验收记录。

2）塑料门窗框和副框的安装必须牢固。固定片或膨胀螺栓的数量与位置应正确，连接方式应符合设计要求。固定点应距窗角、中横框、中竖框 150～200mm，固定点间距应不大于 600mm。

检验方法：观察；手扳检查；尺量检验；检查进场验收记录。

3）塑料门窗拼樘料内衬增强型钢的规格、壁厚必须符合设计要求，型钢应与型材内腔紧密吻合，其两端必须与洞口固定牢固。窗框必须与拼樘料连接紧密，固定点间距应不大于 600mm。

检验方法：观察；手扳检查；尺量检验；检查进场验收记录。

4）塑料门窗扇（纱扇）应开关灵活、关闭严密，无倒翘。推拉门窗扇必须有防脱落措施。

检验方法：观察；开启和关闭检查；手扳检查。

5）塑料门窗配件型号、规格、数量应符合设计要求，安装应牢固，位置应正确，功能应满足使用要求。

检验方法：观察；开启和关闭检查；手扳检查。

6）塑料门窗框与墙体间缝隙应采用闭孔弹性材料填嵌饱满，表面应采用密封胶密封。密封胶应黏结牢固，表面应光滑、顺直、无裂纹。

检验方法：观察；检查隐蔽工程验收记录。

2. 一般项目

1）塑料门窗表面应洁净、平整、光滑，大面应无划痕、碰伤。

检验方法：观察。

2）塑料门窗扇的密封条不得脱槽。旋转窗间隙应基本均匀。

检验方法：观察。

3）塑料门窗的开关力应符合下列规定：

① 平开门窗扇铰链的开关力应不大于 80N；滑撑铰链的开关力应不大于 80N，并不小于 30N。

② 推拉门窗扇开关力应不大于 100N。

检验方法：用弹簧秤检查。

4）玻璃密封条与玻璃及玻璃槽口的连接缝应平整、不卷边、不脱槽。

检验方法：观察。

5）排水孔应畅通，位置和数量应符合设计要求。

检验方法：观察。

6）塑料门窗安装的允许偏差和检验方法应符合表 8.2 的规定。

表 8.2　塑料门窗安装的允许偏差和检验方法

项次	项目		允许偏差（mm）	检验方法
1	门窗槽口宽度、高度	≤1500mm	2	用钢尺检查
		>1500mm	3	
2	门窗槽口对角线长度差	≤2000mm	3	用钢尺检查
		>2000mm	5	
3	门窗框的正、侧面垂直度		3	用 1m 垂直检测尺检查
4	门窗横框的水平度		3	用 1m 水平尺和塞尺检查
5	门窗横框标高		5	用钢尺检查
6	门窗竖向偏离中心		5	用钢尺检查
7	双层门窗内外框间距		4	用钢尺检查
8	同樘平开门窗相邻扇高度差		2	用钢尺检查
9	平开门窗铰链部位配合间隙		+2；−1	用塞尺检查
10	推拉门窗扇与框搭接量		+1.5；−2.5	用钢直尺检查
11	推拉门窗扇与竖框平行度		2	用 1m 水平尺和塞尺检查

3. 成品保护

1）门窗应放在托架上运输、起吊，不得将抬杠穿入框内抬运。

2）施工中不得在门窗上搭设脚手架悬挂重物。

3）利用门窗洞口作搬运物料出入口时，应在门窗框边铺钉保护板，以防碰坏门窗框。

4）门窗搬运上楼，不得撞坏楼梯踏步，不得撞坏墙柱饰面板。

5）室内外墙面抹灰或作饰面板应采取防止水泥浆污染门窗框扇的措施。

6）门窗框粘有胶液的表面，应用浸有中性清洁剂的抹布擦拭干净。

4. 应注意的质量、环境和职业健康安全问题

（1）应注意的质量问题

1）塑料门窗安装时，应将门窗扇放入框内，当框和扇配合成套找正完毕，再检查门窗开关灵活度，合格后方可将门窗框固定。

2）木楔固定门窗框时，木楔应塞在门框能受力的部位，以防框子受压变形。

3）填塞洞口墙体与连接铁脚之间的缝隙时，密封胶应冒出铁脚 1～2mm。

4）不得用含沥青的材料、水泥砂浆、水泥麻刀填嵌门窗框与墙体之间的缝隙。

5）门窗框扇如有污染物，严禁用刀刮。

6）有后继施工的房间，门窗框的保护膜不得撕掉，如已损坏，应贴纸保护。

7）塑料推拉门窗扇应装设防脱落的装置。

（2）应注意的环境问题

1）施工用的各种材料应符合现行国家标准《民用建筑工程室内环境污染控制规范》（GB 50325—2007）的规定。

2）施工垃圾及时清理，做到活完脚下清，保持施工现场清洁、整齐、有序。

3）禁止将塑料制品在施工现场丢弃、焚烧，防止空气污染及有毒气体伤害人体。

（3）应注意的职业健康安全问题

1）施工中使用的电动工具及电气设备，均应符合国家现行标准的规定。

2）电动工具应安装漏电保护器，当使用射钉枪时应采取安全保护措施。

3）施工现场未经批准不得动用明火，必须使用明火时，应办理用火证并派专人监护，并配置灭火器材。

4）安装门、窗及安装玻璃时，严禁操作人员站在樘子、阳台栏板上操作。门、窗临时固定，封填材料未达到强度，以及电焊时，严禁手拉门、窗进行攀登。

5）在高处外墙安装门、窗，无外脚手架时，应张挂安全网。无安全网时，操作人员应系好安全带，其保险钩应挂在操作人员上方的可靠物件上。

6）进行各项窗口作业时，操作人员的重心应位于室内，不得在窗台上站立，必要时应系好安全带进行操作。

5. 质量记录

1）塑料门窗出厂合格证、检验报告记录。

2）外墙塑料门窗抗风压性能、空气渗透性能和雨水渗漏性能的"三性"检测报告和复试报告。

3）塑料门窗五金配件产品合格证。

4）密封胶和保温嵌缝材料出厂合格证。

5）连接件固定位置、嵌缝等隐蔽工程检查记录。

6）检验批质量验收记录。

7）分项工程的质量验收记录。

任务8.3　防火、防盗门

8.3.1　施工准备

1. 材料

1）防火、防盗门：分为钢质和木质防火、防盗门。防火门的防火等级分三级，其耐火极限应符合现行国家标准的有关规定；防火门采用的填充材料应符合现行国家标准的规定；玻璃应采用不影响防火门耐火性能试验合格的产品。

① 防火、防盗门的品种、规格、型号、尺寸、防火等级必须符合设计要求，生产厂家必须有主管部门批准核发的生产许可证书；产品出厂时应有出厂合格证、检测报告，每件产品上必须标有产品名称、规格、耐火等级、厂名及检验年、月、日。并经现场验收合格。

② 木质防火、防盗门除满足相关规范的要求外，其使用木材的含水率不得大于当地平均含水率。

2）五金：防火门五金件必须是经消防局认可的防火五金件，包括合页、门锁、闭门器、暗插销等，并有出厂合格证、检测报告。防盗门锁具必须有公安局的检验认可证书。

3）水泥：普通硅酸盐水泥或矿渣硅酸盐水泥，其强度等级不低于 32.5。砂：中砂或粗砂，过 5mm 孔径的筛子。

4）焊条应与其焊件要求相符配套，且应有出厂合格证。

2. 主要机具

电焊机、电钻、射钉枪、锤子、钳子、螺丝刀、扳手、水平尺、塞尺、钢尺、线坠、托线板、电焊面具、绝缘手套。

3. 作业条件

1）主体结构工程已完，且验收合格，工种之间已经办好交接手续。

2）按图纸尺寸弹放门中线，及室内标高控制线，并预检合格。

3）门洞口墙上的预埋件已按其要求预留，通过验收合格。

4）防火、防盗门进场时，其品种、规格、型号、尺寸、开启方向、五金配件均已通过验收合格，其外形及平整度已经检查校正，无翘曲、窜角、弯曲、劈裂等缺陷。

5）对操作人员进行安全技术交底。

6）校对与检查进场后的成品门的品种、型号、尺寸、开启方向、五金配件是否符合设计要求及现场实际尺寸。

8.3.2 操作工艺

1. 施工工艺流程

弹线→安装门框→塞缝→安装门扇→安装密封条、五金件。

2. 操作方法

（1）弹线

按设计图纸要求的安装位置、尺寸、标高，弹出防火、防盗门安装位置的垂直控制线和水平控制线。在同一场所的门，要拉通线或用水准仪进行检查，使门的安装标高一致。

（2）安装门框

1）立框、临时固定：将防火、防盗门的门框放入门洞口，注意门的开启方向，门框一般安装在墙厚的中心线上。用木楔临时固定，并按水平及中心控制线检查，调整门框的标高和垂直度。

2）框与墙体连接。当防火、防盗门为钢制时，其门框与墙体之间的连接应采用铁脚与墙体上的预埋件焊接固定。当墙上无预埋件时，将门框铁脚用膨胀螺栓或射钉固定，也可用铁脚与后置埋件焊接。每边固定点不少于 3 处。

当防火、防盗门为木质时，在立门框之前用颗沉头木螺钉通过中心两孔，将铁脚固定在门框上。通常铁脚间距为 500～800mm，每边固定不少于 3 个铁脚，固定位置与门洞预埋件相吻合。砌体墙门洞口，门框铁脚两头用沉头木螺钉与预埋木砖固定。无预埋木砖时，铁脚两头用膨胀螺栓固定，禁止用射钉固定；混凝土墙体，铁脚两头与预埋件用螺栓连接或焊接。若无预埋件，铁脚两头用膨胀螺栓或射钉固定。固定点不少于 3 个，而且连接要牢固。

（3）塞缝

门框周边缝隙用 C20 以上的细石混凝土或 1∶2 水泥砂浆填塞密实、镶嵌牢固，应保证与墙体连成整体。养护凝固后用水泥砂浆抹灰收口或门套施工。

（4）安装门扇

1）检查门扇与门框的尺寸、型号、防火等级及开启方向是否符合设计要求。

2）木质门扇安装时，先将门扇靠在框上划出相应的尺寸线。合页安装的数量按门自身重量和设计要求确定，通常为 2～4 片。上下合页分别距离门扇端头 200mm。合页裁口位置必须准确，保持大小、深浅一致。

3）金属门扇安装时，通常门扇与门框由厂家配家供应，只要核对好规格、型号、尺寸，调整好四周缝隙，直接将合页用螺钉固定到门框上即可。

（5）安装五金件

根据门的安装说明安装插销、闭门器、顺序器、门锁及拉手等五金件。

8.3.3 质量标准

1. 主控项目

1）防火、防盗门的质量和各项性能应符合设计要求。

检验方法：检查生产许可证、产品合格证书和性能检测报告。

2）防火、防盗门的品种、类型、规格、尺寸、开启方向、安装位置及防腐处理应符合设计要求。

检验方法：观察；尺量检查。检查进场验收记录和隐蔽工程验收记录。

3）带有机械装置、自动装置或智能化装置的防火、防盗门，其机械装置、自动装置或智能化装置的功能应符合实际要求和有关标准的规定。

检验方法：观察；检查产品合格证书和性能检测报告。

4）防火、防盗门的安装必须牢固。预埋件的数量、位置、埋设方式、与框的连接方式必须符合设计要求。

检验方法：观察；手扳检查；检查隐蔽工程验收记录。

5）防火、防盗门的配件应齐全，位置应正确，安装应牢固，功能应满足使用要求和防火、防盗门的各项性能要求。

检验方法：观察；手扳检查；检查生产许可证、产品合格证书、性能检测报告和验收记录。

2. 一般项目

1）防火、防盗门的表面装饰应符合设计要求。

检验方法：观察。

2）防火、防盗门的表面应洁净，无划痕、碰伤。

检验方法：观察。

3）钢质防火、防盗门的门框内灌入的豆石混凝土或砂浆应饱满。门框与墙之间的缝隙填塞密实。

检验方法：观察；敲击检查。

4）门扇子关闭应严密，开关应灵活。密封条接头和角部连接应无缝隙。

检验方法：观察。

5）五金安装槽口深浅应一致，边缘应整齐，尺寸与五金件应吻合。螺钉头应卧平。

检验方法：观察。

6）木质防火、防盗门安装的留缝限值、允许偏差和检验方法见表 8.3 规定。

表 8.3　木质防火、防盗门安装的留缝限值、允许偏差和检验方法

项目	留缝限值（mm）	允许偏差（mm）	检验方法
框的对角线长度差	—	2	用钢尺检查内外角

项　目	留缝限值（mm）	允许偏差（mm）	检验方法
框的正、侧面垂直度	—	2	用1m垂直检测尺检查
框与扇、扇与扇接触处高低差	—	2	用钢直尺和楔形塞尺检查
门扇对口缝宽度	1.0~2.5	—	用楔形塞尺检查
门扇与上框间留缝宽度	1~2	—	用楔形塞尺检查
门扇与侧框留缝	1~2.5	—	用楔形塞尺检查
门扇与下框间留缝	3~5	—	用楔形塞尺检查
无框门扇与地面的留缝宽度	5~8	—	用楔形塞尺检查

（7）钢质防火、防盗门安装的留缝限值、允许偏差和检验方法见表 8.4 规定。

表 8.4　钢质防火、防盗门安装的留缝限值、允许偏差和检验方法

项　目	留缝限值（mm）	允许偏差（mm）	检验方法
框的正、侧面垂直度	—	3	用1m垂直检测尺检查
框的对角线长度差	—	5	用钢尺检查内外角
门横框的水平度	—	3	用1m水平尺和塞尺检查
门横框标高	—	5	用钢尺检查
门扇与框间留缝	≤2	—	用楔形塞尺检查
门扇与地面的留缝宽度	4~8	—	用楔形塞尺检查

3. 成品保护

1）防火、防盗门进场后应妥善保管，入库存放，其存放架下面应架空垫平，离开地面 200mm 以上，按其型号及使用次序码放整齐，码放高度不得超过 1.2m。露天临时存放时，上面必须用苫布盖好，防止日晒、雨淋。

2）进场的木质防火、防盗门的门框，应将靠墙的一面进行防腐处理，其余各项应刷一道清漆，防止受潮后变形及污染。

3）木质防火、防盗门框安装好后，应保护门框和下槛，用木板或大芯板钉设围挡，高度应不低于 1.8m，防止磕碰、破坏裁口及边角。

4）安装门扇时，注意门洞口的抹灰口角和其他装饰面层的保护，防止碰坏其他成品。电焊作业时，应有保护措施，防止电火花损坏门扇及周围材料。

5）五金件安装后，要注意成品保护，刷油漆涂料时应遮盖严密，以防污染损坏。

4. 应注意的质量、环境和职业健康安全问题

（1）应注意的质量问题

1）施工前要检查门洞口尺寸，对偏移较大的洞口，应先修正后再安装门框，防止由于门洞口尺寸和偏差，造成门框四周缝隙不匀。

2）门洞口墙体上的预埋件的质量、数量应满足安装要求，埋设要牢固，避免造成

门框安装不牢固。

3）安装木质防火、防盗门合页时，其木螺钉应钉入 1/3，拧入 2/3，拧螺钉时不能倾斜，保持螺钉垂直。固定合页的螺丝全部拧紧装全，防止合页安装不平，螺钉松动，螺帽斜露，缺螺钉。

4）防火、防盗门掩扇前必须先认真检查门框是否垂直，如有问题应修正，以使上、下几个合页轴在同一垂直线上，保证五金配件合适，螺钉安装平直，门扇正式安装前应先调整缝隙，然后固定安装，防止门扇开、关不灵活。

5）防火、防盗门框安装前，应将门框内腔用豆石混凝土灌密实，养护后再安装，防止后塞混凝土（砂浆）不实产后空鼓。

6）防火、防盗门安装前认真检查，发现变形、脱焊等现象应予以更换；搬运时要轻拿轻放，运输堆放时要竖直放置，防止框扇翘曲变形，闭合不严。

7）钢质门在安装前应检查其防锈漆；搬运、安装时应防止损伤漆面；如有破损应及时补刷防锈漆再涂刷面漆，避免钢质门返锈。

（2）应注意的环境问题

1）室内施工用的材料应符合现行国家标准《民用建筑工程室内环境污染控制规范》（GB 50325—2010）的规定。

2）防火、防盗门的包装纸箱及塑料袋等，应及时清理回收，做到活完脚下清，保持施工现场清洁、整齐、有序。

3）安装防火、防盗门时剔凿、打眼应在规定的时间内作业，采取措施减少噪声扰民。

（3）应注意的职业健康安全问题

1）安装防火、防盗门使用脚手架应搭设牢固，不得有探头板。

2）施工现场用电均应符合国家现行标准的规定。

3）电焊工必须持证上岗。焊接时，电焊工必须穿绝缘鞋、戴绝缘手套和防护面罩，并设有防火人员。电焊机应设有空载断电和漏电保护装置。

5. 质量记录

1）防火、防盗门和五金配件的生产许可证、出厂合格证、性能检测报告和进场检验记录。

2）各种预埋件、固定件和木砖的安装及防腐隐检记录。

3）检验批质量验收记录。

4）分项工程的质量验收记录。

任务8.4 金属卷帘门安装

8.4.1 施工准备

1. 材料

（1）卷帘门

1）根据设计要求选用。

2）产品应有出厂质量合格证和使用说明书。

（2）其他材料

膨胀螺栓、螺钉、预埋铁件、电焊条等。所有材料均应使用合格产品。

2. 主要机具

手电锯、电焊机、射钉枪、电工用具、吊线坠、灰线袋、角尺、钢卷尺、水平尺。

3. 作业条件

1）按设计型号、查阅产品说明书和电器原理图；检查产品材质和表面处理及零附件，并测量产品各部件基本尺寸。

2）检查卷帘洞口尺寸、导轨、支架的预埋铁件位置和数量与图纸相符，并已将预埋铁件表面清理干净。

3）已准备好卷帘门安装机具和安装材料。

4）已准备好安装卷帘门的简易脚手架。

8.4.2 操作工艺

1. 施工工艺顺序

手动卷帘门：

定位、放线→安装卷筒→安装手动机构→帘板与卷筒连接→安装导轨→试运转→安装防护罩。

电动卷帘门：

定位、放线→安装卷筒→安装电机、减速器→安装电气控制系统→空载试车→帘板与卷筒连接→安装导轨→安装水幕喷淋系统→试运转→安装防护罩。

2. 定位放线

卷帘门安装方式，有洞内安装、洞外安装、洞中安装三种。即卷帘门装在门洞内，帘片向内侧卷起；卷帘门装在门洞外，帘片向外卷起和卷帘门装在门洞中，帘片可向外侧或向内侧卷起。因此定位放线时，应根据设计要求弹出两导轨垂直线及卷筒中心线并测量洞口标高。

定位放线后，应检查实际预埋铁件的数量、位置与图纸核对，如不符合产品说明书的要求，应进行处理。

3. 安装卷筒

安装卷筒时，应使卷筒轴保持水平，并使卷筒与导轨之间距离两端保持一致，卷筒临时固定后进行检查，调整、校正合格后，与支架预埋铁件用电焊焊牢。卷筒安装后应转动灵活。

4. 帘板安装

帘板事先装配好，再安装在卷筒上。门帘板有正反，安装时要注意，不得装反。

5. 安装导轨

按图纸规定位置线找直、吊正轨道，保证轨道槽口尺寸准确，上下一致，使导轨在同一垂直平面上，然后用连接件与墙体上的预埋铁件焊牢。

6. 试运转

先手动试运行，再用电动机启闭数次，调整至无卡住、阻滞及异常噪声等现象为合格。

7. 安装卷筒防护罩

保护罩的尺寸大小，应与门的宽度和门帘板卷起后的直径相适应，保证卷筒将门帘板卷满后与防护罩有一定空隙，不发生相互碰撞，经检查合格后，将防护罩与预埋铁件焊牢。

8.4.3 质量标准

1. 主控项目

1）金属卷帘门的质量和各项性能应符合设计要求。

检验方法：检查生产许可证、产品合格证书和性能检测报告。

2）金属卷帘门的品种、类型、规格、尺寸、开启方向、安装位置及防腐处理应符合设计要求。

检验方法：观察；尺量检查；检查进场验收记录和隐蔽工程验收记录。

3）带有机械装置、自动装置或智能化装置的金属卷帘门，其机械装置自动装置或智能化装置的功能应符合设计要求和有关标准的规定。

检验方法：启动机械装置、自动装置或智能化装置，观察。

4）金属卷帘门的安装必须牢固。预埋件的数量、位置、埋设方式、与框的连接方式必须符合设计要求。

检验方法：观察；手扳检查；检查隐蔽工程验收记录。

5）金属卷帘门的配件应齐全，位置应正确，安装应牢固，功能应满足使用要求和金属卷帘门的各项性能要求。

检验方法：观察；手扳检查；检查产品合格证书、性能检测报告和进场验收记录。

2. 一般项目

1）金属卷帘门的表面装饰应符合设计要求。

检验方法：观察。

2）金属卷帘门的表面应洁净，无划痕、碰伤。

检验方法：观察。

3. 成品保护

1）卷帘门在搬运和安装过程中，应有防护装置，并避免碰撞。

2）卷帘门装箱应运至安装位置，然后开箱检查。

3）电焊工必须持有效期内的上岗证作业，以保证安装质量并不损坏其他成品。

4）卷帘门安装后，尚未交付使用前，要有专人管理，并应有保护设施。

4. 应注意的质量、环境和职业健康安全问题

（1）应注意的质量问题

1）卷帘门帘板有正反，不得装反。

2）安装导轨的卷帘门，轨道应找直、吊正，保证轨道槽口尺寸准确，上下一致。使导轨同在一垂直平面上。

（2）应注意的环境问题

1）施工用的各种材料应符合现行国家标准《民用建筑工程室内环境污染控制规范》（GB 50325—2010）的规定。

2）作业时，包装材料、下脚料应及时清理，做到活完脚下清，保持施工现场清洁、整齐、有序。

3）严格控制固体废弃物的排放，废旧材料应回收利用。

4）切割材料应在封闭空间和在规定的时间内作业，减少噪声污染。

（3）应注意的职业健康安全问题

1）手持电动工具要在配电箱装设额定工作电流不大于 30mA，额定工作时间不大于0.1s的漏电保护装置。

2）每台电动机械应有独立的开关和熔断保险，严禁一闸多用。严禁用铜线当保险丝用。

3）使用电焊机时，对一次线和二次线均须防护，二次线侧的焊柄不准露铜，应保证绝缘良好。

4）砂轮机应使用单向开关，砂轮应装不大于180°的防护罩和牢固的工作托架。

5）手持电动工具仍在转动时，严禁随便放置。

6）搭设高凳操作时，单凳只准站一人，双凳应搭跳板，两凳间距离不得超过2m，只准站两个人。

7）架梯不得缺档，脚底不得垫高，底部应绑橡皮防滑垫，人字梯两腿夹角60°为宜，两腿间要用拉索拉牢。

8）现场操作人员，必须持证上岗。

5. 质量记录

1）卷帘门及其附件的生产许可证、出厂合格证、检验报告和进场检验记录。

2）后置预埋件、导轨安装固定及防腐和卷轴安装等隐蔽工程的检查记录。

3）检验批质量验收记录。

4）分项工程质量验收记录。

小 结

建筑工程中所用的门窗，按材质分为金属门窗、塑料门窗及特殊门窗；按其结构形式分为推拉门窗、平开门窗、弹簧门窗、自动门窗等。

施工中应从原材料质量、门窗半成品质量以及安装等几个方面进行质量控制。特别应注意安装过程中按现行规范的要求，必须对人造木板的甲醛含量以及建筑外墙金属窗、塑料窗的抗风压性能、空气渗透性能、雨水渗漏性能等进行复验。施工过程中应对预埋件和锚固件、隐蔽部分的防腐、填嵌处理等工程项目进行检查验收。

思 考 题

8.1　门窗通常分为哪几种类型？

8.2　简述全玻璃门的安装要点。

8.3　简述防火门的安装要点。

8.4　铝合金门窗安装过程中有哪些检查项目？

8.5　塑料门窗质量检验标准的主控项目和一般项目有哪些？如何进行检验？

单元 9 幕墙工程

学习目标 ☞

　　1. 通过对不同类型幕墙工程工序的重点介绍，使学生能够对其完整施工过程有一个全面的认识。

　　2. 通过对幕墙工程工艺的深刻理解，使学生学会正确选择材料和施工工艺，并能合理地组织施工，以达到保证工程质量的目的，培养学生解决现场施工常见工程质量问题的能力。

　　3. 在掌握施工工艺的基础上领会工程质量验收标准。

学习重点 ☞

　　1. 玻璃幕墙的制作与安装工艺及质量验收。

　　2. 石材幕墙的制作与安装及质量验收。

最新相关规范与标准 ☞ 　　《建筑装饰装修工程质量验收规范》（GB 50210—2001）

导入案例（案例式） ☞ 　　幕墙工程施工现场

　　由金属构件与各种板材组成的悬挂在主体结构上、不承担主体结构荷载与作用的建筑物外围护结构，称为建筑幕墙。按建筑幕墙的面板可将其分为玻璃幕墙、金属幕墙、石材幕墙、混凝土幕墙及组合幕墙等。按建筑幕墙的安装形式又可将其分为散装建筑幕墙、半单元建筑幕墙、单元建筑幕墙、小单元建筑幕墙等。

任务9.1 玻璃幕墙

玻璃幕墙产品是由铝合金型材、玻璃、硅酮结构密封胶、硅酮耐候密封胶、密封材料及相关辅件组成，其加工和施工的质量要求十分严格。

施工依据：建筑幕墙《玻璃幕墙工程技术规范》（JGJ 102—2003）和《玻璃幕墙工程质量检验标准》（JGJ/T 139—2001）、《建筑幕墙质量验收标准》（GB 50210）及其他建筑幕墙相关规范。

9.1.1　施工准备

1. 材料

1）玻璃幕墙工程中使用的材料必须具备相应的出厂合格证、质保书和检验报告。

2）玻璃幕墙工程中使用的铝合金型材，其壁厚、膜厚、硬度和表面质量必须达到设计及规范要求。

3）玻璃幕墙工程中使用的钢材，其壁厚、长度、表面涂层厚度和表面质量必须达到设计及规范要求。

4）玻璃幕墙工程中使用的玻璃，其品种型号、厚度、外观质量、边缘处理必须达到设计及规范要求。

5）玻璃幕墙工程中使用的硅酮结构密封胶、硅酮耐候密封胶及其他密封材料，其相容性、黏结拉伸性能、固化程度必须达到设计及规范要求。

2. 主要机具

电焊机、砂轮切割机、手电钻、冲击钻、射钉枪、氧割设备、电动真空吸盘、线坠、水平尺、钢卷尺、手动吸盘、玻璃刀、注胶枪等。

3. 作业条件

1）主体结构及其他湿作业已全部施工完毕，并符合有关结构施工及验收规范的要求。

2）主体上预埋件已在施工时按设计要求预埋完毕，位置正确，并已做拉拔试验，其拉拔强度合格。

3）硅酮结构胶与接触的基材、已取样的相容性试验和剥离黏结力试验，其试验结果符合设计要求。

4）幕墙材料已一次进足，并且配套齐全。安装玻璃幕墙的构件及零附件的材料品种、规格、色泽和性能，符合设计要求。

5）幕墙安装的施工组织设计已完成，并经过审核批准。

9.1.2 操作工艺

1. 玻璃幕墙构件制作

（1）构件制作一般规定

1）玻璃幕墙在制作前应对建筑设计施工图进行核对，并应对已建建筑物进行复测，按实测结果调整幕墙并经设计单位同意后，方可加工组装。

2）玻璃幕墙所采用的材料、零附件应符合规范规定，并应有出厂合格证。

3）加工幕墙构件所采用的设备、机具应能达到幕墙构件加工精度的要求，其量具应定期进行计量检定。

4）隐框玻璃幕墙的结构装配组合件应在生产车间制作，不得在现场进行。结构硅酮密封胶应打注饱满。

5）不得使用过期的结构硅酮密封胶和耐候硅酮密封胶。

（2）玻璃幕墙构件加工精度

1）玻璃幕墙的金属构件的加工精度应符合下列要求：

① 玻璃幕墙结构杆件截料之前应进行校直调整。

② 玻璃幕墙横梁的允许偏差为±0.5mm，立柱的允许偏差为±1.0mm，端头斜度的允许偏差为−15′。

③ 截料端头不应有加工变形，毛刺不应大于0.2mm。

④ 孔位允许偏差为±0.5mm，孔距允许偏差为±0.5mm，累计偏差不应大于±1.0mm。

⑤ 铆钉的通孔尺寸偏差应符合现行国家标准的规定。

⑥ 沉头螺钉的沉孔尺寸偏差应符合现行国家标准的规定。

⑦ 圆柱头螺栓的沉孔尺寸应符合现行国家标准的规定。

⑧ 螺丝孔的加工应符合设计要求。

2）构件的连接应牢固，各构件连接处的缝隙应进行密封处理。

3）玻璃槽口与玻璃或保温板的配合尺寸应符合要求。

4）全玻璃幕墙的加工组装应符合下列要求：

① 玻璃边缘应进行处理，其加工精度应符合设计的要求。

② 高度超过4m的玻璃应悬挂在主体结构上。

③ 玻璃与玻璃、玻璃与玻璃肋之间的缝隙，应采用结构硅酮密封胶嵌填严密。

5）玻璃幕墙与建筑主体结构连接的固定支座材料宜选用铝合金、不锈钢或表面热镀锌处理的碳素结构钢，并应具备调整范围，其调整尺寸不应小于40mm。

（3）非金属材料的加工组装

1）明框、半隐框、隐框幕墙所用的垫块、垫条的材质应符合现行有关国家规范的规定。

2）隐框、半隐框幕墙中对玻璃及支撑物的清洁工作应按下列步骤进行：

① 溶剂倒在一块干净布上，用该布将被黏结物表面的尘埃、油渍、霜和其他脏物清除，然后，用第二块干净布将表面擦干。

② 对玻璃槽口可用干净布包裹油灰刀进行清洗。

③ 清洗后的构件，应在 1h 内进行密封；当再污染时，应重新清洗。

④ 清洗一个构件或一块玻璃，应更换清洁的干布。

3）清洁中使用溶剂时应符合下列要求：

① 应将溶剂倾倒在擦布上。

② 使用和贮存溶剂时，应用干净的容器。

③ 使用溶剂的场所严禁烟火。

（4）玻璃幕墙构件检验

1）玻璃幕墙构件应按构件的 5% 进行抽样检查，且每种构件不得少于 5 件。当有一个构件不符合本规范要求时，应加倍抽查复验合格后方可出厂。

2）产品出厂时，应附有检验质量证书、安装图及其说明。

2. 玻璃幕墙的安装

（1）施工工艺顺序

1）元件式安装工艺顺序。

搭设脚手架→检验主体结构幕墙面基体→检验、分类堆放幕墙部件→测量放线→清理预埋件→安装连接紧固件→质检→安装立柱（杆）、横杆→安装玻璃→镶嵌密封条及周边收口处理→清扫→验收、交工。

2）单元式安装工艺顺序。

检查预埋 T 形槽位置→固定牛腿、并找正、焊接→吊放单元幕墙并垫减震胶垫→紧固螺丝→调整幕墙平直→塞入和热压接防风带→安设室内窗台板、内扣板→堵塞与梁、柱间的防火、保温材料。

3）全玻璃幕墙安装工艺顺序。

测量放线→安装底框→安装顶框→玻璃就位→玻璃固定→黏结肋玻璃→处理幕墙玻璃之间的缝隙→处理肋玻璃端头→清洁。

4）点式玻璃幕墙安装工艺顺序。

检验、分类堆放幕墙构件→现场测量放线→安装钢骨架（竖杆、横杆）、调整紧固→安装接驳件（钢爪）→玻璃就位→钢爪紧固螺丝、固定玻璃→玻璃纵、横缝打胶→清洁。

（2）元件式安装施工要点

1）测量弹线。

① 根据幕墙分格大样图和土建单位给出的标高点、进出位线及轴线位置，在主体上定出幕墙平面、立柱、分格及转角等基准线，并用经纬仪进行调校、复测。

② 幕墙分格轴线的测量放线应与主体结构测量放线相配合，水平标高要逐层从地面引上，以免误差积累。

③ 质量检验人员应及时对测量放线情况进行检查，并将查验情况填入记录表。

④ 在测量放线的同时，应对预埋件的偏差进行检验，超差的预埋件必须进行适当的处理后方可进行安装施工，并把处理意见报监理、业主和公司相关部门。

⑤ 质量检验人员应对预埋件的偏差情况进行抽样检验，抽样量应为幕墙预埋件总

数量的 5%以上且不少于 5 件，所检测点不合格数不超过 10%，可判为合格。

2）安装幕墙立柱。

① 应将立柱先与连接件连接，然后连接件再与主体预埋件连接。调整垂直后，将连接件与表面已清理干净的结构预埋件临时点焊在一起。

② 立柱安装标高偏差不应大于 3mm，轴线前后偏差不应大于 2mm，左右偏差不应大于 3mm。

③ 相邻两根立柱安装标高偏差不应大于 3mm，同层立柱的最大标高偏差不应大于 5mm；相邻两根立柱的距离偏差不应大于 2mm。

3）安装幕墙横梁。

① 将横梁两端的连接件及弹性橡胶垫安装在立柱的预定位置，并应安装牢固，其接缝应严密。

② 同一层的横梁安装应由下向上进行。当安装完一层高度时，应进行检查、调整、校正、固定，使其符合质量要求。

③ 相邻两根横梁的水平标高偏差不应大于 1mm。同层标高偏差：当一幅幕墙宽度小于或等于 35m 时，不应大于 5mm；当一幅幕墙宽度大于 35m 时，不应大于 7mm。

4）调整、紧固幕墙立柱、横梁。

① 玻璃幕墙立柱、横梁全部就位后，再做一次整体检查，调整立柱局部不合适的地方，使其达到设计要求。然后对临时点焊的部位进行正式焊接。紧固连接螺栓，对没有防松措施的螺栓均需点焊防松。

② 焊缝清理干净后再做防锈、防腐、防火处理。玻璃幕墙与铝合金接触的螺栓及金属配件应采用不锈钢或轻金属制品。不同金属的接触面应采用垫片作隔离处理。

5）安装玻璃。

① 玻璃安装前应将表面尘土和污物擦拭干净。热反射玻璃安装应将镀膜面朝向室内，非镀膜面朝向室外。

② 玻璃与构件不得直接接触。玻璃四周与构件凹槽底应保持一定空隙，每块玻璃下部应设不少于两块弹性定位垫块；垫块的宽度与槽口宽度应相同，长度不应小于 100mm；玻璃两边嵌入量及空隙应符合设计要求。

③ 玻璃四周橡胶条应按规定型号选用，镶嵌应平整，并应用黏结剂黏结牢固后嵌入槽口。在橡胶条隙缝中均匀注入密封胶，并及时清理缝外多余粘胶。

6）处理幕墙与主体结构之间的缝隙。幕墙与主体结构之间的缝隙应采用防火的保温材料堵塞；内外表面应采用密封胶连续封闭，接缝应严密不漏水。

7）处理幕墙伸缩缝。幕墙的伸缩缝必须保证达到设计要求。如果伸缩缝用密封胶填充，填胶时要注意不让密封胶接触主梃衬芯，以防幕墙伸缩活动时破坏胶缝。

8）抗渗漏试验。幕墙施工中应分层进行抗雨水渗漏性能检查。

（3）全玻璃幕墙安装施工要点

1）测量放线。采用高精度的激光水准仪、经纬仪进行测量，配合用标准钢卷尺、重锤、水平尺等复核；幕墙定位轴线的测量放线必须与主体结构的主轴线平行或垂直。

2）安装底框。按设计要求将全玻璃幕墙的底框焊在楼地面的预埋件上。清理上部边框内的灰土。在每块玻璃的下部都要放置不少于 2 块氯丁橡胶垫块，垫块宽度同槽口宽度，长度不应大于 100mm。

3）安装顶框。将全玻璃幕墙的顶框按设计要求焊接在结构主体的预埋铁件上。

4）玻璃就位。玻璃运到现场后，将其搬运到安装地点。然后用玻璃吸盘安装机在玻璃一侧将玻璃吸牢，用起重机械将吸盘连同玻璃一起提升到一定高度；再转动吸盘，将横卧的玻璃转至竖直，并先将玻璃插入顶框或吊具的上支承框内，再继续往上抬，使玻璃下口对准底框槽口，然后将玻璃放入底框内的垫块上，使其支承在设计标高位置。当为 6m 以上的全玻璃幕墙时，玻璃上端悬挂在吊具的上支承框内。

5）玻璃固定。往底框、顶框内玻璃两侧缝隙内填填充料（肋玻璃位置除外）至距缝口 10mm 位置，然后往缝内用注射枪注入密封胶，多余的胶迹应清理干净。

6）黏结肋玻璃。在设计的肋玻璃位置的幕墙玻璃上刷结构胶，然后将肋玻璃用人工放入相应的顶底框内，调节好位置后，向玻璃幕墙上刷胶位置轻轻推压，使其黏结牢固。最后向肋玻璃两侧的缝隙内填填充料；注入密封胶，密封胶注入必须连接、均匀，深度大于 8mm。

7）处理幕墙玻璃之间的缝隙。向玻璃之间的缝隙内注入密封胶，胶液与玻璃面平，密封胶注入要连续、均匀、饱满，使接缝处光滑、平整。多余的胶迹要清理干净。

8）处理肋玻璃端头。肋玻璃底框、顶框端头位置的垫块、密封条要固定，其缝隙用密封胶封死。

9）清洁。幕墙玻璃安好后应进行清洁工作，拆排架前应做最后一次检查，以保证胶缝的质量及幕墙表面的清洁。

（4）点支承玻璃幕墙安装施工要点（图 9.1～图 9.5）

1）测量放线。采用高精度的激光水准仪、经纬仪进行测量，配合用标准钢卷尺、重锤、水平尺等复核；幕墙定位轴线的测量放线必须与主体结构主轴线平行或垂直。

2）安装（预埋）铁件。主要以土建单位提供的水平线标高、轴向基准点、垂直预留孔确定每层控制点，并以此采用经纬仪、水准仪为每块预埋件定位，并加以固定，以防浇筑混凝土时发生位移，确保预埋件位置准确。

3）安装钢骨架。钢骨架结构支撑形式有很多种，如，单杆式、桁架式、网架式、张拉整体体系等结构形式。这里以单杆式为例进行说明。

先安装钢管立柱并固定，再按单元从上到下安装钢管横梁，在安装尺寸复核调整无误后焊牢，注意焊接质量，做好防腐。在安装横梁的同时按顺序及时安装横向及竖向拉杆，并按设计要求分阶段施加预应力。

4）驳接系统的固定与安装。

① 驳接爪按施工图要求，通过螺纹与承重连接杆连接，并通过螺纹来调节驳接爪与玻璃安装面的距离，进行三维调整，使其控制在 1 个安装面上，确保玻璃安装的平整度。

② 驳接头在玻璃安装前，固紧在玻璃安装孔内。为确保玻璃受力部分为面接触，必须将驳接头内的衬垫垫齐并打胶，使之与玻璃隔离，并将锁紧环拧紧密封。

5）玻璃安装。

① 提升玻璃至安装高度再由人工运至安装点，进行就位。就位后及时在球铰夹具

与钢爪的连接螺杆上套上橡胶垫圈，插入钢爪中，再套上垫圈，拧上螺母初步固定。

② 为确保玻璃安装的平整度，初步固定后的玻璃必须调整。调整标准必须达到"横平、竖直、面平"，玻璃板块调整后马上固定，将球铰夹具与钢爪的紧固螺母拧紧。

6）打胶。

① 幕墙骨架和面玻璃整体平整度检查确认完全符合设计要求后，方可进行打胶。

② 打胶前先用丙酮等抗油脂溶剂将玻璃边部与缝隙内的污染清洗干净，并保持干燥。

③ 用施胶枪将胶从胶筒中挤压到接口部位进行密封。

④ 胶未凝固时，立即进行修整，待胶表面固化后，清洁内外镜面。

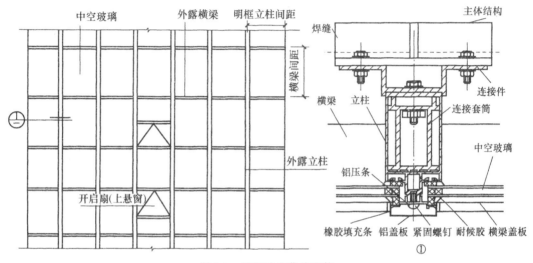

图 9.1　明框玻璃幕墙安装

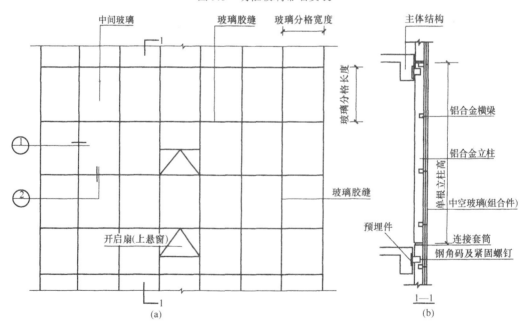

图 9.2　隐框玻璃幕墙安装

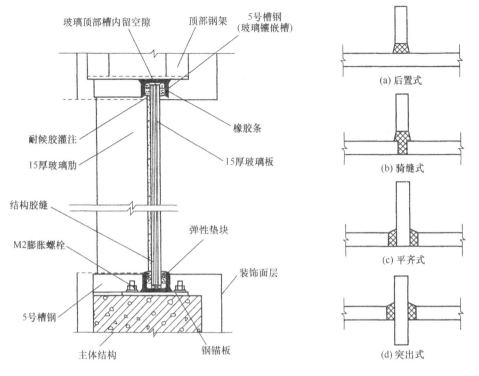

图 9.3 全玻璃幕墙安装

图 9.4 玻璃肋的放置方式

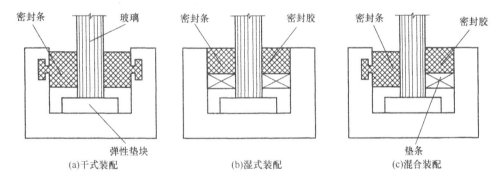

图 9.5 玻璃定位嵌固方法

9.1.3 质量标准

1. 主控项目

1）玻璃幕墙工程所使用的各种材料、构件和组件的质量，应符合设计要求及国家现行产品标准和工程技术规范的规定。

检验方法：检查材料、构件、组件的产品合格证书、进场验收记录、性能检测报告和材料的复验报告。

2）玻璃幕墙的造型和立面分格应符合设计要求。

检验方法：观察；尺量检查。

3）玻璃幕墙使用的玻璃应符合下列规定。

① 幕墙应使用安全玻璃，玻璃的品种、规格、颜色、光学性能及安装方向应符合设计要求。

② 幕墙玻璃的厚度不应小于6mm。全玻璃墙肋玻璃的厚度不应小于12mm。

③ 幕墙的中空玻璃应采用双道密封。明框幕墙的中空玻璃应采用聚硫密封胶及丁基密封胶；隐框和半隐框幕墙的中空玻璃应采用硅酮结构密封胶及丁基密封胶；镀膜面应在中空玻璃的第2或第3面上。

④ 幕墙的夹层玻璃应采用聚乙烯醇缩丁醛（PVB）胶片干法加工合成的夹层玻璃。点支承玻璃幕墙夹层玻璃的夹层胶片（PVB）厚度不应小于0.76mm。

⑤ 钢化玻璃表面不得有损伤；8mm以下的钢化玻璃应进行引爆处理。

⑥ 所有幕墙玻璃均应进行边缘处理。

检验方法：观察；尺量检查；检查施工记录。

4）玻璃幕墙与主体结构连接的各种预埋件、连接件、紧固件必须安装牢固，其数量、规格、位置、连接方法和防腐处理应符合设计要求。

检验方法：观察；检查隐蔽工程验收记录和施工记录。

5）各种连接件、紧固件的螺栓应有防松动措施；焊接连接应符合设计要求和焊接规范的规定。

检验方法：观察；检查隐蔽工程验收记录和施工记录。

6）隐框或半隐框玻璃幕墙，每块玻璃下端应设置两个铝合金或不锈钢托条，其长度不应小于100mm，厚度不应小于2mm，托条外端应低于玻璃外表面2mm。

检验方法：观察；检查施工记录。

7）明框玻璃幕墙的玻璃安装应符合下列规定：

① 玻璃槽口与玻璃的配合尺寸应符合设计要求和技术标准的规定。

② 玻璃与构件不得直接接触，玻璃四周与构件凹槽底部应保持一定的空隙，每块玻璃下部应至少放置两块宽度与槽口宽度相同、长度不小于100mm的弹性定位垫块；玻璃两边嵌入量及空隙应符合设计要求。

③ 玻璃四周橡胶条的材质、型号应符合设计要求，镶嵌应平整，橡胶条长度应比边框内槽长1.5%～2.0%，橡胶条在转角处应斜面断开，并应用黏结剂黏结牢固后嵌入槽内。

检验方法：观察，检查施工记录。

8）高度超过4m的全玻幕墙应吊挂在主体结构上，吊夹具应符合设计要求，玻璃与玻璃、玻璃与玻璃肋之间的缝隙，应采用硅酮结构密封胶填嵌严密。

检验方法：观察；检查隐蔽工程验收记录和施工记录。

9）点支承玻璃幕墙应采用带万向头的活动不锈钢爪，其钢爪间的中心距离应大于250mm。

检验方法：观察；尺量检查。

10）玻璃幕墙四周、玻璃幕墙内表面与主体结构之间的连接节点、各种变形缝、墙角的连接节点应符合设计要求和技术标准的规定。

检验方法：观察；检查隐蔽工程验收记录和施工记录。

11）玻璃幕墙应无渗漏。

检验方法：在易渗漏部位进行淋水检查。

12）玻璃幕墙结构胶和密封胶的打注应饱满、密实、连续、均匀、无气泡，宽度和厚度应符合设计要求和技术标准的规定。

检验方法：观察；尺量检查；检查施工记录。

13）玻璃幕墙开启窗的配件应齐全，安装应牢固，安装位置和开启方向、角度应正确；开启应灵活，关闭应严密。

检验方法：观察；手扳检查；开启和关闭检查。

14）玻璃幕墙的防雷装置必须与主体结构的防雷装置可靠连接。

检验方法：观察、手扳检查。

2．一般项目

1）玻璃幕墙表面应平整、洁净；整幅玻璃的色泽应均匀一致；不得有污染和镀膜损坏。

检验方法：观察。

2）每平方米玻璃的表面质量和检验方法应符合表 9.1 的规定。

表 9.1　每平方米玻璃的表面质量和检验方法

序号	项目	质量要求	检验方法
1	明显划伤和长度>100mm 的轻微划伤	不允许	观察
2	长度≤100mm 的轻微划伤	≤8 条	用钢尺检查
3	擦伤总面积	≤500mm^2	用钢尺检查

3）一个分格铝合金型材的表面质量和检验方法应符合表 9.2 的规定。

表 9.2　一个分格铝合金型材的表面质量和检验方法

序号	项目	质量要求	检验方法
1	明显划伤和长度>100mm 的轻微划伤	不允许	观察
2	长度≤100mm 的轻微划伤	≤2 条	用钢尺检查
3	擦伤总面积	≤500mm^2	用钢尺检查

4）明框玻璃幕墙的外露框或压条应横平竖直、颜色、规格应符合设计要求，压条安装应牢固。单元玻璃幕墙的单元拼缝或隐框玻璃幕墙的分格玻璃拼缝应横平竖直、均匀一致。

检验方法：观察；手扳检查；检查进场验收记录。

5）玻璃幕墙的密封胶缝应横平竖直、深浅一致、宽窄均匀、光滑顺直。

检验方法：观察；手摸检查。

6）防火、保温材料填充应饱满、均匀，表面应密实、平整。

检验方法：检查隐蔽工程验收记录。

7）玻璃幕墙隐蔽节点的遮封装修应牢固、整齐、美观。

检验方法：观察；手扳检查。

8）明框玻璃幕墙安装的允许偏差和检验方法应符合表9.3的规定。

表9.3　明框玻璃幕墙安装的允许偏差和检验方法

项次	检验项目		允许偏差（mm）	检验方法
1	幕墙垂直度	幕墙高度≤30m	10	用经纬仪检查
		30m＜幕墙高度≤60 m	15	
		60 m＜幕墙高度≤90 m	20	
		幕墙高度＞90 m	25	
2	幕墙水平度	幕墙幅宽≤35 m	5	用水平仪检查
		幕墙幅宽＞35 m	7	
3	构件直线度		2	用2 m靠尺和塞尺检查
4	构件水平度	构件长度≤2 m	2	用水平仪检查
		构件长度＞2 m	3	
5	相邻构件错位		1	用钢直尺检查
6	分格框对角线长度差	对角线长度≤2 m	3	用钢尺检查
		对角线长度＞2 m	4	

9）隐框、半隐框玻璃幕墙安装的允许偏差和检验方法应符合表9.4的规定。

表9.4　隐框、半隐框玻璃幕墙安装的允许偏差和检验方法

项次	检验项目		允许偏差（mm）	检验方法
1	幕墙垂直度	幕墙高度≤30m	10	用经纬仪检查
		30m＜幕墙高度≤60 m	15	
		60 m＜幕墙高度≤90 m	20	
		幕墙高度＞90 m	25	
2	幕墙水平度	幕墙幅宽≤35 m	3	用水平仪检查
		幕墙幅宽＞35 m	5	
3	幕墙表面平整度		2	用2 m靠尺和塞尺检查
4	板材立面垂直度		2	用垂直检测尺检查
5	板材上沿水平度		2	用1m水平尺和钢直尺检查
6	相邻板材板角错位		1	用钢直尺检查
7	阳角方正		2	用直角检测尺检查
8	接缝直线度		3	拉5m线，不足5m拉通线，用钢直尺检查
9	接缝高低差		1	用钢直尺和塞尺检查
10	接缝宽度		1	用钢直尺检查

3. 应注意的质量、环境和职业健康安全问题

（1）应注意的质量问题

1）玻璃幕墙施工人员，应经专门培训，考核合格发证，持证上岗。

2）对高层建筑的测量应在风力不大于 4 级的情况下进行。每天应定时对玻璃幕墙的垂直及立柱位置进行校核。

3）幕墙中与铝合金接触的螺栓及金属配件应采用不锈钢或轻金属制品。

4）现场焊接或高强螺栓紧固的构件固定后，应及时进行防锈处理。

5）幕墙立柱与横梁之间的连接处，宜加设橡胶片，并应安装严密。幕墙框架完成后，在所有节点加注密封胶后才能安装玻璃，不同金属的接触面应采用垫片进行隔离处理。

6）硅酮结构胶使用前，应确认相容性试验和黏结力试验合格后，才容许施工操作。与结构胶接触的基材表面不得有水分、灰尘、油污存在，并用白色清洁、柔软的棉布浇上丙酮溶剂清洗，再用同一种抹布擦干，并保持干燥。衬垫材料应选用发泡聚乙烯型材。硅酮结构胶注胶厚度应符合《玻璃幕墙工程技术规范》（JGJ 102—2003）要求和设计规定。一般施胶宽度与厚度比为 2∶1，但施胶宽度不得小于 7mm，厚度不得小于 6mm。施胶的环境温度宜在 25℃，相对湿度 60%左右。

7）用注射枪注入防水密封胶时，胶迹要均匀、连续、严密，并不得漏封。

（2）应注意的环境问题

1）施工中应做到活完脚下清，包装材料、下脚料应集中存放，并及时回收利用或消纳。

2）防火、保温、油漆及胶类材料应符合环保要求，现场应封闭保存，使用后不得随意丢弃，避免污染环境。

（3）应注意的职业健康安全问题

1）安装玻璃幕墙用的施工机具在使用前应进行严格检验。手电钻、电动改锥、焊钉枪等电动工具应作绝缘电压试验；手持玻璃吸盘和玻璃吸盘安装机应进行吸附重量和吸附持续时间试验。

2）施工人员应戴安全帽，高空作业必须系安全带、背工具袋等。机电器具必须安装触电保安器。

3）在高层玻璃幕墙安装与上部结构施工交叉作业时，结构施工层下方应架设防护网；在离地面 3m 高处，应搭设挑出 6m 的水平安全网。

4）清洗剂属于易燃易爆物品，严禁烟火。

5）现场焊接时，在焊件下方应设接火斗。

4. 质量记录

1）各种材料的合格证、检测报告及进场检验报告。

2）玻璃幕墙的抗风压性能、空气渗透性能和雨水渗透性能的检验报告。

3）后置埋件的拉拔力试验报告。

4）结构胶的黏结强度、相容性、环保检测报告和保质年限证书。

5）密封胶的相容性和环保检测报告。

6）防火材料的防火测试报告。

7）防火封堵、保温、构架安装的隐蔽工程检查记录。

8）检验批质量验收记录。

9）分项工程质量验收记录。

任务9.2 金属幕墙

金属幕墙一般有复合铝板、单层铝板、铝蜂窝板、夹芯保温铝板、不锈钢板、彩涂钢板、珐琅钢板等材料形式。而铝板幕墙一直占其主导地位，其轻量化的材质，减少了建筑的负荷，为高层建筑提供了良好的选择条件，能保证产品防水、防污、防腐蚀性能优良，符合规范和满足合同约定。

9.2.1 施工准备

1. 材料

1）金属幕墙工程中使用的材料必须具备相应出厂合格证、质保书和检验报告。

2）金属幕墙工程中使用的铝合金型材，其壁厚、膜厚、硬度和表面质量等必须达到设计及规范要求。

3）金属幕墙工程中使用的钢材，其厚度、长度、膜厚和表面质量等必须达到设计及规范要求。

4）金属幕墙工程中使用的面材，其品厚度、板材尺寸、外观质量等必须达到设计及规范要求。

5）金属幕墙工程中使用的硅酮结构密封胶、硅酮耐候密封胶及其他密封材料，其相容性、黏结拉伸性能、固化程度等必须达到设计及规范要求。

2. 主要机具

冲击钻、砂轮切割机、电焊机、铆钉枪、螺丝刀、钳子、板手、线坠、水平尺、钢卷尺。

3. 作业条件

1）主体结构已施工完毕。主体施工时已按设计要求埋设预埋件，拉拔试验合格。

2）幕墙安装的施工组织设计已完成，并经有关部门审核批准。其中施工组织设计包括以下内容：工程进度计划；搬运、起重方法；测量方法；安装方法；安装顺序；检查验收；安全措施。

3）幕墙材料已按计划一次进足，并配套齐全。构件和附件的材料品种、规格、色泽和性能符合设计要求。

4）安装幕墙用的排架已搭设好。

9.2.2 操作工艺

1. 加工制作

1）幕墙在制作前，应对建筑物的设计施工图进行核对，并应对建筑物进行复测，按实测结果调整幕墙图纸中的偏差，经设计单位同意后方可加工组装。

2）用硅酮结构密封胶黏结固定构件时，注胶应在温度 15℃以上、30℃以下、相对湿度 50%以上且洁净、通风的室内进行，胶的宽度、厚度应符合设计要求。

3）幕墙构件加工制作，尺寸应符合设计和规范要求。

4）钢构件表面防锈处理应符合现行国家标准的有关规定。

5）金属板加工制作

① 金属板材的品种，规格及色泽应符合设计要求；铝合金板材表面氟碳树脂涂层厚度应符合设计要求。

② 金属幕墙的儿女墙部分，应用单层铝板或不锈钢板加工成向内倾斜的盖顶。

③ 金属幕墙的吊挂件、安装件。

a. 单元金属幕墙使用的吊挂件、支撑件，宜采用铝合金件或不锈钢件，并应具备可调整范围。

b. 单元幕墙的吊挂件与预埋件的连接应采用穿透螺栓。

c. 铝合金立柱的连接部位的局部壁厚不得小于 5mm。

2. 安装操作

（1）施工顺序

测量放线→安装连接件→安装骨架→安装防火材料→安装面板→处理板缝→处理幕墙收口→处理变形缝→清理板面。

（2）施工要点

1）测量放线。

① 根据主体结构上的轴线和标高线，按设计要求将支承骨架的安装位置线准确地弹到主体结构上。

② 将所有预埋件打出，并复测其位置尺寸。

③ 测量放线时应控制分配误差，不使误差积累。

2）安装连接件。将连接件与主体结构上的预埋件焊接固定。当主体结构上没有埋设预埋铁件时，可在主体结构上打孔安设膨胀螺栓与连接铁件固定。

3）安装骨架。

① 按弹线位置准确无误地将经过防锈处理的立柱用焊接或螺栓固定在连接件上。安装中应随时检查标高和中心线位置。

② 将横梁两端的连接件及垫片安装在立柱的预定位置，并应安装牢固，其接缝应严密；相邻两根横梁的水平标高偏差不应大于 1mm。

4）安装防火材料。将防火棉用镀锌钢板固定。应使防火棉连续地密封于楼板与金属板之间的空位上，形成一道防火带，中间不得有空隙。

5）安装铝板。按施工图用铆钉或螺栓将铝合金板饰面逐块固定在型钢骨架上。板与板之间留缝 10～15mm，以便调整安装误差。

6）处理板缝。用清洁剂将金属板及框表面清洁干净后，立即在铝板之间的缝隙中先安放密封条或防风雨胶条，再注入硅酮耐候密封胶等材料，注胶要饱满，不能有空隙或气泡。

7）处理幕墙收口。收口处理可利用金属板将墙板端部及龙骨部位封盖。

8）清理板面。清除板面护胶纸，把板面清理干净。

金属幕墙节点安装如图 9.6 所示。

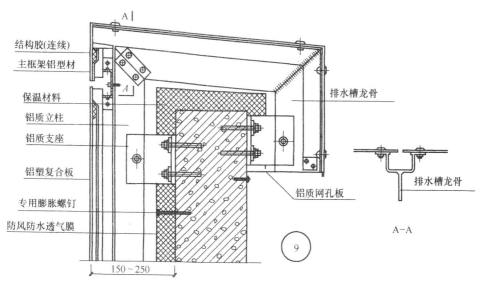

图 9.6　金属幕墙安装节点

9.2.3　质量标准

1. 主控项目

1）金属幕墙工程所使用的各种材料和配件，应符合设计要求及国家现行产品标准和工程技术规范的规定。

检验方法：检查产品合格证书、性能检测报告、材料进场验收记录和复验报告。

2）金属幕墙的造型和立面分格应符合设计要求。

检验方法：观察；尺量检查。

3）金属面板的品种、规格、颜色、光泽及安装方向应符合设计要求。

检验方法：方向观察；检查进场验收记录。

4）金属幕墙主体结构上预埋件、后置埋件的数量、位置及后置埋件的拉拔力必须符合设计要求。

检验方法：检查拉拔力检测报告和隐蔽工程验收记录。

5）金属幕墙的金属框架立柱与主体结构预埋件的连接、立柱与横梁的连接、金属面板的安装必须符合设计要求，安装必须牢固。

检验方法：手扳检查，检查隐蔽工程验收记录

6）金属幕墙的防火、保温、防潮材料的设置应符合设计要求，并应密实、均匀、厚度一致。

检验方法：检查隐蔽工程验收记录。

7）金属框架及连接件的防腐处理应符合设计要求。

检验方法：检查隐蔽工程验收记录和施工记录。

8）金属幕墙的防雷装置必须与主体结构防雷装置可靠连接。

检验方法：检查隐蔽工程验收记录。

9）各种变形缝、墙角的连接节点应符合设计要求和技术标准的规定。

检验方法：观察；检查隐蔽工程验收记录。

10）金属幕墙的板缝注胶应饱满、密实、连续、均匀、无气泡，宽度和厚度应符合设计要求和技术标准的规定。

检验方法：观察；尺量检查；检查施工记录。

11）石材幕墙应无渗漏。

检验方法：在易渗漏部位进行淋水检查。

2. 一般项目

1）金属幕墙表面应平整、洁净、色泽一致。

检验方法：观察。

2）金属幕墙的压条应平直、洁净、接口严密、安装牢固。

检验方法：观察；手扳检查。

3）金属幕墙的密封胶缝应横平竖直、深浅一致、宽窄均匀、光滑顺直。

检验方法：观察。

4）金属幕墙上的滴水线、流水坡向应正确、顺直。

检验方法：观察；用水平尺检查。

5）每平方米金属板的表面质量和检验方法应符合表9.5的规定

表9.5　每平方米金属板的表面质量和检验方法

序号	项目	质量要求	检验方法
1	明显划伤和长度>100mm的轻微划伤	不允许	观察
2	长度≤100mm的轻微划伤	<8条	用钢尺检查
3	擦伤总面积	≤500mm^2	用钢尺检查

6）金属幕墙安装的允许偏差和检验方法应符合表9.6的规定。

表 9.6　金属幕墙安装的允许偏差和检验方法

项次	检验项目		允许偏差（mm）	检验方法
1	幕墙垂直度	幕墙高度≤30m	10	用经纬仪检查
		30m＜幕墙高度≤60m	15	
		60m＜幕墙高度≤90m	20	
		幕墙高度＞90 m	25	
2	幕墙水平度	层高≤3m	3	用水平仪检查
		层高＞3 m	5	
3	幕墙表面平整度		2	用 2 m 靠尺和塞尺检查
4	板材立面垂直度		3	用垂直检测尺检查
5	板材上沿水平度		2	用 1 m 水平尺和钢直尺检查
6	相邻板材板角错位		1	用钢直尺检查
7	阳角方正		2	用直角检测尺检查
8	接缝直线度		3	拉 5m 线，不足 5m 拉通线，用钢直尺检查。
9	接缝高低差		1	用钢直尺和塞尺检查
10	接缝宽度		1	用钢直尺检查

3. 应注意的质量、环境和职业健康安全问题

（1）应注意的质量问题

1）注意保证板面平整，接缝平齐。为此施工中应确保连接件的固定，并在连接件固定时放通线定位，且在上板前严格检查金属板质量。

2）对高层铝板幕墙的测量放线应在风力不大于四级的情况下进行。每天应定时对幕墙的垂直度进行校核。

3）连接件与膨胀螺栓或与墙上的预埋件焊牢后应及时进行防锈处理。

4）不同金属的接触面应采用垫片作隔离处理。

5）幕墙四周与主体结构之间的缝隙，应采用防火的保温材料填塞；内外表面采用密封胶连续封闭，接缝应严密不漏水。

6）幕墙施工过程中应进行抗雨水渗漏性能检查。

（2）应注意的环境问题

1）夜间施工应杜绝人为噪声，现场清扫应洒水降尘。

2）施工中应做到活完脚下清，包装材料、下脚料应集中存放，并及时清理回收或消纳处理。

3）防火、保温及胶类材料应符合环保要求，现场存放应封闭保存，使用后不得随意丢弃，剩料应分类回收并及时消纳。

（3）应注意的职业健康安全问题

1）施工人员必须进行安全培训，考核发证、持证上岗。各工序开工前，工长及安全员做好书面安全技术交底工作。

2）安装铝板幕墙用的施工机具，在使用前应进行严格检验。

3）电动工具应安装触电保安器。并且电动工具应作绝缘电压试验。

4）施工人员应戴安全帽、系安全带、背工具袋等

5）在高层铝板幕墙安装与上部结构施工交叉作业时，结构施工层下方应架设防护网；在离地面 3m 高处，应搭设挑出 6m 的水平安全网。

6）现场焊接时，在焊件下方应设接火斗。

7）六级以上的大风、雷雨、大雪严禁高空作业。

8）应注意防止密封材料在使用时产生溶剂中毒，且要保管好溶剂，以免发生火灾。

4. 质量记录

1）各种材料的合格证、检测报告及进场检验报告。

2）幕墙的抗风压性能、空气渗透性能和雨水渗透性能的检验报告。

3）后置埋件的拉拔力试验报告。

4）结构胶的黏结强度、相容性、环保检测报告和保质年限证书。

5）密封胶的相容性和环保检测报告。

6）防火材料的防火测试报告。

7）防火封堵、保温、构架安装的隐蔽工程检查记录。

8）检验批质量验收记录。

9）分项工程验收记录。

任务 9.3 石材幕墙

石材幕墙一般由石材、金属材料（埋件、龙骨、挂件及螺栓等）及干挂胶等组成。石材幕墙材料的物理、力学耐候性能、抗压、抗折、弯曲程度、吸水率、放射性等均应符合规范要求，不仅在设计中要保证石材的各种荷载和作用产生的最大弯曲应力标准值在安全数值之内，在石材幕墙产品的施工中也应严格按规范执行。

施工依据：《建筑幕墙》（JGJ 3035—1996）、《金属与石材幕墙工程技术规范》（JGJ 133—2001）、《建筑幕墙质量验收标准》（GB 50210）以及其他石材幕墙相关的建筑幕墙标准。

9.3.1 施工准备

1. 材料

1）石材幕墙工程使用的材料必须具备相应的出厂合格证、质保书和检验报告。

2）石材幕墙工程中使用的铝合金型材，其壁厚、膜厚、硬度和表面质量等必须达到设计及规范要求。

3）石材幕墙工程中使用的钢材，其厚度、长度、膜厚和表面质量等必须达到设计及规范要求。

4）石材幕墙工程中使用的面材，其品厚度、板材尺寸、外观质量等必须达到设计及规范要求。

5）石材幕墙工程中使用的硅酮结构密封胶、硅酮耐候密封胶及其他密封材料，其相容性、黏结拉伸性能、固化程度等必须达到设计及规范要求。

2. 主要机具

冲击钻、砂轮切割机、电焊机、螺丝刀、钳子、扳手、线坠、水平尺、钢卷尺。

3. 作业条件

1）主体结构已施工完毕。主体施工时已按设计要求埋设预埋件。预埋件位置准确，拉拔试验合格。

2）幕墙安装的施工组织设计已完成，并经有关部门审核批准。

3）幕墙材料按计划一次进足，并配套齐全。构件和附件的材料品种、规格、色泽和性能符合设计要求。

4）安装幕墙用的排架已搭设好。

9.3.2 操作工艺

1. 加工制作

1）幕墙在制作前，应对建筑物的设计施工图进行核对，并应对已建的建筑物进行复测，按实测结果调整幕墙图纸中的偏差，经设计单位同意后方可加工组装。

2）用硅酮结构密封胶黏结固定构件时，注胶应在温度 15℃ 以上 30℃ 以下、相对湿度 50% 以上、且洁净、通风的室内进行，胶的宽度、厚度应符合设计要求。

3）用硅酮结构密封胶黏结石材时，结构胶不应长期处于受力状态。

4）当石材幕墙使用硅酮结构密封胶和硅酮耐候密封胶时，应待石材清洗干净并完全干燥后方可施工。

5）幕墙金属构件加工，尺寸应符合设计和规范要求，截料端头不得因加工而变形，并不应有毛刺；钢构件表面防锈处理应符合现行国家标准的规定。

6）石板加工。

① 石板的长度、宽度、厚度、直角、异型角、半圆弧形状、异型材及花纹图案造型、石板的外形尺寸均应符合设计要求。

② 石板外表面的色泽应符合设计要求，花纹图案应按样板检查。石板四周围不得有明显的色差。

③ 石板的编号应同设计一致，不得因加工造成混乱。

④ 石板应结合其组合形式，并应确定工程中使用的基本形式后进行加工。

⑤ 钢销式安装的石板加工。

a. 钢销的孔位应根据石板的大小而定。孔位距离边端不得小于石板厚度的 3 倍，也不得大于 180mm；钢销间距不宜大于 600mm；石板边长不大于 1.0m 时每边应设两个钢销，边长大于 1m 时应采用复合连接；

b. 石板的钢销孔的深度宜为 22～23mm，孔的直径宜为 7mm 或 8mm，钢销直径宜为 5mm 或 6mm，钢销长度宜为 20～30mm；

c. 石板的钢销孔处不得有损坏或崩裂现象，孔径内应光滑、洁净。

⑥ 石板的通槽宽度宜为 6mm 或 7mm，不锈钢支撑板厚度不宜小于 3.0mm，铝合金支撑板厚度不宜小于 4.0mm。

⑦ 短槽式安装的石板加工。

a. 每块石板上下边应各开两个短平槽，短平槽长度不应小于 100mm，在有效长度内槽深度不宜小于 15mm；开槽宽度宜为 6mm 或 7mm；不锈钢支撑板厚度不宜小于 3.0mm，铝合金支撑板厚度不宜小于 4.0mm。弧形槽的有效长度不应小于 80mm。

b. 两短槽边距离石板两端部的距离不应小于石板厚度的 3 倍且不应小于 85mm，也不应大于 180mm。

c. 石板开槽后不得有损坏或崩裂，槽口应打磨呈 45° 倒角。槽内应光滑、洁净。

⑧ 石板的转角宜采用不锈钢支撑件或铝合金型材专用件组装。

a. 当采用不锈钢支撑件组装时，不锈钢支撑件的厚度不应小于 3mm。

b. 当采用铝合金型材专用件组装时，铝合金型材壁厚不应小于 4.5mm，连接部位的壁厚不应小于 5mm。

⑨ 石板经切割或开槽等工序后均应将石屑用水冲干净，石板与不锈钢挂件间应采用环氧树脂型石材专用结构胶黏结。

⑩ 加工好的石板应立存放于通风良好的仓库内，其角度不应小于 85°。

2. 安装操作

（1）施工顺序

测量放线→安装金属骨架→安装防火材料→安装石材板→处理板缝→清理板面。

（2）施工要点

1）测量放线。

① 根据主体结构上的轴线和标高线，按设计要求将支承骨架的安装位置线准确地弹到主体结构上。

② 将所有预埋件剔凿出来，并复测其位置尺寸。

③ 测量放线时应控制分配误差，不使误差积累。

2）安装连接件：将连接件与主体结构上的预埋件焊接固定。当主体结构上没有埋设预埋铁件时，可在主体结构上打孔安设膨胀螺栓与连接铁件固定。

3）安装骨架。

① 按弹线位置准确无误地将经过防锈处理的立柱用焊接或螺栓固定在连接件上。安装中应随时检查标高和中心线位置。

② 将横梁两端的连接件及垫片安装在立柱的预定位置，并应安装牢固，其接缝应严密；相邻两根横梁的水平标高偏差不应大于 1mm。

4）安装防火材料：将防火棉用镀锌钢板固定。应使防火棉连续地密封于楼板与石板之间的空位上，形成一道防火带，中间不得有空隙。

5）安装石板。

① 先按幕墙面基准线仔细安装好底层第一层石材。

② 板与板之间留缝 10～15mm，以便调整安装误差。石板安装时，左右、上下的偏差不应大于 1.5mm。注意安放每层金属挂件的标高，金属挂件应紧托上层饰面板，而与下层饰面板之间留有间隙。

③ 安装时要在饰面板的销钉孔或切槽口内注入大理石胶，以保证饰面板与挂件的可靠连接。

④ 安装时宜先完成窗洞口四周的石材，以免安装发生困难。

⑤ 安装到每一楼层标高时，要注意调整垂直误差。

6）处理板缝。在铝板之间的缝隙中注入硅酮耐候密封胶等材料。

7）处理幕墙收口。收口处理可利用金属板将墙板端部及龙骨部位封盖。

8）清理板面。清除板面护胶纸，把板面清理干净。

9.3.3 质量标准

1. 主控项目

1）石材幕墙工程所用的品种、规格、性能和等级，应符合设计要求及国家现行产品标准和工程技术规范的规定。石材的弯曲强度不应小于 8.0MPa；吸水率应小于0.8%。石材幕墙的铝合金挂件厚度不应小于 4.0mm，不锈钢挂件厚度不应小于3.0mm。

检验方法：观察；尺量检查；检查产品合格证书、性能检测报告、材料进场验收记录和复验报告。

2）石材幕墙的造型、立面分格、颜色、光泽、花纹和图案应符合设计要求。

检验方法：观察。

3）石材孔、槽的数量、深度、位置、尺寸应符合设计要求。

检验方法：检查进场验收记录或施工记录。

4）石材幕墙主体结构上预埋件和后置埋件的位置、数量及后置埋件的拉拔力必须符合设计要求。

检验方法：检查拉拔力检测报告和隐蔽工程验收记录。

5）石材幕墙的金属框架立柱与主体结构预埋件的连接、立柱与横梁的连接、连接件与金属框架的连接、连接件与石材面板的连接必须符合设计要求，安装必须牢固。

检验方法：手扳检查，检查隐蔽工程验收记录

6）金属框架和连接件的防腐处理应符合设计要求。

检验方法：检查隐蔽工程验收记录。

7）石材幕墙的防雷装置必须与主体结构防雷装置可靠连接。

检验方法：观察，检查隐蔽工程验收记录和施工记录。

8）石材幕墙的防火、保温、防潮材料的设置应符合设计要求，填充应密实、均匀、厚度一致。

检验方法：检查隐蔽工程验收记录。

9）各种结构变形缝、墙角的连接节点应符合设计要求和技术标准的规定。

检验方法：检查隐蔽工程验收记录和施工记录。

10）石材表面和板缝的处理应符合设计要求。

检验方法：观察。

11）石材幕墙的板缝注胶应饱满、密实、连续、均匀、无气泡，板缝宽度和厚度应符合设计要求和技术标准的规定。

检验方法：观察；尺量检查；检查施工记录。

12）石材幕墙应无渗漏。

检验方法：在易渗漏部位进行淋水检查。

2. 一般项目

1）石材幕墙表面应平整、洁净；无污染、缺损和裂痕。颜色和花纹应协调一致，无明显色差，无明显修痕。

检验方法：观察。

2）石材幕墙的压条应平直、洁净、接口严密、安装牢固。

检验方法：观察；手扳检查。

3）石材接缝应横平竖直、宽窄均匀；阴阳角石板压向应正确，板边合缝应顺直；凸线出墙厚度应一致，上下口应平直；石材面板上洞口、槽边应套割吻合，边缘应整齐。

检验方法：观察；尺量检查。

4）石材幕墙的密封胶缝应横平竖直、深浅一致、宽窄均匀、光滑顺直。

检验方法：观察。

5）石材幕墙上的滴水线、流水坡向应正确、顺直。

检验方法：观察；用水平尺检查。

6）每平方米石材的表面质量和检验方法应符合表 9.7 的规定。

表 9.7　每平方米石材的表面质量和检验方法

序号	项目	质量要求	检验方法
1	裂痕、明显划伤和长度>100mm 的轻微划伤	不允许	观察
2	长度≤100mm 的轻微划伤	≤8 条	用钢尺检查
3	擦伤总面积	≤500mm^2	用钢尺检查

7）石材幕墙安装的允许偏差和检验方法应符合表 9.8 的规定。

表 9.8　石材幕墙安装的允许偏差和检验方法

项次	检验项目		允许偏差（mm）		检验方法
1	幕墙垂直度	幕墙高度≤30m	10		用经纬仪检查
		30m<幕墙高度≤60 m	15		
		60m<幕墙高度≤90 m	20		
		幕墙高度>90 m	25		
2	幕墙水平度		3		用水平仪检查
3	板材立面垂直度		3		用垂直检测尺检查
4	板材上沿水平度		2		用 1 m 水平尺和钢直尺检查
5	相邻板材板角错位		1		用钢直尺检查
6	幕墙表面平整度		2	3	用 2 m 靠尺和塞尺检查
7	阳角方正		2	4	用直角检测尺检查
8	接缝直线度		3	4	拉 5m 线，不足 5m 拉通线，用钢直尺检查
9	接缝高低差		1	—	用钢直尺和塞尺检查
10	接缝宽度		1	2	用钢直尺检查

3. 应注意的质量、环境和职业健康安全问题

（1）应注意的质量问题

1）注意保证板面平整，接缝平齐。为此施工中应确保连接件的固定，并在连接件固定时放通线定位，且在上板前严格检查石板质量。

2）对高层幕墙的测量放线应在风力不大于四级的情况下进行。每天应定时对幕墙的垂直度进行校核。

3）连接件与膨胀螺栓或与墙上的预埋件焊牢后应及时进行防锈处理。

4）不同金属的接触面应采用垫片作隔离处理。

5）幕墙四周与主体结构之间的缝隙，应采用防火的保温材料填塞；内外表面采用密封胶连续封闭，接缝应严密不漏水。

6）避免板面纹理不顺、色泽差异大。安装前应先将有缺棱掉角翘曲板剔出，并试拼，使板与板间纹理通顺，颜色协调。

7）为防止板材开裂，选料加工时应剔除色纹、暗缝、隐伤等缺陷；加工孔洞、开槽应仔细操作。

（2）应注意的环境问题

1）现场石材切割应使用湿切机，切割、钻孔等噪声较大的作业应避开夜间施工。

2）施工中做到活完脚下清，包装料、下脚料应集中堆放，及时回收或消纳处理。

3）防火、保温及胶类材料应封闭保存，使用后不得随意丢弃，剩料应分类回收并及时消纳。

（3）应注意的职业健康安全问题

1）施工人员必须进行安全培训，考核发证、持证上岗。各工序开工前，工长及安全员做好书面安全技术交底工作。

2）施工机具在使用前应进行严格检验。

3）电动工具应安装触电保安器。并且电动工具应作绝缘电压试验。

4）施工人员应戴安全帽、系安全带、背工具袋等

5）在高层幕墙安装与上部结构施工交叉作业时，结构施工层下方应架设防护网；在离地面 3m 高处，应搭设挑出 6m 的水平安全网。

6）六级以上的大风、雷雨、大雪严禁高空作业。

7）注意防止密封材料在使用时产生溶剂中毒，且要保管好溶剂，以免发生火灾。

4. 质量记录

1）各种材料的合格证、检测报告及进场检验报告。

2）石材幕墙的抗风压性能、空气渗透性能和雨水渗透性能的检验报告。

3）后置埋件的拉拔力试验报告。

4）石材胶的黏结强度、相容性、环保检测报告和保质年限证书。

5）密封胶的相容性和环保检测报告。

6）防火材料的防火测试报告。

7）防火封堵、保温、构架安装的隐蔽工程检查记录。

8）检验批质量验收记录。

9）分项工程质量验收记录。

小　　结

建筑幕墙按面层材料可分为玻璃幕墙、石材幕墙、金属幕墙等。幕墙工程的设计、施工应遵循安全可靠、使用美观、经济合理的原则，其材料、设计、制作、安装、质量验收应执行《玻璃幕墙工程技术规范》（JGJ 102—2003）、《金属与石材幕墙工程技术规范》（JGJ 133—2001）、《玻璃幕墙工程质量检验标准》（JGJ/T 139—2001）、《建筑装饰装修工程质量验收标准》（GB 50210—2001）等的相关规定。

思　考　题

9.1　什么是建筑幕墙？按面层分为哪些种类？

9.2　玻璃幕墙使用的玻璃性能都有哪些要求？

9.3　简述玻璃幕墙的施工工艺及质量要求。

9.4　石材幕墙通常由哪些部分组成？

9.5　简述石材幕墙的施工操作要点。

9.6　简述石材幕墙的主要材料要求。

9.7　简述金属幕墙的施工操作要点。

9.8　玻璃及石材幕墙施工应对哪些项目进行验收？验收内容分为哪两种形式？有什么具体规定？

单元 *10* 裱糊及软包工程

学习目标 ☞

　　1. 通过裱糊工程工序的重点介绍，使学生能够对其完整施工过程有一个全面的认识。

　　2. 通过对裱糊工程工艺的深刻理解，使学生学会正确选择材料和施工工艺，并能合理的组织施工，以达到保证工程质量的目的，培养学生解决现场施工常见工程质量问题的能力。

　　3. 在掌握施工工艺的基础上领会工程质量验收标准。

学习重点 ☞

　　1. 裱糊工程施工工艺及质量验收。
　　2. 软包工程施工工艺及质量验收。

最新相关规范与标准 ☞　　《建筑装饰装修工程质量验收规范》（GB 50210—2001）

导入案例（案例式） ☞　　裱糊及软包工程施工现场

任务 10.1　裱糊工程

10.1.1　施工准备

1. 材料

1）壁纸、墙布应整洁，图案清晰。PVC 壁纸的质量应符合现行国家标准的规定。

2）壁纸、墙布的图案、品种、色彩等应符合设计要求，并应附有产品合格证。

3）胶黏剂应按壁纸和墙布的品种选配，并应具有防霉、防菌、耐久等性能，如有防火要求则胶黏剂应具有耐高温不起层性能。

4）裱湖材料，其产品的环保性能应符合规范的规定。

5）所有进入现场的产品，均应有产品质量保证资料和近期检测报告。

2. 主要机具

活动裁纸刀、裁纸案台、直尺、剪刀、钢板刮板、塑料刮板、排笔、板刷、粉线包、干净毛巾、胶用和盛水用塑料桶等。

3. 作业条件

1）顶棚喷浆、门窗油漆已完，地面装修已完成，并将面层保护好。

2）水、电及设备、顶墙预留预埋件已完。

3）裱糊工程基体或基层的含水率：混凝土和抹灰不得大于 8%；木材制品不得大于 12%。直观灰面反白，无湿印，手摸感觉干。

4）突出基层表面的设备或附件已临时拆除卸下，待壁纸贴完后，再将部件重新安装复原。

5）较高房间已提前搭设脚手架或准备铝合金折叠梯子，不高房间已提前钉好木马凳。

6）根据基层面及壁纸的具体情况，已选择、准备好施工所需的腻子及胶黏剂。对湿度较大的房间和经常潮湿的表面，已备有防水性能的塑料壁纸和胶黏剂等材料。

7）壁纸的品种、花色、色泽样板已确定。

8）裱糊样板间，经检查鉴定合格可按样板施工。已进行技术交底，强调技术措施和质量标准要求。

10.1.2　操作工艺

1. 壁纸裱糊施工程序

（1）基层处理

1）将基体或基层表面的污垢、尘土清除干净，基层面不得有飞刺、麻点、砂粒和裂缝。阴阳角应顺直。

2）旧墙涂料墙面，应打毛处理，并涂表面处理剂，或在基层上涂刷一遍抗碱底漆，并使其表干。

3）刮腻子前，应先在基层刷一遍涂料进行封闭，以防止腻子粉化，防止基层吸水。

4）混凝土及抹灰基层面满刮一遍，腻子干后用砂纸打磨。

5）木材基层的接缝、钉眼等用腻子填平，满刮石膏腻子一遍找平大面，腻子干后用砂纸打磨；再刮第二遍腻子并磨砂纸。裱糊壁纸前应先涂刷一层涂料，使其颜色与周围墙面颜色一致。

6）对于纸面石膏板，主要是在对缝处和螺钉孔位处用嵌缝腻子处理板缝，然后用油性石膏腻子局部找平。

（2）弹线、预拼

1）裱糊第一幅壁纸前，应弹垂直线，作为裱糊时的准线。裱糊顶棚时，也应在裱糊第一幅前先弹一条能起准线作用的直线。

2）在底胶干燥后弹划基准线，以保证壁纸裱糊后，横平竖直，图案端正。

3）弹线时应从墙面阴角处开始，将窄条纸的裁切边留在阴角处，阳角处不得有接缝。

4）有门窗部位以立边分划为宜，便于褶角贴立边。裱糊前应先预拼试贴，观察接缝效果，确定裁纸尺寸。

（3）裁纸

根据裱糊面尺寸和材料规格统筹规划，并考虑修剪量，两端各留出 30～50mm，然后剪出第一段壁纸。有图案的材料，应将图形自墙的上部开始对花。裁纸时尺子压紧壁纸后不得再移动，刀刃紧贴尺边，连续裁割，并编上号，以便按顺序粘贴。裁好的壁纸要卷起平放，不得立放。

（4）润纸、闷水（以塑料壁纸为例）

塑料壁纸遇水或胶水自由膨胀大，因此，刷胶前必须先将塑料壁纸在水槽中浸泡 2～3min 取出后抖掉余水，静置 20min，若有明水可用毛巾揩掉，然后才能涂胶。闷水的办法还可以用排笔在纸背刷水，刷满均匀，保持 10min 也可达到使其膨胀充分的目的。

（5）刷胶黏剂

基层表面与壁纸背面应同时涂胶。刷胶黏剂要求薄而均匀，不裹边，不得漏刷。基层表面的涂刷宽度要比预贴的壁纸宽 20～30mm。阴角处应增刷 1～2 遍胶。

（6）裱糊

1）裱糊壁纸时，应先垂直面后水平面，先细部后大面。垂直面先上后下，水平面先高后低。在顶棚上裱糊壁纸，宜沿房间的长边方向裱糊。

2）第一张壁纸裱糊：壁纸对折，将其上半截的边缘靠着垂线成一直线，轻轻压平，并由中间向外用刷子将上半截纸敷平，然后依次贴下半截纸。

3）拼缝：

① 对于需重叠对花的各类壁纸，应先裱糊对花，然后再用钢尺对齐裁下余边。裁切时，应一次切掉，不得重割。对于可直接对花的壁纸则不应剪裁。

② 赶压气泡时，对于压延壁纸可用钢板刮刀刮平，对于发泡及复合壁纸则严禁使用钢板刮刀，只可用毛巾、海绵或毛刷赶平。

4）阴阳角处理：壁纸不得在阳角处拼缝，应包角压实，壁纸包过阳角不小于20mm。阴角壁纸搭缝时，应先裱糊压在里面的壁纸，再粘贴面层壁纸，搭接面应根据阴角垂直度而定，宽度一般 2～3mm，并应顺光搭接，使拼缝看起来不显眼。

5）遇有基层卸不下来的设备或突出物件时，应将壁纸舒展地裱在基层上，然后剪去不需要部分，使突出物四周不留缝隙。

6）壁纸与顶棚、挂镜线、踢脚线的交接处应严密顺直。裱糊后，将上下两端多余壁纸切齐，撕去余纸贴实端头。

7）壁纸裱糊后，如有局部翘边、气泡等，应及时修补。

2. 墙布裱糊施工程序

（1）基层处理

1）墙布裱糊的基层处理要求与壁纸裱糊基本相同。

2） 玻璃纤维墙布和无纺墙布由于其遮盖力稍差，如基层颜色较深时，应满刮石膏腻子或在胶黏剂中渗入适量白色涂料。裱糊锦缎的基层应彻底干燥。

（2）准备工作

1） 墙布裱糊前的弹线找规矩工作与壁纸基本相同。根据墙面需要粘贴的长度，适当放长 100～150mm，再按花色图案，以整倍数进行裁剪，以便于花型拼接。裁剪的墙布要卷拢平放在盒内备用。切忌立放，以防碰毛墙布边。

2）由于墙布无吸水膨胀的特点，故不需要预先用水湿润。

3）纯棉墙布应在其背面和基层同时刷胶黏剂。

4）玻璃纤维墙布和无纺墙布只需要在基层刷胶黏剂。

5）锦缎柔软易变形，裱糊时可先在背面衬糊一层宣纸，使其挺括。

6）胶黏剂应随用随配，当天用完。

（3）裱糊工艺

墙布的裱糊方法与壁纸基本相同。

10.1.3　质量标准

1. 主控项目

1）壁纸、墙布的种类、规格、图案、颜色和燃烧性能等级必须符合设计要求及国

家现行标准的有关规定。

检验方法：观察；检查产品合格证书、进场验收记录和性能检测报告。

2）裱糊工程基层处理质量应符合一般要求的规定。

检验方法：观察；手摸检查；检查施工记录。

3）裱糊后各幅拼接应横平竖直，拼接处花纹、图案应吻合，不离缝，不搭接，不显拼缝。

检验方法：观察；拼缝检查，距离墙面 1.5m 处正视。

4）壁纸、墙面应粘贴牢固，不得有漏贴、补贴、脱层、空鼓和翘边。

检验方法：观察；手摸检查。

2. 一般项目

1）裱糊后的壁纸、墙布表面应平整，色泽应一致，不得有波纹起伏、气泡、裂缝、皱折及斑污，斜视时应无胶痕。

检验方法：观察；手摸检查。

2）复合压花壁纸的压痕及发泡壁纸的发泡层应无损坏。

检验方法：观察。

3）壁纸、墙布与各种装饰线、设备线盒应交接严密。

检验方法：观察。

4）壁纸、墙布边缘应平直整齐，不得有纸毛、飞刺。

检验方法：观察。

5）壁纸、墙布阴角处搭接应顺光，阳角处应无接缝。

检验方法：观察。

3. 成品保护

1）运输和贮存时，所有壁纸、墙面均不得日晒雨淋；压延壁纸和墙面应平放；发泡壁纸和复合壁纸则应竖放。

2）裱糊后的房间应及时清理干净，尽量封闭通行，避免污染或损坏，因此应将裱糊工序放在最后一道工序施工。

3）完工后，白天应加强通风，但要防止穿堂风劲吹。夜间应关闭门窗，防止潮气侵袭。

4）塑料壁纸施工过程中，严禁非操作人员随意触摸壁纸饰面。

5）电气和其他设备在进行安装时，应注意保护已经裱糊好的壁纸饰面，以防止污染或损坏。

6）严禁在已经裱糊好的壁纸饰面剔眼打洞。如因设计变更，应采取相应的措施，施工时要小心保护，施工完要及时认真修复，以保证壁纸饰面完整美观。

7）在修补油漆、涂刷浆时，要注意做好壁纸保护，防止污染、碰撞与损坏。

4. 应注意的质量、环境和职业健康安全问题

（1）应注意的质量问题

1）裱糊壁纸时，室内相对湿度不能过高，一般低于 85%，同时，温度也不能有剧烈变化。

2）在潮湿天气粘贴壁纸时，粘贴完后，白天应打开门窗，加强通风；夜间应关闭门窗，防止潮湿气体侵袭。

3）采用搭接法拼贴，用刀时应一次直落，力量均匀不能停顿，以免出现刀痕搭口，同时也不能重复切割，避免搭口起丝影响美观。

4）辅贴壁纸后，若发现有空鼓、气泡，可用斜刺放气，再用注射针挤进胶液，用刮板刮平压实。

5）阳角处不允许留拼接缝，应包角压实；阴角拼缝宜在暗面处。

6）基层应具有一定的吸水性。混合砂浆和纸筋灰罩面的基层，较为适宜壁纸裱糊，若用石膏罩面效果更好；水泥砂浆抹光面裱糊效果最差，因此壁纸裱糊前应将基层涂刷涂料，以提高裱糊效果。

（2）应注意的环境问题

1）施工用的各种材料应符合现行国家标准《民用建筑工程室内环境污染控制规范》（GB 50325—2010）的要求。对环保超标的原材料拒绝进场。

2）边角余料，应装袋后集中回收，按固体废物进行处理。现场严禁燃烧废料。

3）剩余的胶液和胶桶不得乱倒、乱扔，必须进行集中回收处理。

（3）应注意的职业健康安全问题

1）凳上操作时，单凳只准站一人，双凳搭跳板，两凳间距不超过 2m，准站 2 人。

2）梯子不得缺档，不得垫高，横档间距以 30cm 为宜，梯子底部绑防滑垫；人字梯两梯夹角 60° 为宜，两梯间要拉牢。

5. 质量记录

1）裱糊工程所选用的面料、胶黏剂、封闭剂和防潮剂等材料的产品合格证和环保检测报告及进场检验记录。

2）施工过程中基层处理的隐蔽验收记录。

3）检验批质量验收记录。

4）分项工程质量验收记录。

任务 *10.2* 木作软包墙面

10.2.1 施工准备

1. 材料

1）软包面料及内衬材料的材质、颜色、图案及燃烧性能等级应符合设计要求和国家有关规定要求。

2）软包底板所用材料应符合设计要求，一般使用 5mm 厚胶合板。胶合板应使用平整干燥，无脱胶开裂、无缝状裂痕、腐朽、空鼓的板材，含水率不大于 12%，甲醛释放量不大于 1.5mg/L。

3）粘贴材料一般使用 XY-405 胶或水溶性酚醛树脂胶。

2. 主要机具

电锯、气钉枪、裁刀、钢板尺、刮刀、剪刀、手工刨、电冲击钻。

3. 作业条件

1）软包安装部位的基层应平整、洁净牢固，垂直度、平整度均应符合验收规范要求。

2）天花、墙面、地面等分项工程基本完成。

3）已对施工人员进行质量、安全、环保技术交底，特别是软包面料带图案或颜色的和造型复杂的，必要时应另附详图。

10.2.2 操作工艺

木制软包墙面构造如图 10.1～图 10.4 所示，施工工艺流程：
基层处理→弹线→计算用料→制作安装→修整。

1. 基层处理

1）在结构墙上安装时，要先预埋木砖，检查平整度是否符合要求，如有不平，应及时用水泥砂浆找平。

2）在胶合板墙上安装时，要检查胶合板安装是否牢固，平整度是否符合要求，如有不符合项应及时修整。

2. 弹线

根据设计要求或软包面料花纹图案及墙面尺寸确定分格尺寸，做到分格内为一块完整面料，不得有接缝。确定分格后在墙面划线。

3. 计算用料

按设计要求、分格尺寸进行用料计算和底板、面料套裁工作。要注意同一房间、同一图案的面料必须用同一卷材料和相同部位套裁面料。

4. 制作安装

1）一般做法是：将内衬材料（泡沫塑料）用胶满粘在墙面上。再将裁好的面料周边抹胶粘在衬底上，拉平整，接缝正对分格线；将装饰线角钉在分格线处。钉木线角的同时调整面料平整度，钉牢拉平，保证外观形美观。

2）另一做法：分块固定。这种做法是根据分格尺寸，把 5mm 胶合板、内衬材料、软包面料预裁。制作时，先把内衬材料用胶粘贴在 5mm 胶合板上，然后把软包面料按定位标志摆正；首先把上部用木条加钉子临时固定，然后把下端和两侧位置找好后，便可把面料进行固定。安装时，首先经过试拼达到设计要求效果后，才可与基层固定。

5. 修整

软包安装完成后，要进行检查，如有发现面料拉不平、有皱折，图案不符合设计要求的情况，应及时修整。

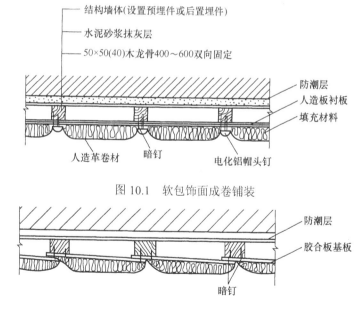

图 10.1　软包饰面成卷铺装

图 10.2　软包饰面分块固定

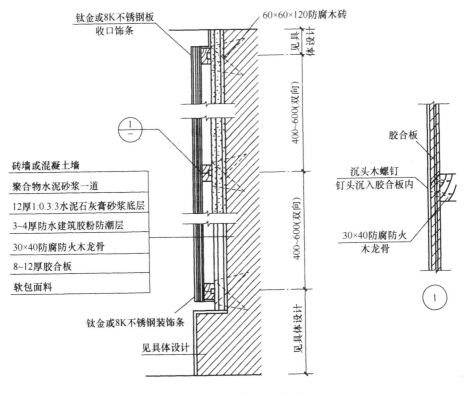

钛金或8K不锈钢板收口饰条

60×60×120防腐木砖

见具体设计

400~600(双向)

400~600(双向)

胶合板

沉头木螺钉
钉头沉入胶合板内

30×40防腐防火木龙骨

1

砖墙或混凝土墙

聚合物水泥砂浆一道

12厚1:0.3:3水泥石灰膏砂浆底层

3~4厚防水建筑胶粉防潮层

30×40防腐防火木龙骨

8~12厚胶合板

软包面料

钛金或8K不锈钢装饰条

见具体设计

见具体设计

图10.3 无吸声层软包构造

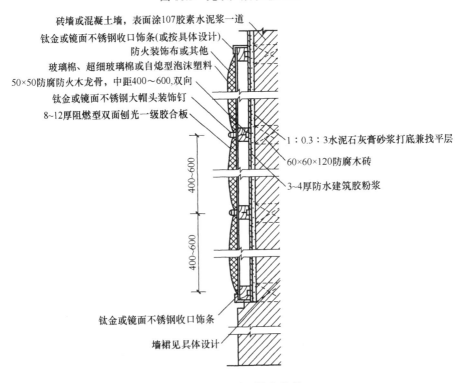

砖墙或混凝土墙，表面涂107胶素水泥浆一道

钛金或镜面不锈钢收口饰条(或按具体设计)

防火装饰布或其他

玻璃棉、超细玻璃棉或自熄型泡沫塑料

50×50防腐防火木龙骨，中距400～600，双向

钛金或镜面不锈钢大帽头装饰钉

8~12厚阻燃型双面刨光一级胶合板

1:0.3:3水泥石灰膏砂浆打底兼找平层

60×60×120防腐木砖

3~4厚防水建筑胶粉浆

400~600

400~600

钛金或镜面不锈钢收口饰条

墙裙见具体设计

图10.4 有吸声层软包构造

10.2.3 质量标准

1. 主控项目

1）软包面料、内衬材料及边框的材质、颜色、图案、燃烧性能等级和木材的含水率应符合设计要求及国家现行标准的有关规定。

检验方法：观察；检查产品合格证书、进场验收记录和性能检测报告。

2）软包工程的安装位置及构造做法应符合设计要求。

检验方法：观察；尺量检查；检查施工记录。

3）软包工程的龙骨、衬板、边框应安装牢固，无翘曲，拼缝应平直。

检验方法：观察；手扳检查。

4）单块软包面料不应有接缝，四周应绷压严密。

检验方法：观察；手摸检查。

2. 一般项目

1）软包工程表面应平整、洁净，无凹凸不平及皱折；图案应清晰、无色差，整体应协调美观。

检验方法：观察。

2）软包边框应平整、顺直、接缝吻合。其表面涂饰质量应符合相关规范涂饰的有关规定。

检验方法：观察；手摸检查。

3）清漆涂饰木制边框的颜色、木纹应协调一致。

检验方法：观察。

4）软包工程安装的允许偏差和检验方法应符合表 10.1 的规定。

表 10.1 软包工程安装的允许偏差和检验方法

项次	项目	允许偏差（mm）	检验方法
1	垂直度	3	用 1m 垂直检测尺检查
2	边框宽度、高度	0～2	用钢尺检查
3	对角线长度差	3	用钢尺检查
4	裁口、线条接缝高低差	1	用钢直尺和塞尺检查

3. 成品保护

1）软包完成后，如还须进行其他工序的施工，应对软包进行贴纸或塑料膜保护。

2）清理打扫施工场地时，应洒水清扫或用吸尘器清理干净，避免扬起灰尘，污染软包。

4. 应注意的质量、环境和职业健康安全问题

（1）应注意的质量问题

1）软包面料裁割时，应每边比底板实际尺寸多出不少于 50mm 的面料，以保证面料粘贴或装钉牢固。

2）面料裁割及粘贴时，应注意花纹、图案走向，避免花纹、图案错乱影响美观。

3）如以绒布、毛毯、织布等为面料时，裁割及安装时应注意面料表面绒毛的走向，避免同一面墙出现阴阳面现象。

4）在粘贴内衬材料时，避免用含腐蚀成分的粘贴剂，以免腐蚀内衬材料，造成厚度减少，底部发硬，以至于软包不饱满。

（2）应注意的环境问题

1）操作地点的碎木、刨花、废布料等杂物，工作完毕后应及时清理，集中堆放。

2）油漆桶、胶桶、油漆刷等有毒有害废品应以其他废料废品单独分开处理。

3）使用油漆、粘贴剂时，应注意周围的通风条件是否良好，必要时可使用电风扇增加通风效果。

（3）应注意的职业健康安全问题

1）施工前应对使用的人字梯、安全防护措施及施工机具全面检查，及时排除隐患。

2）电锯应有防护罩及漏电保护装置，并设专人负责保护和使用；所有电动机具应先试运行正常后方能使用。

3）电锯、电冲击钻操作人员施工时，应戴上口罩和耳塞。

4）使用油漆、粘贴剂施工时，操作人员应戴上口罩。

5）施工现场应避免有电焊、明火作业。

5. 质量记录

1）主要材料的质量证明书、检测报告、产品合格证。

2）软包面料、内衬材料的燃烧性能检测报告。

3）检验批验收记录。

4）分项工程质量验收记录。

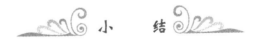

小　　结

裱糊和软包工程是装饰装修工程中具有鲜明的人性化与个性化艺术风格的饰面和造型设计处理。饰面材料的种类、规格、图案、颜色、燃烧性能应符合设计要求，应粘贴牢固，表面平整，色泽一致，不得有波纹起伏、气泡、裂缝、皱折及斑污，斜视时应无胶痕。

裱糊和软包工程应按照《建筑装饰装修工程质量验收规范》（GB 50210—2001）的

有关规定进行施工、组织质量验收。

思　考　题

10.1　简述裱糊工程的基层条件。

10.2　简述裱糊工程施工的基层处理方法。

10.3　试述裱糊的基本程序和施工操作要点。

10.4　简述软包饰面工程的施工工艺。

单元11 细部工程

学习目标 ☞

1. 通过对不同类型细部工程工序的重点介绍，使学生能够对其完整施工过程有一个全面的认识。

2. 通过对细部工程工艺的深刻理解，使学生学会正确选择材料和施工工艺，并能合理的组织施工，以达到保证工程质量的目的，培养学生解决现场施工常见工程质量问题的能力。

3. 在掌握施工工艺的基础上领会工程质量验收标准。

学习重点 ☞

1. 橱柜的制作与安装工艺及质量验收。

2. 木护墙的制作与安装及质量验收。

最新相关规范与标准 ☞

《建筑装饰装修工程质量验收规范》（GB 50210—2001）

导入案例（案例式）☞

细部工程施工现场

任务 *11.1* 橱柜（壁柜、吊柜）制作与安装

11.1.1 施工准备

1. 技术准备

熟悉施工图纸，进行质量、安全、环保技术交底，复核施工基体尺寸。

2. 材料及构配件准备

1）木材：用于制作骨架的基本材料，应选用含水率不大于 12%且材质较好的木材，无腐朽、劈裂、扭曲和断面不得超 1/3 的节疤。

2）胶合板：选用干燥、无缝状裂痕、无脱胶开裂、无翘曲变形、表面无密集丝发干裂的板材。饰面用的胶合板应选用色泽纹理一致、无脱胶开裂、木纹清晰自然，无节疤的板材。胶合板的甲醛释放量不大于 1.5mg/L。

3）防火胶板：选用表面清洁美观，无划痕、裂纹、缺棱掉角及损坏现象、厚度应符合设计要求的胶板。

4）按设计要求及相关验收规范规定预先采购防腐剂、防潮剂、防白蚁药剂、防火涂料。进场时，应检查产品合格证、性能检验报告、厂家资质证明资料。

5）按设计要求选用符合家具配套的五金配件及辅料。预先准备好各种元钉、气枪钉、镙丝、白乳胶、木胶粉、玻璃、装饰条、角铁、膨胀镙栓、合页、弹簧暗铰链、烟斗铰链、道轨、玻璃夹具、层板插销、锁具、拉手等。

3. 橱柜（壁柜、吊柜）

由厂家生产加工，进场时，应检查产品合格证、性能检验报告、厂家资质证明资料。其型号规格、尺寸、饰面是否符合图纸要求。

4. 主要机具

电锯、手电刨、空气压缩机、气钉枪、电焊机、扁铲，手电钻，电锤、修边机、曲线锯、裁口刨、木锯、长刨、镙丝刀、水平尺、线坠、靠尺、墨斗、卷尺、角尺。

5. 作业条件

1）按规范和设计要求对木材进行了干燥、防腐、防虫蚁、防潮、防火等施工处理。橱柜（壁柜、吊柜）在安装前，应先将安装周边的位置作防白蚁，防潮处理并将柜体近地面部位满刷防火、防腐涂料，及做好柜体相邻部位基层。

2）橱柜（壁柜、吊柜）的框和门扇，在安装前应检查有无窜角翘扭，弯曲、劈

裂，如有缺陷、应修理至合格后再行拼装。

3）橱柜钢骨架应检查规格尺寸、承重荷载及结构预件是否符合设计的安装要求，是否已做防锈处理。

4）检查柜内外电气线路敷设是否敷设到位。

11.1.2 操作工艺

1. 制作工艺

施工工艺流程：弹线配料→框架装配板料制作→粘贴饰面板→粘贴木压条→板式框架的装配→层板的安装→背板安装。

（1）弹线配料

根据施工图确定柜体的平面位置，应在地面，天棚，墙面上弹墨线，根据地面、天棚标高，确定柜体各部件的竖向标高。根据施工图中家具结构和现场所放的定位线，结合木料的规格尺寸，裁割柜体所需的材料，原则上应先配长料、宽料、大料，后配短料、窄料、小料；胶合板材须裁割尺寸较准确，木方料可适当放大，以便刨削加工。

（2）框架装配板料制作

根据施工图的要求，用符合设计要求的胶合板制作柜体的旁板、顶板、搁板、底板、背板、面板、门、抽屉等各种规格型号的装配板料，根据柜体的造型，对于在柜体安装后粘贴饰面板较为困难的部分装配板料，可先行进行饰面板的粘贴。

（3）粘贴饰面板（木饰面板、防火胶板等）

饰面板在粘贴前要挑选颜色纹理一致的饰面板进行加工，由于柜体框架在加工中会出现误差及加工后的变形，裁切饰面板时应略大于装配板料，粘贴装饰饰面板时，用有锯齿状的刷板，在饰面板及基层胶合板粘贴面均匀刷涂白乳胶或万能胶，采用机械或人工方式涂胶加压，加压胶接时要特别注意框架各部件的平整度，检查胶水已干透及粘贴牢固无空鼓后才进行刨削修整框板周边，使之方正，以便拼装严密。

（4）粘贴木压条

框板正立面、门、抽屉框板周边均须用木压条胶钉，木压条应略宽于框板厚度，胶合紧密后刨光整平。

（5）板式框架的装配

将现场制作的各种规格旁板、顶板、隔板、底板等胶合板装配板料接触处刷胶，采用气枪钉直接固定。装配前按设计的要求先开好各种榫结构，按设计的拼缝形式进行拼装。装配时须吊直找方。框架装配完成后，可对部分因工序流程安排而没有粘贴饰面板的板面直接涂胶，将木饰面板用蚊钉枪钉固定在其表面，防火板可直接涂胶粘贴。

（6）层板的安装

可在旁板胶钉水平木条，将层板搁在木条上即可。对于要求能随意变动层板高度位置和装饰要求较高的，可采用层板插销接合。或玻璃夹具在背板或旁板上安装玻璃层板，装配前，事先在板面上钻孔，孔洞间距根据图纸要求和放置物品的尺寸而定，如层板为玻璃材质，须考虑以后放置物品的重量，并先裁好玻璃板材，完工验收前才安放进柜内。

（7）背板的安装

当橱柜接触处有墙体时，可先做防潮、防腐处理，然后铺钉背板。背面板必须与旁板、隔板、底板、顶板连接牢固，以加强整个橱柜的刚度和抵抗变形的能力。橱柜的踢脚板处应做好防水处理，以免水分、潮气侵入柜内。

2. 安装工艺

施工工艺流程：找线定位→框架安装→橱柜（壁柜、吊柜）门扇抽屉安装→五金配件安装。

（1）找线定位

根据制作橱柜（壁柜、吊柜）之前在现场所弹的定位线，确定相应的安装位置。

（2）橱柜（壁柜、吊柜）的框架安装

安装橱柜的框架时，须用线坠、靠尺板、卷尺等，反复校正柜体垂直度、平整度，调整到正确位置后，在柜体的上下两侧预先预埋的木结构处用铁钉或汽枪钉、镙钉等进行固定，钉帽不得外露。在框架固定之前应先校正、套方、吊直，核对标高、尺寸、位置，准确无误后，方可进行固定。采用钢构件焊接、镙栓连接固定安装时，需根据设计的要求，在安装柜体周边的位置预埋钢构件，做到安全稳固。橱柜与周边基体之间产生的缝隙，须采用腻子或木压条、线角进行处理。

（3）橱柜（壁柜、吊柜）的门扇抽屉安装

1）根据门跟旁板的位置不同，可将门分为戤堂门（门包旁）和藏堂门（旁包门）两种。平开门和推拉门是壁柜门常用的开启方式。平开门通常用合页铰链、烟斗铰链等接合，推拉门是采用塑料滑道或滚轮滑道。

2）按柜门扇的规格尺寸，确定五金配件的型号规格，对开扇的裁口方向，一般以开启方向的右扇为盖口扇。检查框口的高度、宽度及对角线的长度，并在扇的相应部位定点划线，如有偏差，对柜门扇周边进行修刨，直到扇间、框扇间留缝合适，同时划出框和门扇合页槽的位置（或烟斗铰链的开孔位置），注意划线时避开上下冒头。

3）根据划定的合页的位置，用扁铲凿出合页边线，即可剔出合页槽。如门扇为烟斗铰链连接，则用手电钻根据烟斗铰链定位孔洞的大小安装上不同规格的挖孔器，挖孔时不得穿透门扇表面。

4）安装柜门扇时，应将合页先压入扇的合页槽内（如门扇为烟斗铰链连接，则须在框及门扇上分别安装上铰链的构件）进行试装，调好框扇缝隙，找正后拧好固定镙丝，固定时框、扇上每个合页（铰链的构件）先拧一个镙丝，然后关闭，检查框与扇是否平整方正，合格后将全部镙丝装上拧紧。拧镙丝时，可先打入1/3，再拧入2/3，如木质太硬可先钻孔，再拧上镙丝。如为对开扇，要确定好中间对口缝宽度，试装合适时，先装左扇，后装右扇。

5）推拉门是采用塑料滑道或滚轮滑道分别固定于顶板（或上搁板）、底板（或下搁板）的嵌槽中。由于上面的槽较深，装配时将玻璃或木板上端插入上槽中，使下端对准下槽，并轻轻放入下槽中即可。门扇较重时可采用滑轮轨道吊装，安装方法按设计图纸要求。

6）抽屉的安装。将抽屉旁板底部的抽屉滑道框架用木螺丝拧固在旁板（或隔板）相应位置上。将抽屉放进上、下抽屉滑道之间。抽屉上下左右接合处应留有间隙，确保抽屉推进、拉出轻便灵活。同时要求抽屉推拉时回位正确。

（4）五金件安装

拉手、锁、铰链、合页可先安装就位，油漆之前将其拆除。也可先进行油漆施工，后安装拉手、锁等五金件。五金件应安装整齐、牢固、表面洁净。

11.1.3 质量标准

1. 主控项目

1）橱柜制作与安装所用材料的材质和规格、木材的阻燃性能和含水率、花岗石的放射性及人造木板的甲醛含量应符合设计要求及国家现行标准的有关规定。

检验方法：观察；检查产品合格证书、进场验收记录、性能检测报告和复验报告。

2）橱柜安装预埋件或后置埋件的数量、规格、位置应符合设计要求。

检验方法：检查隐蔽工程验收记录和施工记录。

3）橱柜的造型、尺寸、安装位置、制作和固定方法应符合设计要求。配件应齐全，安装应牢固。

检验方法：观察；尺量检查；手扳检查。

4）橱柜配件的品种、规格应符合设计要求。配件应齐全，安装应牢固。

检验方法：观察；手扳检查；检查进场验收记录。

5）橱柜的抽屉和柜门应开关灵活、回位正确。

检验方法：观察；开启和关闭检查。

2. 一般项目

1）橱柜表面应平整、洁净、色泽一致，不得有裂纹、翘曲及损坏。

检验方法：观察。

2）橱柜裁口应顺直、拼缝应严密。

检验方法：观察。

3）橱柜安装的允许偏差和检验方法应符合表 11.1 的规定。

表 11.1　橱柜安装的允许偏差和检验方法

项次	项目	允许偏差（mm）	检验方法
1	外形尺寸	3	用钢尺检查
2	立面垂直	2	用 1m 垂直检测尺检查
3	门与框架的平行度	2	用钢尺检查

3. 成品保护

1）饰面用的木制品进场后及时刷底油一道，铁制品应满刷防锈漆。

2）柜体安装时，严禁碰撞抹灰及其他装饰面的口角。

3）安装好的柜体层板，不得存放工地现场物品。

4）有其他工种作业时，要适当加以掩盖，防止对饰面板碰撞。

5）防止将水、油污等溅湿柜体饰面板。

6）柜体有玻璃层板及门框玻璃时须等相关工序完工后并在验收前，再行安装。

4. 应注意的质量、环境和职业健康安全问题

（1）应注意的质量问题

1）抹灰面与框不平：多为墙面垂直度偏差过大或框安装不垂直所造成。注意立框与抹灰的标准，保证观感质量。

2）柜框安装不牢：预埋件、木砖安装前已松动或固定点少。连接、钉固点要够数，安装牢固。

3）合面不平、螺丝松动、螺帽不平正：主要造成的原因是合面槽不平、深浅不一致，安装时螺丝钉打入太长，产生倾斜，达不到螺丝平卧。操作时应按标准螺丝打入长度的 1/3，拧入深度 2/3。

4）柜框与洞口尺寸误差过大，基体施工留洞不准，结构或基体施工留洞时应符合要求的尺寸及标高。

5）饰面板、胶合板崩裂：由于施工或使用中的碰撞造成胶合面崩裂或撕开。可在框板侧面、门及抽屉面板四周胶钉木压条。

6）门扇翘曲：由于木材含水率超过了规定数值，选料不当，制作质量低劣，粘贴胶合板施压不均匀等原因造成门扇变形。因此，须先用含水率低于平均含水率、变形小的木材；提高门扇的制作质量、粘贴胶合板时，应避免漏涂胶液，并施压均匀。

7）抽屉开启不灵：其主要原因是抽屉滑道安装不在同一水平面上，抽屉上下左右接合处的间隙过小或不均匀等。因此，要严格控制抽屉滑道的宽度和平整度，确保抽屉上下左右接合处的间隙均匀。

8）各种五金配件的安装位置应定位准确，安装紧密、牢固、方正，结合处不得崩茬、歪扭、松动，不得缺件、漏钉漏装。

（2）应注意的环境问题

1）各种噪声较大的电动工具应专设作业场所，防止噪声外泄，晚上避免使用噪声较高的机械设备，以免影响周边社区。

2）使用符合国家环保要求的材料，胶合板甲醛含量须符合国家有关规范要求。

3）对废料要分类归堆，施工垃圾须运到政府指定的有资质的垃圾处理站处理。

4）各种木方、胶合板分类堆放整齐，保持施工现场整洁。

（3）应注意的职业健康安全问题

1）严格遵守国家及地方有关粉尘、噪音、废气及安全生产的法律法规。

2）施工前应对使用的设备设施进行全面的检查调试，及时排除各种安全隐患。

3）对电锯、空压机、修边机、曲线锯、手电刨、电锤等操作时产生噪声，粉尘较大的机械设备，须安排在专场进行作业，以降低噪音的传播及粉尘的扩散。

4）严禁非电工进行木制作的用电操作，临时用电须符合国家规范要求。

5）作业时须注意对自身做好劳动防护，在必要时须戴上安全帽、口罩、耳塞、手套等劳动用品。

6）电锯裁料到尽头不得用力过猛，以防锯片伤手指。锯短料时，必须用推杆送料。

7）现场木制作废料、锯末须及时清走，清理时须避免扬尘飞扬，必要时可先洒水再清扫。

8）施工现场内严禁吸烟，须放置足够数量灭火器，杜绝火灾隐患。

5. 质量记录

1）橱柜制品在厂商处另行加工时，应有产品合格证、性能检测报告。现场制作时，木料、胶合板、防火胶板等各种材料须有产品合格证及性能检测报告。

2）木料、胶合板应有含水测定记录，胶合板应有甲醛含量复验记录。

3）橱柜的防潮、防腐、防虫蚁处理中间验收证明书。

4）隐蔽验收记录、施工记录、进场验收记录、材料复验报告。

5）橱柜制安分项工程检验批质量验收记录。

6）分项工程质量验收记录。

任务11.2　木护墙

11.2.1　施工准备

1. 技术准备

熟悉施工图纸,进行质量、安全、环保技术交底,复核施工基体尺寸。

2. 材料及构配件准备

1) 木材:用于制作骨架的基本材料,应选用含水率不大于 12%且材质较好的木材,无腐朽、劈裂、扭曲和断面不得超 1/3 的节疤。

2) 胶合板:选用干燥、无缝状裂痕、无脱胶开裂、无翘曲变形、表面无密集丝发干裂的板材。饰面用的胶合板应选用色泽纹理一致、无脱胶开裂、木纹清晰自然,无节疤的板材。胶合板的甲醛释放量不大于 1.5mg/L。

3) 防火胶板:选用表面清洁美观,无划痕、裂纹、缺棱掉角及损坏现象、厚度应符合设计要求的胶板。

4) 木材及胶合板、防火胶板进场时,应检查其型号规格、产品合格证、性能检验报告、厂家的资质证明资料。

5) 按设计要求及相关验收规范预先采购防腐剂、防潮剂、防白蚁药剂、防火涂料。进场时,应检查其型号规格、产品合格证、性能检验报告、厂家的资质证明资料。

6) 预先准备好各种元钉、气枪钉、镙丝、白乳胶、木胶粉、装饰条、角铁、膨胀镙栓。

3. 主要机具及检测用具

电锯、手电刨、空气压缩机、气钉枪、手电钻、电锤、修边机、曲线锯、裁口刨、木锯、长刨、镙丝刀、水平尺、线坠、靠尺、墨斗、卷尺、角尺。

4. 作业条件

1) 安装木护墙处的结构面或基层面,应预埋好木楔、木砖或铁件等预埋件。

2) 木护墙的骨架安装,应在安装好门窗口、窗台板以后进行,钉装面板一般在室内抹灰及地面做完后进行。

3) 木护墙的制作与安装工序要按设计及现行有关国家规范的要求进行防腐、防火、防白蚁处理。

4) 施工机具设备在使用前安装好,并接通电源进行试运转。

5) 施工项目的工程量大且较复杂时,应根据施工图,先做出样板,经检验合格,

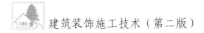

才能大面积进行作业。

11.2.2 操作工艺

工艺流程：找位与划线→查预埋件及洞口→防白蚁、防潮处理→龙骨配制与安装→钉装面板。

1. 找位与划线

木护墙安装前，应根据设计图纸要求，先找好标高、平面位置、竖向尺寸，然后根据设计及制作要求进行弹线。

2. 查预埋件及洞口

弹线后检查预埋件、木砖、木楔是否符合设计及安装的要求，主要检查排列间距、尺寸、位置是否满足钉装龙骨的要求；测量门窗及其他洞口位置、尺寸是否方正垂直，与设计要求是否相符。

3. 防白蚁、防潮处理

设计有防白蚁、防潮要求的木护墙，在钉装龙骨前应进行喷洒防白蚁药剂和防潮层的施工。

4. 龙骨配制与安装

（1）木护墙龙骨

1）局部木护墙龙骨：根据施工图的造型要求，可预制成龙骨架，进行整体或分块安装。

2）全高木护墙龙骨：根据设计图纸的要求，首先量好房间尺寸，根据房间四角和上下龙骨的位置，将四框龙骨找位，钉装平、直，然后按设计龙骨间距要求钉装横竖龙骨。

（2）木护墙龙骨间距

当设计无要求时，一般横龙骨间距为 300mm，竖龙骨间距为 300mm。如基层胶合板厚度较厚时，横竖龙骨间距可根据设计要求适当扩大。木龙骨安装必须找方、找直，骨架与墙面的空隙用木楔连接固定。骨架与木楔连接处用钉子钉牢，在装钉龙骨时预留出板面厚度。

5. 钉装基层面板及饰面板

（1）饰面板选色配纹

进场的饰面板材，使用前按同房间、临近部位的用量进行挑选，使安装后从观感上木纹、颜色近似一致。

（2）基层面板裁板配制

按龙骨排尺，在板上划线裁板，原木材板面应刨净、刨平整；胶合板、贴面板的板面严禁刨光，小面皆须刮直。面板长、短向对接配制时，必须考虑接头位于横龙骨处。原木材的面板及较厚的胶合板背面根据设计要求可做卸力槽，一般卸力槽间距为100mm，槽宽10mm，槽深4～6mm，以防板面扭曲变形。

（3）基层面板安装

1）基层面板安装前，按设计和有关国家规范的要求对防潮、防火、防腐、龙骨位置、平直度、钉设牢固等情况进行检查，合格后进行安装。

2）基层面板接头处应涂胶与龙骨钉牢，钉固面板的钉子规格应适宜，钉长约为面板厚度的2～2.5倍，固定时用汽钉枪进行操作作业，可提高工作效率。

（4）饰面板安装

饰面板选配好料后进行裁割试装，饰面板尺寸、接缝、接头处构造完全合适，木纹方向、颜色的观感符合设计要求的情况下，才能进行正式安装。用有锯齿状的刷板，在木饰面板及基层面板粘贴面刷涂白乳胶或万能胶，粘贴以后用蚊钉枪钉进行固定，防火胶板则用万能胶涂刷后等胶不沾手时直接粘贴，接缝须严密平直。

11.2.3 质量标准

1. 主控项目

1）木制作与安装所使用材料的材质、规格、纹理和颜色、木材的阻燃性能等级和含水率、胶合板的甲醛含量应符合设计要求及国家现行标准的有关规定。

检验方法：观察；检查产品合格证书、进场验收记录、性能检测报告和复验报告。

2）木制作的造型、尺寸和固定方法应符合设计要求，安装应牢固。

检验方法：观察；尺量检查；手扳检查。

2. 一般项目

1）木制作表面应平整、洁净、线条顺直、接缝严密、色泽一致，不得有裂缝、翘曲及损坏。

检验方法：观察。

2）木制作安装的允许偏差和检验方法应符合表11.2的规定。

表 11.2 木制作安装的允许偏差和检验方法

项次	项目	允许偏差（mm）	检验方法
1	正、侧面垂直度	3	用2m垂直检测尺检查
2	木护墙上口水平度	1	用1m水平检测尺和塞尺检查
3	木护墙上口直线度	3	拉5m线，不足5m拉通线，用钢直尺检查
4	平整度	2	用2m垂直检测尺检查

3. 成品保护

1）木制品进场后，应贮存在室内仓库或料棚中，保持干燥、通风，并按制品的种类、规格搁置在垫木上水平堆放。

2）配料应在操作台上进行，不得直接在没有保护措施的地面上操作。

3）操作时窗台板上应铺垫保护层，不得直接站在窗台板上操作。

4）木护墙饰面胶合板安装前，应及时刷一道底漆，以防干裂或污染。

5）为保护木制作成品，防止碰坏或污染，尤其出入口处应加保护措施，如装设保护条、护角板、塑料贴膜，并设专人看管等。

6）有其他工种作业时，要适当加以掩盖，防止对饰面板污染或碰撞。

7）不能将水、油污等溅湿饰面板。

4. 应注意的质量环境、职业健康安全问题

（1）应注意的质量问题

1）安装贴面板前，对龙骨架检查其牢固、方正、偏角，有毛病及时修正。木筒子板与窗台板结合处要严。

2）面层木纹错乱，色差过大：主要是由于面层饰面板质量不符合验收要求，没有进行统一挑选；注意加工制品的验收，应分类挑选匹配使用。

3）棱角不直，接缝接头不平：主要由于压条、贴脸料规格不一，面板安装边口不齐，龙骨面不平。细木操作从加工到安装，每一工序达到标准，保证整体的质量。

4）木护墙板造型不方正：主要是由于安装龙骨框架未调方正，应注意安装时调正、吊直、找顺，确保方正。

5）割角不严：主要是由于割角划线不认真，操作不精心，应认真用角尺划线割角，保证角度、长度准确。

（2）应注意的环境问题

1）各种噪声较大的电动工具应专设作业场所，防止噪声外泄，晚上避免使用噪声较高的机械设备，以免影响周边社区。

2）使用符合国家环保要求的材料，胶合板甲醛含量须符合国家有关规范要求。

3）废料要分类归堆，施工垃圾须运到政府指定的有资质的垃圾处理站处理。

4）各种木方、胶合板分类堆放整齐，保持施工现场整洁。

（3）应注意的职业健康安全问题

1）严格遵守国家及地方有关粉尘、噪声、废气及安全生产的法律法规。

2）施工前应对使用的设备设施进行全面的检查调试，及时排除各种安全隐患。

3）对电锯、空压机、修边机、曲线锯、手电刨、电锤等操作时产生噪声，粉尘较大的机械设备，须安排在专场进行作业，以降低噪音的传播及粉尘的扩散。

4）严禁非电工进行木制作的用电操作，临时用电须符合国家规范要求，各种电动工具使用前要进行检修。

5）作业时须注意对自身做好劳动防护，在必要时须戴上安全帽、口罩、耳塞、手套等劳动用品。

6）电锯裁料到尽头不得用力过猛，以防锯片伤手指。锯短料时，必须用推杆送料。

7）现场木制作废料、锯末须及时清走，清理时须避免扬尘飞扬，必要时可先洒水再清扫。

8）施工现场内严禁吸烟，放置足够数量的灭火器，杜绝火灾隐患。

5. 质量记录

1）木料、胶合板、防火胶板等须有产品合格证及性能检测报告。

2）木料、胶合板应有含水测定记录，胶合板应有甲醛含量复验记录。

3）木制品防潮、防腐、防虫蚁处理中间验收证明书。

4）隐蔽验收记录、施工记录、进场验收记录、材料复验报告。

5）细部制安分项工程检验批质量验收记录。

6）分项工程质量验收记录。

任务 11.3 窗台板制作与安装

11.3.1 施工准备

1. 技术准备

熟悉施工图纸，进行质量、安全、环保技术交底，复核施工基体尺寸。

2. 材料及构配件准备

1）木材：用于制作骨架的基本材料，应选用含水率不大于 12%且材质较好的木材，且无腐朽、劈裂、扭曲和断面不得超 1/3 的节疤。

2）胶合板：选用干燥、无缝状裂痕、无脱胶开裂、无翘曲变形、表面无密集丝发干裂的板材。饰面用的胶合板应选用色泽纹理一致、无脱胶开裂、木纹清晰自然、无节疤的板材。胶合板的甲醛释放量不大于 1.5mg/L。

3）防火胶板：选用表面清洁美观，无划痕、裂纹、缺棱掉角及损坏现象、厚度应符合设计要求的胶板。

4）木材及胶合板、防火胶板进场时，应检查其型号规格、产品合格证、性能检验报告、厂家的资质证明资料。

5）按设计要求及相关验收规范规定预先采购防腐剂、防潮剂、防白蚁药剂、防火涂料。进场时，应检查其型号规格、产品合格证、性能检验报告、资质证明资料。

6）预先准备好各种元钉、气枪钉、镙丝、白乳胶、木胶粉、装饰条、角铁、膨胀镙栓。

3. 主要机具及检测用具

电锯、手电刨、空气压缩机、气钉枪、手电钻、电锤、修边机、曲线锯、裁口刨、木锯、长刨、镙丝刀、水平尺、线坠、靠尺、墨斗、卷尺、角尺。

4. 作业条件

1）安装窗台板处的结构面或基层面，应预埋好木楔、木砖或铁件。

2）窗台板的安装，应在安装好窗户、窗台抹灰完成以后进行，钉装面板一般在室内抹灰及地面做完后进行。

3）窗台板的制作与安装工序要按设计及有关国家规范的要求进行防腐、防火、防白蚁处理。

4）施工机具设备在使用前安装好，并接通电源进行试运转。

11.3.2 操作工艺

1. 定位与划线

根据设计图纸的要求，划出窗台板的标高、位置线，为使同楼层、同房间或连通窗台板的标高、位置一致，应统一放线。

2. 窗台板的制作

木窗台板的加工用料、制作的规格尺寸、造型要符合设计图纸要求，加工的木窗台板的表面应光洁，平整方正。台板边沿处要根据设计要求倒楞或起线。窗台板背面要开卸力槽。

3. 窗台板的安装（图 11.1）

1）在窗台墙上，预先砌入防腐木砖，木砖间距 300mm 左右，每樘窗不少于三块，或钻洞打入木楔，间距 150mm 左右。将窗台板刨光起线后，放在窗台墙顶上居中，窗台板的长度一般与窗宽度等长，如果比窗宽度长，两端伸出的长度应一致。对同楼层、同房间、连通窗台的窗台板应拉线找平、找齐，使其标高一致，突出墙面尺寸一致，应注意窗台板上表面向室内略有倾斜（泛水）约 1%。与窗框、墙体的衔接要严密。

2）窗台板调平校直后，用汽枪钉把窗台板与木砖（木楔）钉牢。要稳固无松动。如窗台板为胶合板基层，根据设计的要求，粘贴饰面板和安装周边断面的木压条。

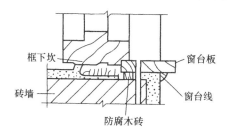

图 11.1 窗台板安装图

11.3.3 质量标准

1. 主控项目

1）窗台板制作与安装所使用材料的材质和规格、木材的燃烧性能等级和含水率、花岗石的放射性及人造木板的甲醛含量应符合设计要求及国家现行标准的有关规定。

检验方法：观察；检查产品合格证书、进场验收记录、性能检测报告和复验报告。

2）窗台板的造型、规格、尺寸、安装位置和固定方法必须符合设计要求。窗台板的安装必须牢固。

检验方法：观察；尺量检查；手扳检查。

3）窗台板配件的品种、规格应符合设计要求，安装应牢固。

检验方法：手扳检查；检查进场验收记录。

2. 一般项目

1）窗台板表面应平整、洁净、线条顺直、接缝严密、色泽一致，不得有裂缝、翘曲及损坏。

检验方法：观察。

2）窗台板与墙面、窗框的衔接应严密、密封胶应顺直、光滑。

检验方法：观察。

3）窗台板安装的允许偏差和检验方法应符合表 11.3 的规定。

表 11.3　窗台板安装的允许偏差和检验方法

项次	项目	允许偏差（mm）	检验方法
1	水平度	2	用 1m 水平尺和塞尺检查
2	上口、下口直线度	3	拉 5m 线，不足 5m 拉通线，用钢直尺检查
3	两端距窗洞口长度差	2	用钢直尺检查
4	两端出墙厚度差	3	用钢直尺检查

3. 成品保护

1）安装窗台板后，进行饰面的终饰施工，应对安装后的窗台板进行保护，防止污染和损坏。

2）窗台板安装应在窗帘盒安装完毕后再进行。

3）安装窗台板，应保护已完成的工程项目，不得因操作损坏地面、窗洞、墙角等成品。

4）窗台板进场应妥善保管，做到木制品不受潮，金属品不生锈，石料，块材不损坏棱角，不受污染。

5）安装好的成品应有保护措施，做到不损坏、不污染。

4. 应注意的质量、环境和职业健康安全问题

（1）应注意的质量问题

1）木窗台板周边断面的木压条的接口要严密平整。

2）窗台板底垫不实，捻灰不严，木制窗台板找平标高不一致、不平、松动：施工中认真做每道工序，做到找平放线精确、底垫垫平垫实、捻灰严密、安装固定稳固。跨空的窗台板支架应安装平正，使支架受力均匀。

3）多块拼接窗台板不平、不直：加工窗台板长、宽超偏差，厚度不一致。施工时应注意相同规格在相同部位使用。

（2）应注意的环境问题

1）各种噪声较大的电动工具应专设作业场所，防止噪声外涉，晚上避免使用噪声

266

较高的机械设备，以免影响周边社区。

2）使用符合国家环保要求的材料，胶合板甲醛含量须符合国家有关规范要求。

3）废料要分类归堆，施工垃圾须运到政府指定的有资质的垃圾处理站处理。

4）对各种木方、胶合板分类堆放整齐，保持施工现场整洁。

（3）应注意的职业健康安全问题

1）遵守国家和地方有关粉尘、噪声、废气及安全生产的法律法规。

2）施工前应对使用的设备设施进行全面的检查调试，及时排除各种安全隐患。

3）对电锯、空压机、修边机、曲线锯、手电刨、电锤等操作时产生噪声，粉尘较大的机械设备，须安排在专场进行作业，以降低噪音的传播及粉类的扩散。

4）严禁非电工进行木制作的用电操作，临时用电须符合国家规范要求。各种电动工具使用前要进行检修。

5）作业时须注意对自身作好劳动防护，在必要时须戴上安全帽、口罩、耳塞、手套等劳动用品。

6）电锯裁料到尽头不得用力过猛，以防锯片伤手指。锯短料时，必须用推杆送料。

7）现场木制作废料、锯末须及时清走，清理时须避免扬尘飞扬，必要时可先洒水再清扫。

8）施工现场内严禁吸烟，放置足够数量的灭火器，杜绝火灾隐患。

9）临窗作业须作安全防护，严禁高空坠物伤人。

5. 质量记录

1）木料、胶合板等须有产品合格证及性能检测报告。

2）木料、胶合板应有含水测定记录，胶合板应有甲醛含量复验记录。

3）木制品防潮、防腐、防虫蚁处理中间验收证明书。

4）隐蔽验收记录、施工记录、进场验收记录、材料复验报告。

5）细部制安分项工程检验批质量验收记录。

6）分项工程质量验收记录。

任务 11.4 门窗套（木筒子板）制作与安装

11.4.1 施工准备

1. 材料

1）材料的树种、材质、规格应符合设计要求；应采用干燥的、含水率不大于 12% 的木材。腐朽、虫柱、有裂纹的木材不能使用。

2）胶合板：应使用干燥，无脱胶开裂、无缝状裂痕、腐朽、空鼓的板材；饰面用的胶合板表面应清洁美观、木纹清晰、色泽一致、无疤痕；胶合板甲醛释放量不大于 1.5mg/L。

2. 主要机具

电圆锯、冲击钻、手电钻、电刨、气钉枪、大刨、二刨、手工钻等。

3. 作业条件

1）主体结构必须符合施工要求，并已通过验收合格的。

2）操作工人必须熟悉施工图纸，做好质量、安全、环保技术交底。

11.4.2 操作工艺

门窗套施工工艺流程：

检查门窗洞口及预埋件→制作及安装木龙骨→装钉底板→装钉面板。

1. 检查门窗洞口及预埋件

检查门窗洞口尺寸、方正垂直度是否符合设计要求，检查预埋木砖或连接铁件是否齐全、位置是否准确，如发现问题，必须修理或校正。

2. 制作和安装木龙骨

1）根据门窗洞口实际尺寸，先用木方或胶合板制成龙骨架。一般骨架分三片，洞口上部一片，两侧各一片。每片为两根立杆，当宽度大于 500mm 时，中间应增加立杆。

2）横撑间距一般为 300～400mm，横撑位置必须与预埋件位置对应。

3）龙骨架安装时，一般先上端后两侧，木龙骨架直接用圆钉与预埋木砖固定，调平找垂直时可用木楔垫实打牢。

4）龙骨架朝外的一面应刨光，其他三面应根据设计要求，刷防腐剂或防火涂料。为了防潮，应在墙面平铺油毡一层或涂刷防潮漆。龙骨架必须平整牢固，为安装面板打好基础，并做好防白蚁工作。

3. 底板装钉

1）底板一般使用18mm 厚胶合板或按设计要求使用其他板材；当采用厚木板材，板背面应做卸力槽，以免板面弯曲，卸力槽一般间距为100mm，槽宽10mm，深度5～8mm。

2）固定底板前，应在木龙骨朝外的一面涂上白乳胶。固定一般使用圆钉，间距一般为100mm，钉帽应砸扁，并将钉帽冲入面层内1～2mm；底板固定也可用气钉枪进行，射钉时应顺着木龙骨方向进行射钉。

4. 装钉面板

1）同一洞口、同一房间应挑选面板木纹和颜色相近的。

2）裁板时要略大于底板的实际尺寸，大面净光，小面刮直，木纹根部向下；长度方向需要对接时，木纹应通顺，其接头位置应避开视线平视范围。

3）固定面板前，先在面板背面涂上白乳胶。固定面板一般使用气钉枪；也可用钉子固定，装钉时把钉帽砸扁，并将钉帽顺着木纹方向冲入面层内 1～2mm。

11.4.3　质量标准

1. 主控项目

1）门窗套制作与安装所使用材料的材质、规格、花纹和颜色，木材的燃烧性能等级和含水率及人造木板的甲醛含量应符合设计要求及国家现行标准的有关规定。

检查方法：观察；检查产品合格证书、进场验收记录、性能检测报告和复验报告。

2）门窗套的造型、尺寸和固定方法应符合设计要求，安装应牢固。

检验方法：观察；尺量检查；手扳检查。

2. 一般项目

1）门窗套表面应平整、洁净，线条顺直、接缝严密，色泽一致，不得有裂缝、翘曲及损坏。

检验方法：观察。

2）门窗套安装的允许偏差和检验方法应符合表 11.4 的规定。

表 11.4　门窗套安装的允许偏差和检验方法

项次	项目	允许偏差（mm）	检验方法
1	正、侧面垂直度	3	用 1m 垂直检测尺检查
2	门窗套上口水平度	1	用 1m 水平检测尺和塞尺检查
3	门窗套上口直线度	3	拉 5m 线，不足 5m 拉通线，用钢直尺检查

3. 成品保护

1）完工后，在易被碰撞的部位，应及时加以掩盖（如镶钉木板或用纸皮掩盖），防止饰面板受碰撞或污染。

2）饰面板钉装完工后，四周还需施涂涂料等作业时，应贴纸或覆盖塑料薄膜，防止污染饰面。

4. 应注意的质量、环境和职业健康安全问题

（1）应注意的质量问题

1）施工前，要对所用的材料进行检查，如发现不合格品必须更换。

2）预埋的木砖或连接铁件必须做防腐处理，位置准确。

3）装钉面板前，要检查龙骨是否牢固，平整、垂直度是否符合要求；另外，还要对面板进行试拼、挑选，确保面板木纹、颜色一致。

4）面板装钉完工后，应立即刷一道底油，防止干裂及受潮变形。

（2）应注意的环境问题

1）操作地点的碎木、刨花等杂物，工作完毕后应及时清理干净，集中堆放。

2）施工现场清扫时，如灰尘过多，应先洒水再清扫。

3）搬运垃圾时，应用麻布袋或大米袋装垃圾，严禁散装搬运。

4）严禁在非作业时间内施工，如晚上需加班，作业时间不能超出当地政府的规定，同时应避免使用电锯、电刨、电冲击钻等高噪音电动机具。

5）材料加工应固定在一个地点进行，并通风条件良好，应避免设在靠民居处和临窗、临街处。

6）有毒有害物品（防潮涂料、防火涂料）与其他废料垃圾应分开处理。

（3）应注意的职业健康安全问题

1）施工前，应对施工现场、安全防护措施及施工机具全面检查，及时排除隐患。

2）电锯、电刨应有防护罩及漏电保护装置，并设专人负责保护及使用；所有电动工具应先试运转正常后方能使用。

3）工具利器不用时要放回工具箱或工具袋内，不得随意乱放，防止伤人。

4）砍斧、打眼不得对面操作，如并排操作时，应错开1.2m以上，以防锤、斧失手伤人；使用射钉枪、气钉枪时，不得把枪口向着人。

5）作业人员使用电锯、电刨、电冲击钻施工时，应戴上口罩和耳塞。

5. 质量记录

1）主材（如胶合板、面板、防腐和防火材料）的质量证明书或试验报告、合格证。

2）防潮材料的性能试验报告。

3）隐蔽工程验收记录。

4）检验批验收记录。

5）分项工程质量验收记录。

小　　结

　　本章主要介绍了装饰工程施工中部分细部工程的施工工艺及构造做法及细部工程质量验收，其中门窗套的制作与安装施工、木扶手的制作安装、窗台板的安装是本章的重点内容。

思　考　题

11.1　简述窗台板的安装施工的质量要求。

11.2　简述暖气罩的制作安装施工工艺流程。

11.3　简述木扶手制作安装的操作要点。

11.4　简述门窗套的制作安装施工工艺流程。

11.5　简述门窗套的制作安装施工的质量验收标准。

单元 *12* 装饰施工机具

学习目标 ☞	1. 掌握装饰施工机具种类及用途。
	2. 了解装饰施工机具基本用法。
学习重点 ☞	装饰施工机具种类及用法。
最新相关规范与标准 ☞	《建筑装饰装修工程质量验收规范》（GB 50210—2001）
导入案例（案例式）☞	建筑装饰装修施工机具

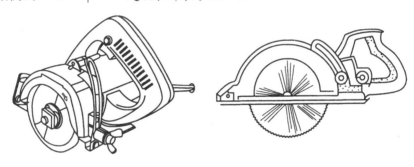

任务 *12.1* 锯（切、割、剪、裁）类工具

12.1.1 电动圆锯

电动圆锯也称木材切割机，其外形如图 12.1 所示。常用电动圆锯规格有：18、20、23、25、30、36cm（用英寸表示为：7、8、9、10、12、14in）几种。功率 1750～1900W，转速 3200～4000r／min。

适用于切割木夹板、木方条、装饰板等。施工时，常把电动圆锯反装在工作台面下，并使圆锯片从工作台面的开槽处伸出台面，以便切割木板和木方。

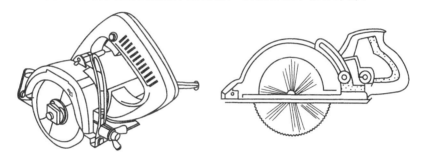

图 12.1 电动圆锯

电动圆锯在使用时双手握稳电锯，开动手柄上的开关，让其空转至正常速度，再进行锯切工件。操作者应戴防护眼镜，或把头偏离锯片径向范围，以免木屑飞溅击伤眼睛。另外，不同材料开割时，应注意选用相应类型的木工圆锯片齿。

12.1.2 电动曲线锯

电动曲线锯又称为电动线锯、垂直锯、直锯机。电动曲线锯由电动机、往复机构、风扇、机壳、开关、手柄、锯条等零部件组成，外形如图 12.2 所示。

电动线锯可以在金属、木材、塑料、橡胶条、纤维织物、泡沫塑料、纸板等材料上进行直线或曲线切割，能锯割复杂形状和曲率半径小的几何图形，可在木板中开孔、开槽；还可安装锋利的刀片，裁切橡胶、皮革。

电动线锯锯齿分粗、中、细三种，其中粗齿锯条适用于锯割木材，中齿锯条适用于锯割有色金属板材、层压板，细齿锯条适用于锯割钢板。

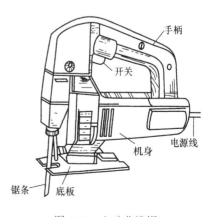

图 12.2 电动曲线锯

安全操作注意事项如下：

1）锯割前应根据加工件的材料种类，选取合适的锯条。若在锯割薄板时发现工件有反跳现象，表明锯齿太大，应调换细齿锯条。

2）操作时要双手按稳机器，匀速前进，向前推力不能过猛，不可左右晃动，否则会折断锯条。锯割时，若卡住应立刻切断电源，退出锯条，再进行锯剖。

3）在锯割时不能将曲线锯任意提起，以防损坏锯条。使用过程中，发现不正常声响、水花、外壳过热、不运转或运转过慢时，应立即停锯，检查修复后再用。

12.1.3 型材切割机

型材切割机是切割各种金属材料的理想工具，它利用纤维增强薄片砂轮对圆形或异型钢管、铸铁管、圆钢、钢筋、角铁、槽钢、扁钢、轻钢龙骨等型材进行切割，如图 12.3 所示。

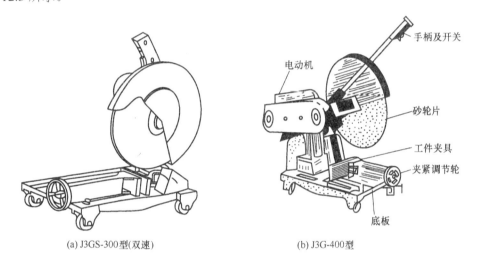

(a) J3GS-300型(双速)　　　　　　(b) J3G-400型

图 12.3　型材切割机

安全操作注意事项如下：

1）使用前检查绝缘电阻，检查各接线柱是否接牢，接好地线。检查电源是否与铭牌额定电压相符。

2）砂轮切不可反向旋转。使用前注意检查砂轮转动方向是否与防护壳上标示的旋转方向一致，如发现相反，应立即停车，将插头中 2 支电线其中一支对调互换。

3）使用的砂轮片或木工圆锯片的规格不能大于铭牌上规定的规格，防止电机过载。绝对不能使用安全线速度低于切割速度的砂轮片。

4）使用前检查各部件，各紧固件是否松动。对工件进行有角度切割时，要调整好夹具的夹紧板角度。

5）操作时用底板上夹具夹紧工件，按下手柄使砂轮薄片轻轻接触工件，然后再压下手柄，平稳匀速地进行切割。注意不能用力过猛，以免过载或影响砂轮片崩裂。操作人员手捏手柄开关，身体侧向一旁，避免发生意外。

6）使用中如发现异常杂音，要停车检查原因，排除后，方可继续使用。

7）因切割时有大量火星，需注意要远离木器，油漆等易燃物品。切割机不能在易燃或腐蚀气体条件下操作使用，以保证各电气元件的正常工作。

8）注意定期检查，当砂轮磨损到一半时，应更换新片。

12.1.4　石材切割机

石材切割机外形如图 12.4 所示。功率为 850W，转速为 11000r/min。

主要用于天然（或人造）花岗岩等石料板材、瓷砖、混凝土及石膏等的切割，广泛应用于地面、墙面石材装修工程施工中。

该机分干、湿两种切割片。使用湿型刀片时，需用水作冷却液。在切割石材之前，先将小塑料软管接在切割机的给水口上，双手握住机柄，通水后再按下开关，并匀速推进切割。

12.1.5　电剪刀

电剪刀主要由单项串激电动机、偏心齿轮、外壳、刀杆、刀架、上下刀头等组成。外形如图 12.5 所示。

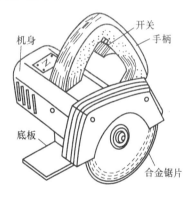

图 12.4　石材切割机

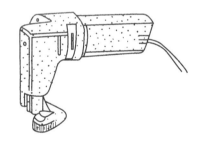

图 12.5　电剪刀

电剪刀是用来剪裁钢板以及其他金属板材、塑料板、橡胶板等的电动工具，能按需要剪切出各种几何形状的板件，特别适宜修剪边角。

安全使用注意事项如下：

1）检查工具、电线的完好程度，检查电压是否符合额定电压。先空转检验各部分是否灵活。

2）使用前要调整好上、下机具刀刃的横向间距，刀刃的间距是根据剪切板的厚度决定的，一般为厚度的 7%左右。上下刀刃有搭接，上刀刃斜面最高点应大于剪切板的厚度。

3）注意电动剪刀的维护，要经常在往复运动中加注润滑油，如发现上下刀刃磨损或损坏，应及时修磨或更换。工具在使用完后应揩净，存放在干燥处。

4）使用过程中，如有异常响声等，应停机检查。

任务 *12.2* 刨类工具

电动刨配用刨刀，用于刨削木材或木结构件，如图 12.6 所示。

开关带有锁定装置并附有台架的电刨，还可以翻转固定于台架上，作小型台刨使用。

操作时，双手前后握刨，推刨时，平稳匀速向前移动，刨到工件尽头时应将机身提起，以免损坏刨好的工件表面。电动刨的底板经改装，可以加工出一定的凹凸弧面。刨刀片用钝后可卸下来重磨刀刃。

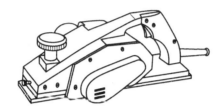

图 12.6 电动刨

任务 *12.3* 钻类工具

12.3.1　轻型手电钻

轻型手电钻又称手枪钻、手电钻、木工电钻，外形如图 12.7 所示。

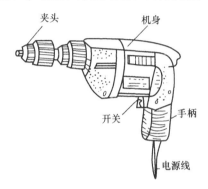

图 12.7　轻型手电钻

轻型手电钻是用来对金属材料或其他类似材料或工件进行小孔径钻孔的电动工具，主要用于对木材、塑料件、金属件等钻孔。若配以金属孔锯，机用木工钻等作业工具，其加工孔径可相应扩大。

操作时，注意钻头垂直平稳进给，防止跳动和摇晃，要经常清除钻头旋出木渣，以免钻头扭断在工件中。

12.3.2　冲击电钻

冲击电钻广泛应用于在混凝土结构、砖结构、瓷砖地砖的钻孔，以便安装膨胀螺栓或木楔，如图 12.8 所示。

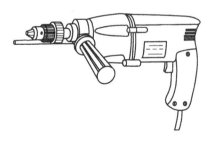

图 12.8　冲击电钻

安全使用注意事项如下：

1）使用前应检查工具是否完好，电源线是否有破损以及电源线与机体接触处有无橡胶护套。

2）按额定电压接好电源，选择合适的钻头，调节好按钮。

3）冲击电钻振动较大，操作时用双手握紧钻柄，使钻头与地面、墙面垂直推进，并经常拔出钻头排屑，防止钻头扭断或崩头。

4）使用时有不正常的杂音应停止使用，如发现转速突然下降应立即放松压力，钻孔时突然刹停应立即切断电源。

5）移动冲击电钻时，必须握持手柄，不能拖拉电源线，防止擦破电源线绝缘层。

12.3.3 电锤

电锤主要用于建筑装饰工程中各种设备的安装，如图 12.9 所示。电锤的主轴具有两种运转状态：一种是冲击带旋转状态时，配用电锤钻头，对混凝土、岩石、砖墙等进行钻孔、开槽、表面凿毛等作业；另一种是单一旋转状态时，装上钻头夹头连接杆及钻夹头，再配用麻花钻头或机用木工钻头，即如同电钻一样，对金属、塑料、木材等进行钻孔作业。

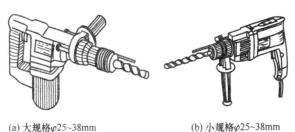

(a) 大规格φ25~38mm   (b) 小规格φ25~38mm

图 12.9　电锤

电锤还可以用来进行钉钉子、铆接、捣固、去毛刺等加工作业。

安全使用注意事项如下：

1）使用锤钻打孔时，工具必须垂直于工作面。不允许工具在孔内左右摆动，以免扭坏工具。

2）保证电源的电压与铭牌中规定相符。

3）电锤各部件紧固螺钉必须牢固，根据钻孔开凿情况选择合适的钻头，并安装牢靠。钻头磨损后应及时更换，以免电动机过载。

4）电锤多为断续工作制，切勿长期连续使用，以免烧坏电动机。

12.3.4 电动自攻螺钉钻

电动自攻螺钉钻是装卸自攻螺钉的专用机具，如图 12.10 所示，用于轻钢龙骨或铝合金龙骨上安装装饰板面，以及各种龙骨本身的安装。可以直接安装自攻螺钉，在安装面板时不需要预先钻孔，而是利用自身高速旋转直接将螺钉固定在基层上。由于配有极度精确的截止离合器，故当螺钉达到紧度时会自动停止，提高了安装速度，并且松紧统一。

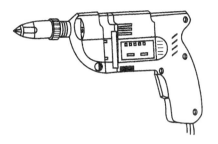

图 12.10 电动自攻螺钉钻

另外，利用逆转功能也可快速卸下螺钉。

任务 *12.4* 钉铆类工具

12.4.1 射钉枪

射钉枪用于直接将构件紧钉于需固定的部位，如图 12.11 所示。可固定木构件，如窗帘盒、木护墙、踢脚板、挂镜线，还可固定铁构件，如窗盒铁件、铁板，钢门窗框、吊灯等。

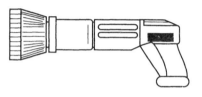

图 12.11　射钉枪

安全操作注意事项如下：

1）因射钉枪需与射钉配套使用，射钉种类主要有一般射钉、螺纹射钉、带孔射钉 3 种。射钉枪因型号不同，使用方法略有不同，使用时应认真阅读说明书。

2）使用射钉枪前要认真检查枪的完好程度，操作者最好经过专门训练，在操作时才允许装钉，装钉后严禁枪对人。

3）射击时应将射钉枪垂直地紧压在机体表面上，再扣动扳机。

4）射入的基体必须稳固坚实，并且有抵抗射击冲力的刚度，扣动扳机后如发现子弹不发火，应再次接于基体上扣动扳机，如仍不发火，仍保持原射击位置数秒后，再来回拉伸枪管，使下一颗子弹进入枪膛，再扣动扳机。

5）射钉枪用完后应注意保管安全。

12.4.2 电动、气动打钉枪

电动、气动打钉枪用于在木龙骨上钉木夹板、纤维板、刨花板、石膏板等板材和各种装饰木线条，如图 12.12 所示。对使用手锤不易作业的部位施工有独特的优点，在流水线生产中经常使用。

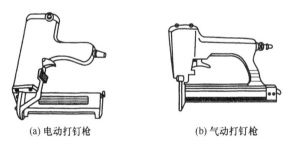

(a) 电动打钉枪　　　　　(b) 气动打钉枪

图 12.12　电动、气动打钉枪

气钉枪根据所配用的钉子形式，可分为两种，一种是直钉(包括平面钉和螺旋钉)枪，一种是码钉枪。直钉是单支，码钉是双支。操作时，用钉枪嘴压在需钉接处，再按下开关就把钉子射入所钉面材内。

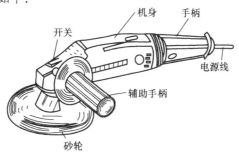

任务 *12.5*　打磨类工具

12.5.1　电动角向磨光机

电动角向磨光机砂轮轴线与电动机轴线呈直角，适用于位置受限制、不便用普通磨光机的场合（如墙角、地面边缘、构件边角等），如图 12.13 所示。在建筑装饰工程中，常用该工具对金属型材进行磨光，除锈、去毛刺等作业，使用范围比较广泛。

安全使用注意事项如下：

图 12.13　电动角向磨光机

1）操作时用双手平握住机身，再按下开关。

2）以砂轮片的侧面轻触工件，并平稳地向前移动，磨到尽头时，应提起机身，不可在工件上来回推磨，以免损坏砂轮片。

3）该机转速很快，振动大，操作时应注意安全。

12.5.2　水磨石机

水磨石机（图 12.14）安全使用注意事项如下：

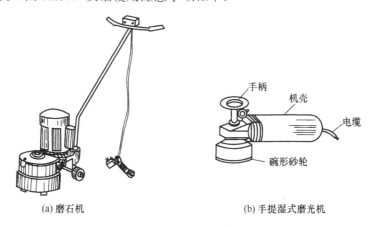

(a) 磨石机　　　　　　　　　　　　　　　　(b) 手提湿式磨光机

图 12.14　水磨石机

1）工作前检查机器各部门及电气部分是否良好，金属外壳接地是否可靠，三相电源电压是否正常(电压过高或过低会使电机发热以致烧毁)。操作工必须穿戴绝缘性能良好的防护用品，确保安全。

2）使用前各部位的螺钉、螺栓及螺母均应检查拧紧，然后使用，以防止机器在运输和搬运过程中出现松动。

3）开机前磨盘必须脱离地面，先试运转，观察磨盘转向是否与指示方向一致，在磨石机上部的管接头处接上自来水后即可使用（无自来水时，可在工作场地蓄水 2cm 左右）。严禁工作场地无水使用本机，以免损坏磨具。

4）机器使用100h 后应清洗保养一次，特别要在轴承中注入新的润滑油脂。

5）更换新磨头时，磨头上部的定位销应正确无误地插入磨头盘的定位销孔内，以防松动。丝扣部分应涂上黄油，防止锈蚀后造成拆卸困难，如机器长期不用，要擦洗干净，妥善保养。

任务 *12.6* 其他装饰施工机具

12.6.1 喷漆枪

喷漆枪是对构件表面进行喷漆的工具，如图 12.15 所示。

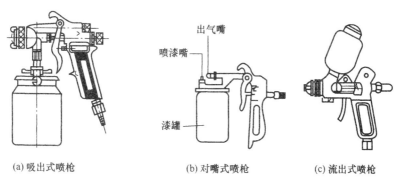

(a) 吸出式喷枪　　　　　　(b) 对嘴式喷枪　　　　　　(c) 流出式喷枪

图 12.15　喷漆枪

1. 小型喷漆枪

小型喷漆枪在使用时一般以人工充气，也可用机械充气。人工充气是把空气压入储气筒内，供制件面积不大、数量较少时喷漆使用，如对嘴式喷枪。

2. 大型喷漆枪

大型喷漆枪必须用空气压缩机的空气作为喷射的动力，它由储漆罐、握手柄，喷射器、罐盖与漆料上升管组成，适用于大型喷漆面的喷漆，如吸出式喷枪。

3. 低压环保喷枪

涂料雾化时，喷盖那压力颇低，只有 0.07MPa 以下，涂料反弹小，涂料附着力高，能改善环境污染，减少对人体的危害，达到环保要求，如流出式喷枪。

4. 电热喷漆枪

电热喷漆枪是一种新型的喷漆工具，外形和储漆量同大型喷漆枪一样，只是在喷射器部位装有电热设备，使漆料在经过喷射器时电热加温，因此称为电热喷漆枪。优点是漆料不必掺加香蕉水，不仅节省化工原料，减少调漆工序，简化喷漆过程，而且可以避免苯中毒的发生。同时，漆层的附着力较坚固，喷漆表面更为细密、光滑、色洋鲜艳，具有较好的防锈保护能力。

12.6.2 专用仪表

1. 数字式气泡水平仪

数字式气泡水平仪可精确测量坡度、角度或水平度，以度数及百分比显示。当作业是在头顶上方进行时，显示自动倒转。测量误差最大为 0.05°，水平仪长度为 120mm。

2. 激光水平仪

激光水平仪能快速、准确标记参考高度及标高，检核水平面和直角，定线、标记铅垂线。结构坚固，确保长期准确，一人即可负起全部工作。操作距离可达 100m，水平误差 0.1mm／m，角度误差 0.01°，连续操作时间可达 10h 左右。

3. 量角仪

量角仪是高精度角度测量用的仪器，前后两面各有显示，方便读数。结构轻巧，具有储存上次测量数据的功能。测量范围为 0°～220°，最大误差±0.1°。

4. 金属探测仪

金属操测仪是探测钢铁和有色金属的可靠工具，能指出带电的电缆和可钻的深度，容易校正。

主要参考文献

冯美宇. 2005. 建筑装饰装修构造[M]. 北京：机械工业出版社.

马占有. 2011. 建筑装饰施工技术[M]. 北京：机械工业出版社.

王葆华，田晓. 2009. 装饰材料与施工工艺[M]. 武汉：华中科技大学出版社.

王军，马军辉. 2009. 建筑装饰施工技术[M]. 北京：机械工业出版社.

张若美. 2006. 建筑装饰施工技术[M]. 武汉：武汉理工大学出版社.